普通高等学校计算机教育
"十三五"规划教材

HTML5+CSS3 +Bootstrap

响应式Web前端设计

慕课版

范玉玲 段春笋 张芊茜 主编
周劲 赵燕 董立凯 副主编

人民邮电出版社
北京

图书在版编目（CIP）数据

HTML5+CSS3+Bootstrap响应式Web前端设计 : 慕课版/
范玉玲，段春笋，张芊茜主编. -- 北京 : 人民邮电出版
社，2018.12（2020.9重印）
普通高等学校计算机教育“十三五”规划教材
ISBN 978-7-115-49002-5

Ⅰ. ①H… Ⅱ. ①范… ②段… ③张… Ⅲ. ①超文本
标记语言－程序设计－高等学校－教材②网页制作工具－
高等学校－教材 Ⅳ. ①TP312.8②TP393.092

中国版本图书馆CIP数据核字(2018)第175763号

内 容 提 要

本书全面系统地介绍了静态网页设计、开发涉及的主要技术和技巧，包括网站开发基础知识、开发工具、HTML5 标记语言、CSS3 样式、响应式网页布局及网站建设流程等。

本书配备三种层次的案例，让学习者由浅入深、循序渐进地掌握前端开发技术。一是通过大量示例辅助学习者掌握基础知识点；二是将一个完整的网站拆解为多个项目渗透在每个章节中，通过项目驱动的方式让学习者巩固并灵活运用基础知识，并能在此过程中逐步了解网站建设的思路和开发流程；三是在章节末尾设置了动手实践项目，涵盖了本章主要知识点及相关技巧并适当延伸，引导学习者进行深入探索，培养学习者的自学能力和应用能力。

本书配有视频讲解和习题，适合作为高等院校 Web 开发课程的 MOOC 教学教材，也适合作为初学者的自学教程。

◆ 主　　编　范玉玲　段春笋　张芊茜
副 主 编　周　劲　赵　燕　董立凯
责任编辑　张　斌
责任印制　彭志环

◆ 人民邮电出版社出版发行　　北京市丰台区成寿寺路 11 号
邮编　100164　　电子邮件　315@ptpress.com.cn
网址　http://www.ptpress.com.cn
北京鑫正大印刷有限公司印刷

◆ 开本：787×1092　1/16
印张：17.5　　　　2018 年 12 月第 1 版
字数：471 千字　　2020 年 9 月北京第5 次印刷

定价：49.80 元

读者服务热线：(010)81055256　印装质量热线：(010)81055316
反盗版热线：(010)81055315

前言 FOREWORD

当下 Web 前端技术发展迅速，HTML 经历了从 HTML4 到 HTML5 的重大变革，CSS3 在 CSS2 的基础上增加了诸多新特性。为适应网站用户的移动浏览设备，响应式网页设计也是 Web 前端开发领域的主要趋势之一，作为专业网页设计人员必须掌握这些基础的 Web 开发技术。本书系统全面地介绍了网页设计制作所涉及的主要技术，并将一个完整的个人介绍网站拆分为 15 个项目案例贯穿全书始终，将所讲知识运用在实际项目中，可提高学习者分析问题、解决问题及动手编码的能力。

主要内容

本书共 8 章。

第 1 章主要介绍网页的基本组成，网页设计的基本概念，Web 工作原理及网页编辑工具。

第 2 章主要介绍 HTML 文档的基本结构，HTML4 的常规标签及 HTML5 新增的常用标签。

第 3 章主要介绍 CSS 编写规则、引入方式、基础选择器、字体与文本属性、颜色与背景属性。

第 4 章主要介绍 CSS 复杂选择器、样式优先级。

第 5 章主要介绍 CSS 盒模型、表格与列表样式、浮动与定位及常用页面布局。

第 6 章主要介绍 CSS3 的新增属性，包括滤镜、过渡、动画及转换等属性。

第 7 章主要介绍响应式页面设计的概念、媒体查询、运用 Bootstrap 框架进行页面设计等。

第 8 章介绍网站建设的主要流程，包括网站定位、确定主题、站点结构规划、收集内容、网站设计原则及测试发布。

本书特点

本书通过基础知识讲解+丰富示例+项目案例+动手实践项目等多种方式，采用不同层次的示例练习让学习者由浅入深、循序渐进地掌握前端开发的相关技术。

- 基础知识讲解+知识点示例：各章知识点大多配有丰富示例，引导学习者由浅入深地逐步掌握前端开发基本技能。

- 项目驱动：将一个典型网站按知识点讲解的顺序拆分为 15 个项目案例，分布在各章中，将理论知识和实践完美地结合起来。

- 动手实践：对已学知识的扩展和延伸，只配效果图和难点分析，没有具体步骤，培养学习者自学和独立解决问题的能力。部分动手实践配有视频讲解。

项目介绍

本书的 15 个项目均包括项目目标、项目内容和项目步骤三个部分。项目目标描述通过本项目的学习，学习者能够达到的对知识点的理解、掌握和灵活运用程度；项目内容描述完成项目需要掌握的理论和实践知识要求；项目步骤是根据网页效果进行具体分析，列出详细操作步骤。

项目一至项目六：使学习者掌握 HTML 文档结构，熟练使用 HTML 标签进行文档结构化。项目七至项目八：使学习者掌握网站的整体风格设计，通过 CSS 实现网页的美化及优化。项目九至项目十一：使学习者掌握常用的页面布局方法，能够解决常见的浮动、定位问题。项目十二至项目十四：使学习者掌握常用的 CSS3 属性；了解响应式布局，掌握媒体查询的使用；掌握 Bootstrap 框架创建响应式网页的方法。项目十五：根据前面的 14 个项目，逆向分析设计思路，使学习者掌握网站设计思路、流程和发布等知识。

教材资源

本书基于济南大学与达内教育集团合作的 2016 年教育部产学合作协同育人项目立项课程“Web 前端技术”而编写，配套的学习资源包括实例代码、习题、教学课件和试题等，可通过人民邮电出版社人邮教育社区（www.ryjiaoyu.com）下载使用。MOOC 课程可以通过人邮学院（www.rymooc.com）平台进行学习，读者可扫描二维码查看本书 MOOC 课程页面。

致谢及反馈

本书由济南大学范玉玲、段春笋、张芊茜主编，负责主体设计及内容的编写，由济南大学周劲负责总体审核，济南大学董立凯、赵燕和刘淑辉等负责内容审核、整理工作，山东女子学院仲晓芳负责各类材料的收集、整理工作。另外，学生刘晓露、吕中华、张华鑫也参与了项目的审核及验证工作，在此对他们表示由衷的感谢。

虽然编者已经尽了最大努力，但水平有限，书中难免存在不足之处，请读者和同仁不吝指正。

目录 CONTENTS

第 1 章　网站开发基础知识 ········ 1

1.1　初识网页 ··· 1
1.2　基本概念 ··· 3
1.3　Web 工作原理 ··· 6
1.4　前端开发技术简介 ··· 6
　1.4.1　常用技术 ··· 6
　1.4.2　开发框架 ··· 7
1.5　常用开发工具 ··· 7
　1.5.1　Dreamweaver ··· 7
　1.5.2　EditPlus ··· 8
　1.5.3　Notepad++ ··· 8
习题 ··· 9

第 2 章　HTML 标签 ········ 11

2.1　HTML 概述 ··· 12
　2.1.1　HTML 的概念 ··· 12
　2.1.2　HTML 的发展历程 ··· 12
　2.1.3　浏览器内核 ··· 13
　2.1.4　W3C 标准 ··· 14
2.2　文档结构 ··· 14
　2.2.1　HTML 文档结构与书写规范 ··· 14
　2.2.2　创建 HTML 文档 ··· 15
2.3　基本标签 ··· 17
　2.3.1　块级元素 ··· 18
　2.3.2　内联元素 ··· 20
　2.3.3　<div>和<span> ··· 22
　2.3.4　特殊字符 ··· 25
2.4　多媒体 ··· 25
　2.4.1　图像标签<img /> ··· 25
　2.4.2　多媒体格式 ··· 27
　2.4.3　多媒体文件标签<embed> ··· 28
2.5　超链接 ··· 29
　2.5.1　超链接标签<a> ··· 29
　2.5.2　超链接类型 ··· 30
　2.5.3　超链接路径 ··· 30
　2.5.4　内部书签 ··· 31
　2.5.5　target 属性 ··· 32
　2.5.6　动手实践 ··· 33
2.6　表格 ··· 33
　2.6.1　表格标签 ··· 34
　2.6.2　表格属性 ··· 35
　2.6.3　表格嵌套和布局 ··· 37
　2.6.4　动手实践 ··· 38
2.7　内嵌框架 ··· 39
2.8　表单 ··· 40
　2.8.1　表单定义标签<form> ··· 40
　2.8.2　输入标签<input> ··· 41
　2.8.3　列表框标签<select> ··· 43
　2.8.4　文本域输入标签<textarea> ··· 44
　2.8.5　动手实践 ··· 45
2.9　HTML5 简介 ··· 45
　2.9.1　HTML5 的新特征 ··· 45
　2.9.2　HTML5 的语法 ··· 46
　2.9.3　浏览器支持 ··· 47
2.10　HTML5 的新增标签 ··· 47
　2.10.1　<!DOCTYPE>和<meta>标签 ··· 48
　2.10.2　视频标签<video>和音频标签<audio> ··· 50
　2.10.3　语义元素 ··· 53
　2.10.4　页面交互元素 ··· 57
　2.10.5　HTML5 输入类型 ··· 58
　2.10.6　HTML5 表单元素新增的属性 ··· 61
　2.10.7　动手实践 ··· 63
项目一　网页的创建 ··· 64

项目二 个人简介 1——块级元素……67
项目三 个人简介 2——内联元素……69
项目四 个人简介 3——超链接、多媒体、表格和框架……70
项目五 HTML5 表单应用——影迷注册……73
项目六 成长故事 1——HTML 标签综合应用……74
习题……76

第 3 章 CSS 初步……78

3.1 CSS 概述……78
3.1.1 CSS 发展历史……79
3.1.2 CSS 的优势……79
3.2 CSS 的创建……80
3.2.1 标记文档……81
3.2.2 编写规则……82
3.2.3 附加方式……83
3.3 基本选择器……85
3.4 字体属性……88
3.5 文本属性……90
3.6 颜色与背景……94
3.6.1 颜色……94
3.6.2 背景……97
3.6.3 动手实践……101
项目七 成长故事 2——CSS 属性设置……102
习题……104

第 4 章 复杂选择器和优先级…105

4.1 复杂选择器……105
4.1.1 层次选择器……106
4.1.2 属性选择器……109
4.1.3 伪类选择器……111
4.2 优先级……116
4.2.1 继承……116
4.2.2 层叠……120
4.2.3 优先级特性……122
4.2.4 动手实践……124
项目八 代表作品泰坦尼克号 1——复杂选择器和优先级……125
习题……128

第 5 章 盒模型与网页布局……130

5.1 盒模型……130
5.1.1 元素框的组成……130
5.1.2 内容……131
5.1.3 内边距……133
5.1.4 边框……134
5.1.5 外边距……135
5.2 表格与列表样式……136
5.2.1 表格样式……137
5.2.2 列表样式……139
5.3 Display……141
5.3.1 隐藏元素……141
5.3.2 改变元素显示……142
5.4 浮动与定位……143
5.4.1 浮动与清除浮动……143
5.4.2 定位……146
5.4.3 层叠顺序……148
5.4.4 动手实践……150
5.5 布局……150
5.5.1 液态布局……150
5.5.2 固定布局……152
5.5.3 动手实践……153
项目九 个人简介 4——CSS 属性设置及 T 形布局……155
项目十 首页——定位及 T 形布局……160
项目十一 成长故事 3、影迷注册——CSS 属性综合练习……165
习题……172

第 6 章 CSS3 新增属性……174

6.1 Border 边框……174
6.2 文本相关属性……178
6.3 滤镜……180

6.4 过渡……183
6.5 动画……186
6.6 转换……190
6.6.1 2D 转换……190
6.6.2 3D 转换……193
6.7 Flex……196
6.7.1 布局……196
6.7.2 弹性项目……200
6.7.3 动手实践……204
项目十二 代表作品泰坦尼克号 2——CSS3 新增属性练习……205
习题……211

第 7 章 响应式网页……213

7.1 响应式网页设计概述……213
7.1.1 必要性……214
7.1.2 定义……214
7.1.3 视口……214
7.1.4 响应式布局……215
7.1.5 设计案例……218
7.2 媒体查询……219
7.2.1 媒体查询语法……219
7.2.2 动手实践……222
7.3 前端框架 Bootstrap 概述……222
7.3.1 Bootstrap 基础……223
7.3.2 创建第一个 Bootstrap 4 页面……224
7.3.3 Bootstrap 网格系统……225
7.4 前端框架 Bootstrap 样式……230
7.4.1 Bootstrap 文字排版……230
7.4.2 Bootstrap 颜色……231
7.4.3 Bootstrap 表格……233
7.4.4 Bootstrap 表单……237
7.4.5 Bootstrap 表单控件……239
7.4.6 Bootstrap 按钮……240
7.4.7 Bootstrap 图片……242
项目十三 作品集锦——媒体查询……242
项目十四 调查问卷——Bootstrap 制作响应式表单……247
习题……253

第 8 章 网站建设流程……255

8.1 明确网站定位……255
8.2 确定网站主题……256
8.3 网站结构规划……256
8.3.1 栏目版块规划……257
8.3.2 目录结构规划……257
8.3.3 链接结构规划……258
8.3.4 布局设计规划……259
8.4 收集网站内容……263
8.5 网站设计原则……263
8.6 网站测试发布……264
项目十五 网站整合……265
习题……271

01 第1章　网站开发基础知识

学习要求

- 了解互联网的访问过程和工作机制。
- 理解浏览器与服务器、WWW（万维网）、IP 地址与域名等最基本的概念。
- 理解网站、网页、静态网页和动态网页等概念。
- 熟练使用文本编辑工具 Notepad++。

本章主要介绍网页的基本组成、网页设计的基本概念和 Web 的工作原理。要求读者重点掌握网页设计涉及的基本概念，能够熟练使用编辑工具，如 Notepad++等。

1.1　初识网页

说到网页，大家并不陌生，人们常常通过网页浏览新闻、查询信息、进行网上购物。那么网页究竟是什么？一个琳琅满目的网页中包含了哪些元素？图 1-1 所示的页面中，包括了导航栏、表单、超链接、图片和文字等。

图 1-1　初识网页

网页文件是一个包含 HTML 标签的纯文本文件，它可以存放在世界某个角落的某一台计算机中，通过超链接实现网页间的互连。世界各地的人们需要通过浏览器来阅读。网页文件通常是 HTML 格式的，是构成网站的基本元素，是承载各种网站应用的平台。

为了界面美观并能够突出网页的内容和主题，可以选择使用不同的元素来表现。设计者可使用表格来控制网页中的信息的布局方式，可使用图像来直观地展示效果，可使用表单来获取用户的输入信息。

网页主要由文字、图形和超链接等元素构成。当然，除了这些元素，网页中还可以包含音频、视频及 Flash 等。

1. 文字

文字是网页发布信息所用的主要形式。由文字制作出的网页占用空间小，因此，当用户浏览时，这类网页可以很快地展现在用户面前。另外，文字性网页还可以利用浏览器中“文件”菜单下的“另存为”功能将其下载下来，以便于以后阅读和长期保存，也可对其进行编辑、打印。但是没有编排点缀的纯文字网页，又会给人带来死板、不活泼的感觉，使读者没有往下浏览的欲望。

所以，设计文字性网页时一定要注意编排，包括标题的字体字号、内容的层次样式、是否需要变换颜色进行点缀等。

标题：醒目的标题和副标题，让浏览者一眼就能看到要点，并找到继续阅读的兴趣点。另外标题还具有将网页文档分段的功能，以方便浏览者阅读。

字体：字体的选择能够体现出网站设计的实用性和创意性，但是有些字体在开发者的计算机上有，浏览者的计算机上却未必装载了这种字体，这时就只能以默认的字体显示。CSS3 新增的 @font-face 属性会首先找到服务器上的字体，然后下载并渲染客户端浏览器的文字。这样就彻底解决了本地操作系统中没有对应字体的问题。

字号：网页中的文字既不能太大也不能太小。太大会使一个网页的信息量变小，太小又使人们浏览时感到费劲。另外文字大小的确定还与设备和视距有关。一个设计优秀的网页中的文字，应统筹规划，大小搭配适当。

2. 图形

一个设计优秀的网页除了有能吸引浏览者的文字和内容外，图形的表现功能也是不能低估的。这里“图形”的概念是广义的，它既可以是普通的绘制图形、图像又可以是动画。网页上的图形最常使用 JPEG、GIF 和 PNG 三种格式，它们具有跨平台的特性，可以在不同操作系统支持的浏览器上显示。图形在网页中可用来制作菜单按钮、背景图和链接标志。

菜单按钮：网页上的菜单按钮有一些是用图形制作的，通常有横排和竖排两种形式，由此可以转入不同的页面。

背景图：为了加强视觉效果，有些网页在整个网页的底层放置了图形，称作背景图。背景图可以使网页更加华丽，使用户感到界面友好。但图片是影响网页下载速度的重要原因，把一个网页的全部内容控制在 30KB 左右可以保证比较理想的下载时间，否则 2 秒的延迟就可能丢失大量的浏览者。

链接标志：通过链接可以从一个网页转到另一个网页，也可以从一个网站转到另一个网站。链接的标志有文字和图形两种。设计者可制作一些精美的图形作为链接按钮，使它和整个网页融为一体。

3. 超链接

超链接是从一个网页指向另一个目的端的链接。超链接实现了网页与网页之间、网页与站点之间的跳转。各个网页链接在一起后，才能真正构成一个网站。

4. 音频

声音是多媒体和视频网页重要的组成部分。背景音乐可以增加浏览者的感官享受。浏览器支持的音频格式有 MP3、OGG 和 WAV 等。

5. 视频

视频文件的采用使得网页效果更加精彩且富有动感。

1.2　基本概念

本节将介绍基本的网页设计概念，如 WWW、URL、HTTP、IP 地址、域名、DNS、静态网页和动态网页等。这些概念在我们的网页设计中会经常遇到，理解它们的含义和作用，对设计和制作网页都非常重要。

1. WWW

WWW 是“World Wide Web”的缩写，也被称作“Web”“3W”，中文称为“万维网”，是一个由许多互相链接的超文本组成的系统。在这个系统中，每个有用的事物都称为“资源”，并且由一个全局“统一资源标识符”（URI）标识。这些资源通过超文本传输协议（Hypertext Transfer Protocol，HTTP）传送给用户，浏览者再通过单击链接来获得资源。

通过万维网，人们只要通过简单的方法，就可以迅速方便地取得丰富的信息资料。

2. URL

统一资源定位符（Uniform Resource Locator，URL）是互联网上标准资源的地址，其中包括资源位置和访问方法。互联网上的每个文件都有一个唯一的 URL。

我们上网浏览网页，用鼠标单击打开不同的网页就是链接到不同 URL 的过程，在这个过程中 URL 会一直显示在浏览器的地址栏里，图 1-2 所示为济南大学的网站。

图 1-2　URL 举例

图 1-2 方框中的 http://www.ujn.edu.cn 部分就是济南大学的 URL。如果用户访问的是清华大学的网站，浏览器地址栏中就会显示“http://www.tsinghua.edu.cn”，即清华大学网站的 URL。

URL 通常包括三个部分：第一部分是协议（或称为服务类型），告诉浏览器该如何工作；第二部分是文件所在的主机；第三部分是文件的路径和文件名。

URL 格式基本语法如下：

```
协议://主机[:端口][/文件]
```

当前最流行的协议是 HTTP，此外还有 File、FTP、Gopher、Telnet、News 等，例如：

file://ftp.linkwan.com/pub/files/foobar.txt

其中，File 协议主要用于访问本地计算机中的文件，主机是由 ftp.linkwan.com 部分约定，文件在 pub/files/目录下，文件名为 foobar.txt。

3. HTTP

HTTP 是互联网上应用最广泛的一种网络协议，设计 HTTP 最初的目的是为了提供一种发布和接收 HTML 页面的方法。它可以使浏览器更加高效，使网络传输量减少。它不仅保证计算机正确快速地传输超文本文档，还能确定传输文档中的哪一部分内容首先显示（如文本先于图形）等。

HTTP 传输的数据都是未加密的，也就是明文的，因此使用 HTTP 传输隐私信息非常不安全。为了保证这些隐私数据能加密传输，网景公司设计了 SSL（Secure Sockets Layer）协议，用于对 HTTP 传输的数据进行加密，从而就诞生了 HTTPS。

简单来说，HTTPS 协议是由 SSL+HTTP 构建的可进行加密传输、身份认证的网络协议，要比 HTTP 安全。

4. IP 地址

IP 地址是互联网协议地址，是 IP Address 的缩写。Internet 上的每台主机（Host）都有一个唯一的 IP 地址。就像是家庭住址一样，如果要写信给一个人，需要填写地址，邮递员才能把信送到。计算机发送信息就好比是邮递员，它必须知道唯一的“地址”才能不至于把信送错地址。只不过写信的地址使用文字来表示，而计算机的地址用二进制数字表示。

IP 就是使用这个地址在主机之间传递信息，这是 Internet 能够运行的基础。IP 地址的长度为 32 位（共有 2^{32} 个 IP 地址），分为 4 段，每段 8 位，通常用“点分十进制”表示成（a.b.c.d）的形式，其中，a、b、c、d 都是 0～255 的十进制整数。如 100.4.5.6，实际上是 32 位二进制数：01100100.00000100.00000101.00000110。

IP 地址可以视为网络标识号码与主机标识号码两部分，因此 IP 地址可分两部分组成，一部分为网络地址，另一部分为主机地址。设计者必须决定每部分包含多少位。网络号的位数直接决定了可以分配的网络数（计算方法：$2^{\text{网络号位数}}-2$）；主机号的位数则决定了网络中最大的主机数（计算方法：$2^{\text{主机号位数}}-2$）。然而，由于整个互联网所包含的网络规模可能比较大，也可能比较小，设计者就选择了一种灵活的方案：将 IP 地址空间划分成不同的类别，每一类均具有不同的网络号位数和主机号位数。IP 地址通常分为 A、B、C、D、E 五类，它们适用的类型分别为：大型网络、中型网络、小型网络、多目地址、备用。常用的是 B 和 C 两类。

5. 域名

IP 地址是 Internet 主机作为路由寻址用的数字型标识，人们不容易记忆，因而产生了域名（Domain

Name）这种字符型标识。

域名由两个或两个以上的词构成，域名中的词由若干个 a～z 的拉丁字母或阿拉伯数字组成，每个词都不超过 63 个字符，也不区分大小写字母。词中不能使用除连字符“-”外的其他任何符号。级别最低的域名写在最左边，而级别最高的域名写在最右边。由多个词组成的完整域名总共不超过 255 个字符。

域名不仅便于人们记忆，而且即使在 IP 地址发生变化的情况下，通过改变解析对应关系，域名仍可保持不变。

例如，济南大学的域名是 ujn.edu.cn，清华大学的域名是 tsinghua.edu.cn。

最右边的词称为顶级域名，顶级域名分为两类：

一是国家或地区顶级域名，例如，中国是.cn，美国是.us，日本是.jp 等；

二是国际顶级域名，例如，.com 表示商业机构，.net 表示网络提供商，.org 表示非营利组织，.edu 表示教育机构，.gov 表示政府机构等。

例如，百度的域名 baidu.com，标号“baidu”是这个域名的主体，后边的标号“.com”是该域名的后缀，代表这是一个商业机构。

6. DNS

互联网上每台主机的 IP 地址和域名之间是如何对应的呢？当用户在浏览器地址栏里输入域名访问的时候，怎么才能找到唯一对应的那台主机地址呢？

在 Internet 上，域名与 IP 地址之间是一对一（或者多对一）的关系，域名虽然便于人们记忆，但机器之间只能互相识别 IP 地址，将域名映射为 IP 地址的过程就称为“域名解析”，域名解析需要由专门的域名解析服务器来完成。

DNS 是域名系统（Domain Name System）的缩写，它由域名解析器和域名服务器组成。域名服务器是保存该网络中所有主机域名和 IP 地址的对应关系，并将域名转换为 IP 地址功能的服务器。其中域名必须对应一个 IP 地址，而一个 IP 地址可能会有多个域名与之对应。

7. **静态网页和动态网页**

在网站设计中，网页是构成网站最基本的元素，通常网页分为静态网页和动态网页两类。

静态网页是指利用 HTML 脚本语言编写的标准 HTML 网页。它的文件扩展名是.htm、.html、.shtml、.xml，可以包含文本、图像、声音、Flash 动画、客户端脚本、ActiveX 控件及 Java 小程序等。静态网页是网站建设的基础，早期的网站一般都是由静态网页制作的。静态网页是指没有后台数据库、不含程序和不可交互的网页，一般适用于更新较少的展示型网站。它也可以出现各种动态的效果，如 GIF 格式的动画、Flash、滚动字幕等，这些“动态效果”只是视觉上的动态。

所谓的动态网页，是指与静态网页相对的一种网页，页面代码虽然没有变，但是显示的内容却是可以随着时间、环境或者数据库操作的结果而发生改变。它的文件扩展名可以是.aspx、.asp、.jsp、.php、.perl、.cgi 等。

需要强调的是，不要将动态网页和页面内容是否有动感混为一谈。动态网页是基本的 HTML 语法规范与 Java、PHP 等高级程序设计语言、数据库编程等多种技术的融合，以期实现对网站内容和风格的高效、动态和交互式的管理。因此，从这个意义上来讲，凡是结合了 HTML 以外的高级程序设计语言和数据库技术进行的网页编程技术生成的网页都是动态网页。

1.3 Web 工作原理

用户启动客户端浏览器后，在浏览器地址栏中输入将要访问页面的URL地址，由DNS进行域名解析，找到服务器的IP地址，向该地址所指向的Web服务器发出请求。整个访问过程如图1-3所示。

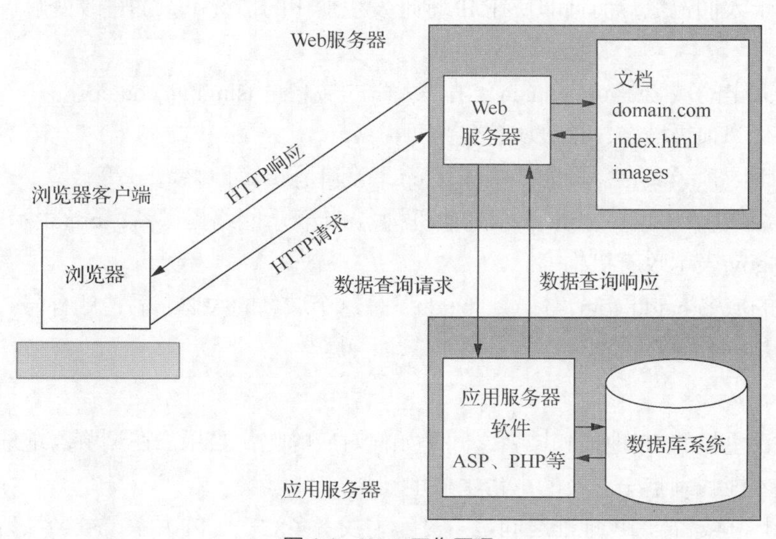

图 1-3 Web 工作原理

Web服务器根据浏览器送来的请求，把URL地址转换成页面所在服务器上的文件全名，查找相应的文件。

如果URL指向静态HTML文档，Web服务器使用HTTP把该文档直接送给浏览器。如果HTML文档中嵌入了ASP、PHP或JSP程序，则由Web服务器运行这些程序，把结果送到浏览器。如果Web服务器运行的程序包含对数据库的访问，则服务器将查询指令发送给数据库服务器，对数据库执行查询操作。

查询结果由数据库返回Web服务器，再由Web服务器将结果数据嵌入页面，并以HTML格式发送给浏览器。

浏览器解释HTML文档，在客户端屏幕上展示结果。

1.4 前端开发技术简介

Web前端常用的开发技术包括HTML、CSS、JavaScript、jQuery和Ajax等。

1.4.1 常用技术

HTML（HyperText Markup Language，超文本标记语言）是一种用来制作超文本文档的简单标记语言，是网页制作的基本语言，也是一种规范或标准。网页文件本身是一种文本文件，通过添加各种标记符号告诉浏览器如何显示其中的内容（如文字如何处理，画面如何安排，图片如何显示等）。

浏览器按顺序阅读网页文件，然后根据标记符解释和显示其标记的内容。

CSS（Cascading Style Sheets，层叠样式表）是标准的布局语言，用来排版和显示 HTML 元素。CSS 能够对网页中元素位置的排版进行像素级的精确控制，支持几乎所有的字体、字号、样式，拥有对网页对象和模型样式进行编辑的能力。CSS 不仅可以静态地修饰网页，还可以配合各种脚本语言动态地对网页各元素进行格式化。

JavaScript 是一种解释性的，基于对象的脚本语言，被广泛用于 Web 应用开发，常用来为网页添加各式各样的动态功能，为用户提供更流畅美观的浏览效果。JavaScript 是目前发展最快的语言之一，从一个可以将一些交互性带入网页的工具，发展成为一个可以进行高效服务器端开发的工具。

jQuery 是一个快速、简洁的 JavaScript 框架。jQuery 设计的宗旨是"Write Less，Do More"，即倡导"写更少的代码，做更多的事情"。它封装 JavaScript 常用的功能代码，提供一种简便的 JavaScript 设计模式，优化 HTML 文档操作、事件处理、动画设计和 Ajax 交互。jQuery 的核心特性可以总结为：具有独特的链式语法和短小清晰的多功能接口；具有高效灵活的 CSS 选择器，并且可对 CSS 选择器进行扩展；拥有便捷的插件扩展机制和丰富的插件。jQuery 兼容各种主流浏览器，如 IE 6.0+、Firefox 1.5+、Safari 2.0+、Opera 9.0+等。

Ajax 即"Asynchronous JavaScript And XML"（异步 JavaScript 和 XML），是指一种创建交互式网页应用的网页开发技术。通过在后台与服务器进行少量数据交换，Ajax 可以使网页实现异步更新。这意味着可以在不重新加载整个网页的情况下，对网页的某部分进行更新。

1.4.2　开发框架

使用 Web 开发框架，可以帮助开发者提高 Web 应用程序、Web 服务和网站等 Web 开发工作的质量和效率。目前，互联网中有大量的 Web 开发框架，每个框架都可以为用户的 Web 应用程序提供功能扩展。Bootstrap 就是一款响应式的、直观并且强大的前端框架。

Bootstrap 是 Twitter 推出的一个用于前端开发的开源工具包。它由 Twitter 的设计师 Mark Otto 和 Jacob Thornton 合作开发，是一个 CSS/HTML 框架。Bootstrap 基于 HTML5 和 CSS3 开发，它在 jQuery 的基础上进行了更为个性化的完善，形成一套自己独有的网站风格，并兼容大部分 jQuery 插件。Bootstrap 中包含了丰富的 Web 组件，根据这些组件，可以快速搭建一个美观、功能完备的网站。其中包括以下组件：下拉菜单、按钮组、按钮下拉菜单、导航、导航条、路径导航、分页、排版、缩略图、警告对话框、进度条、媒体对象等。借助开发框架，Web 开发可以事半功倍。

1.5　常用开发工具

1.5.1　Dreamweaver

Adobe Dreamweaver 简称"DW"，中文名称为"梦想编织者"，是美国 Macromedia 公司开发的集网页制作和网站管理于一身的所见即所得的网页编辑器，DW 是第一套针对专业网页设计师特别研发的视觉化网页开发工具，利用它可以轻而易举地制作出跨越平台限制和跨越浏览器限制的充满动感的网页。

Macromedia 公司成立于 1992 年，先后发布了 8 个版本，其中被广泛使用的包括 Dreamweaver MX 2004 和 Dreamweaver 8。2005 年，Macromedia 公司被 Adobe 公司收购，随后又发布了 6 个版本。

1.5.2 EditPlus

EditPlus 是一款由韩国 Sangil Kim 公司出品的小巧且功能强大的可处理文本、HTML 和其他程序语言的文本编辑器。

EditPlus 拥有无限制的撤销与重做、英文拼字检查、自动换行、列数标记、搜寻取代、同时编辑多文件、全屏幕浏览等功能，它还有一个好用的监视剪贴板的功能。另外它也是一个非常好用的 HTML 编辑器，除了支持颜色标记、HTML 标记，还同时支持 C、C++、Perl、Java 等编程语言。

1.5.3 Notepad++

Notepad++是微软视窗环境下的一个免费的代码编辑器。它使用较少的 CPU 功率，降低了计算机系统能源消耗，轻巧且执行效率高。Notepad++内置支持多达 27 种语法高亮度显示（包括各种常见的源代码、脚本，能够很好地支持.nfo 文件查看），还支持自定义语言；可自动检测文件类型，根据关键字显示节点，节点可自由折叠/打开，还可显示缩进引导线，代码显示很有层次感；可打开双窗口，在分窗口中又可打开多个子窗口，允许快捷切换全屏显示模式（F11），支持鼠标滚轮改变文档显示比例等多项功能，使 Notepad++可以完美地取代微软视窗的记事本。

此软件在系统中安装成功后，选中要打开的文件，单击鼠标右键出现图 1-4 所示的菜单。

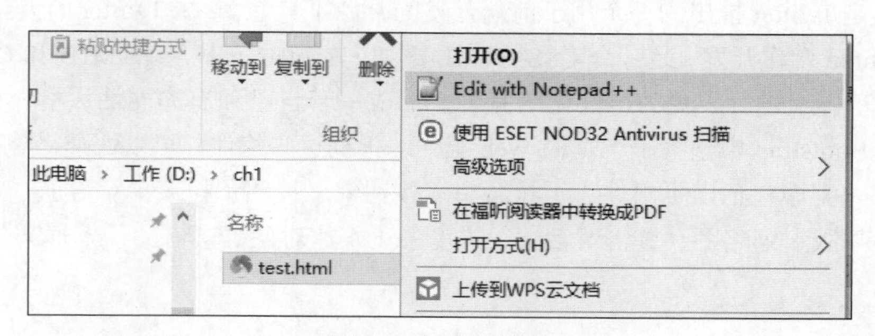

图 1-4　右键关联菜单

选择“Edit with Notepad++”，即可将此文件在编辑器中打开，如图 1-5 所示。

网页中的关键字会用不同颜色显示出来，节点可以折叠或打开，并有缩进引导线等功能。

注意

除非特别指出，本书中出现的网页编辑器默认采用 Notepad++。

```
<html>
<head>
 <style type="text/css">
     * {
             color: blue;
     }
 </style>
 </head>
    <body>

        <h1 align="center">钱塘湖春行 </h1><Hr>
        <p align="center">
        孤山寺北贾亭西，水面初平云脚低。<br>
        几处早莺争暖树，谁家新燕啄春泥。<br>
        乱花渐欲迷人眼，浅草才能没马蹄。<br>
        最爱湖东行不足，绿杨阴里白沙堤。</p>
        <p>
    【说明】此诗为作者任杭州刺史时作。写西湖的山光水色、花草亭树，
    </body>
</html>
```

图 1-5　Notepad++窗口

习题

一、简答题

1. Web 工作模式和 Web 工作原理分别是什么？
2. Web 客户端编程常用的技术有哪些？它们的作用分别是什么？
3. 简介常用的 HTML 编辑工具。
4. 简介常用的网页制作工具。
5. 名词解释：WWW、URL、HTTP、IP 地址、域名 DNS。

二、选择题

1. HTML 指的是（　　）。
   A. 超文本标记语言（Hyper Text Markup Language）
   B. 家庭工具标记语言（Home Tool Markup Language）
   C. 超链接和文本标记语言（Hyperlinks and Text Markup Language）
   D. 都不是
2. 用 HTML 编写一个简单的网页，网页最基本的结构是（　　）。
   A. <html><head>…</head><frame>…</frame></html>
   B. <html><title>…</title><body>…</body></html>
   C. <html><title>…</title><frame>…</frame></html>
   D. <html><head>…</head><body>…</body></html>
3.（　　）的设置有助于搜索引擎在因特网上搜索到网页。

A. 关键字　　B. META　　C. 说明　　D. 图片的尺寸

4.（　　）是对可以从互联网上得到的资源的位置和访问方法的一种简洁表示，是互联网上标准资源的地址。

A. URL　　B. URI　　C. WWW　　D. HTTP

5. 如果站点服务器支持安全套接层（SSL），那么连接到安全站点上的所有 URL 开头是（　　）

A. http://　　B. https://　　C. shttp://　　D. SSL://

6. 在网页中必须使用（　　）来完成超链接。

A. <a></a>　　B. <td></td>　　C. <link></link>　　D. <li></li>

7. HTML 中，为了标识一个 HTML 文件，应该使用的 HTML 标签是（　　）。

A. <html></html>　　B. <table></table>　　C. <title></title>　　D. <link></link>

8. 在网页中，常见的图片格式有（　　）。

A. JPG 和 GIF　　B. JPG 和 PSD　　C. PSD 和 BMP　　D. PNG 和 SWF

9. 世界上最大的计算机网络是（　　）。

A. WWW　　B. WAN　　C. MAN　　D. Internet

10. DNS 的中文含义是（　　）。

A. 邮件系统　　B. 地名系统　　C. 服务器系统　　D. 域名服务系统

02 第2章　HTML标签

学习要求

- 掌握 HTML 文档基本结构，能够熟练创建 HTML 文档。
- 掌握 HTML 的基本标签，理解 HTML 块级元素和行内元素的区别。
- 掌握 HTML 多媒体、超链接、表格、表单等标签的使用。
- 掌握常用 HTML5 新增标签的应用。
- 理解 HTML5 的语义元素。

动手实践

- 根据效果图，能够熟练运用 HTML 标签来结构化文档。
- 掌握各标签的格式，并灵活运用。
- 掌握表单控件的格式，并灵活运用。
- 尝试采用表格进行页面布局的方法。

项目

本章完成了个人简介、成长故事、影迷注册 3 个页面的 HTML 设计部分，分为 6 个项目。

- 项目一　网页的创建。
- 项目二　个人简介 1——块级元素：针对 2.3.1 节练习。
- 项目三　个人简介 2——内联元素：针对 2.3.2 节练习。
- 项目四　个人简介 3——超链接、多媒体、表格和框架：针对 2.4～2.7 节练习。
- 项目五　HTML5 表单应用——影迷注册：针对 2.10 节练习。
- 项目六　成长故事 1——HTML 标签的综合应用：整章复习。

自 1993 年 HTML 首次以因特网草案的形式发布起，它就一直作为网页编写语言的规范，至今经历了 2.0、3.2、4.0、4.01 和 HTML5 等版本。HTML5 以其跨平台、良好的视频/音频支持、更好的互动效果等优势，迅速获得众多浏览器的支持。

因为 HTML4.01 已经被使用多年，从让学习者容易接受的角度考虑，本章先介绍 4.01 版本的常规标签，再介绍部分 HTML5 新增的常用标签。另外本着将网页内容和格式分离的宗旨，本章只介绍极少的 HTML 标签属性。

2.1 HTML 概述

HTML（HyperText Markup Language，超文本标记语言）的主要功能是结构化信息——如标题、段落和列表等，也可用来在一定程度上描述文档的外观和语义。HTML 文档由 Web 浏览器读取执行，浏览器不会显示 HTML 标签，而是以网页的形式显示它们。不同浏览器对 HTML 标签的支持也有所不同。

2.1.1 HTML 的概念

HTML 是一种用于创建网页的标准标记语言，其文件的扩展名是.html 或.htm。HTML 不是一种编程语言，而是一种标记语言（markup language），是由一套标记标签（markup tag）所组成的。

HTML 标签是由尖括号包围的关键词，它大多是成对出现的，即闭合标签，如<b>…</b>。标签对中的第一个标签是开始标签，第二个标签是结束标签。其格式为：

```
<标签>内容</标签>
```

另外还有一种自闭合标签，如
和<hr />。其格式为：

```
<标签 />
```

当浏览器收到 HTML 文本后，就会解释里面的标签符，然后把标签符相对应的功能表达出来。

例如，标签<em>和<strong>均可用来强调文本内容。用<em></em>标签对定义文字显示为斜体，用<strong></strong>标签对定义文字显示为粗体。当浏览器遇到这两个标签对时，就会把标签对中的所有文字用斜体加粗的形式显示出来。

```
<strong><em>HTML 概念</em></strong>
```

当浏览器执行上述代码时，会得到图 2-1 所示的斜体加粗文字效果。

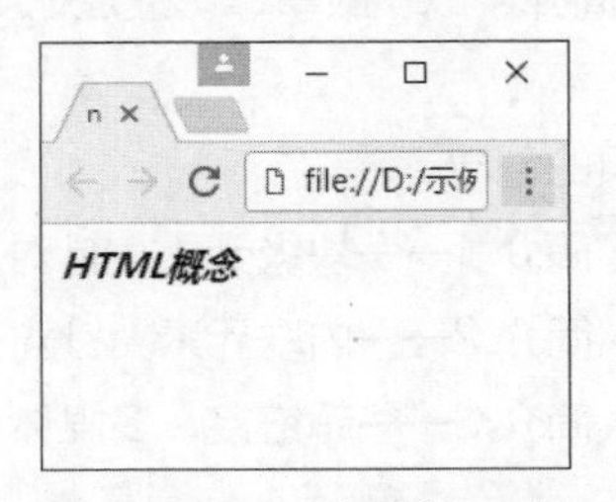

图 2-1　HTML 文档执行示例

2.1.2 HTML 的发展历程

早期的 HTML 语法被定义成较松散的规则，降低了 HTML 的使用门槛。Web 浏览器接受了这个规则，能够支持并显示语法不严格的网页。随着 HTML 的发展和普及，官方标准渐渐趋于严格的语法，但是浏览器却继续支持远称不上合乎标准的 HTML。如下列代码：

```
<html>
<head></head>
<body>
<h1>HTML 概念
```

这段代码的编写者的本意是设计文本部分“HTML 概念”为标题 1，但代码残缺不全，缺少</h1></body></html>部分，却也能被 Web 浏览器正确执行，代码的运行效果如图 2-2 所示。

图 2-2 “宽容”的浏览器

于是万维网联盟（W3C，HTML 规范的制定者）计划使用严格规则的 XHTML（可扩展超文本标记语言）接替 HTML。但在 HTML5 出现后，HTML 又重新占据了主导地位，所以本书对 XHTML 就不再介绍。

HTML 经历了从 1.0 版本到 5.0 版本的发展历程。

（1）HTML1.0：1993 年，由 IETF（互联网工程工作小组）推出工作草案，并不是成型的标准。

（2）HTML2.0：从 1995 年 11 月 RFC1866（收集互联网相关信息的文档）发布开始，至 2000 年 6 月 RFC2854 发布后宣布过时。

（3）HTML3.2：1996 年 W3C 撰写新规范，并于 1997 年 1 月推出 HTML3.2。

（4）HTML4.0 及 HTML4.0.1：HTML4.0 于 1997 年 12 月 18 日由 W3C 推荐为标准；HTML4.01 于 2000 年 5 月 15 日发布，是国际标准化组织（ISO）和国际电工委员会（IEC）的标准，一直被沿用至今，虽然小有改动，但大致方向没有变化。

（5）HTML5：2008 年 1 月 22 日，HTML5 的第一份正式草案发布，其主要的目标是将互联网语义化，以便更好地被阅读，同时能够更好地支持各种媒体的嵌入。

2.1.3 浏览器内核

浏览器内核也就是浏览器所采用的渲染引擎，渲染引擎决定了浏览器如何显示网页的内容以及页面的格式信息。不同的浏览器内核对网页编写语法的解释也略有不同，因此同一网页在不同内核的浏览器里的渲染效果也可能不同。

1. Trident 内核

Trident 内核的代表产品为 Internet Explorer，因此又可称其为 IE 内核，它是微软公司开发的一种渲染引擎。使用 Trident 渲染引擎的浏览器包括 IE、傲游浏览器、世界之窗浏览器、QQ 浏览器、Netscape 等。其中部分浏览器的新版本是“双核”甚至是“多核”，一个内核是 Trident，然后再增加一个或多个其他内核。我们一般可把其他内核称为“高速浏览模式”，而把 Trident 称为“兼容浏览模式”。

2. Gecko 内核

Gecko 是一套开放源代码的、以 C++编写的网页渲染引擎。它是目前最流行的渲染引擎之一，仅次于 Trident。使用 Gecko 内核的浏览器有 Mozilla Firefox、Netscape 9。

3. WebKit 内核

WebKit 内核是一个开源项目，包含了来自 KDE 项目和苹果公司的一些组件，主要用于 macOS 系统。它的优点是源码结构清晰、渲染速度极快；缺点是对网页代码的兼容性不高，导致一些编写不标准的网页无法正常显示。使用 WebKit 内核的浏览器有 Safari 浏览器和傲游 3 浏览器。Google Chrome 浏览器采用的是 Chromium 内核，即 WebKit 的一个分支。

4. Blink 内核

Blink 内核是一个由 Google 和 Opera Software 开发的浏览器渲染引擎，这一渲染引擎是开源引擎 WebKit 中 WebCore 组件的一个分支，并且在 Chrome 28 及之后的版本、Opera 15 及之后的版本和 Yandex 浏览器中使用。

2.1.4 W3C 标准

W3C（World Wide Web Consortium）即万维网联盟。到目前为止，W3C 已发布了 200 多项影响深远的 Web 技术标准及实施指南，如广为业界采用的超文本标记语言、可扩展标记语言以及帮助残障人士有效获得 Web 内容的信息无障碍指南（WCAG）等。W3C 有效促进了 Web 技术的互相兼容，对互联网技术的发展和应用起到了基础性和根本性的支撑作用。万维网联盟标准不是某一个标准，而是一系列标准的集合。

结构化标准语言主要包括 HTML，表现标准语言主要包括 CSS，行为标准主要包括文档对象模型（DOM）、ECMAScript 等。这些标准大部分由 W3C 起草和发布，当然也有一些是其他标准组织制定的标准，例如，ECMAScript 就是由欧洲计算机制造商协会（European Computer Manufacturers Association，ECMA）制定和推荐的一种行为标准。

2.2 文档结构

HTML 文档是由 HTML 标签组成的描述性文本，HTML 标签可以说明文字、图形、动画、声音、表格、链接等。HTML 的结构包括头部（head）、主体（body）两大部分，其中头部描述浏览器所需的信息，而主体则包含所要说明的具体内容。本节主要介绍 HTML 文档结构、书写规范及其创建。

2.2.1 HTML 文档结构与书写规范

1. 文档结构

HTML 文件的整体结构，由<html>标签、<head>标签和<body>标签组成。

【示例】ch2/示例/filestructure.html

```
<!DOCTYPE html>
<html>
<head>
    <title>HTML 文档结构</title>
    <meta charset="utf-8">
</head>
<body>
    文档主体内容
</body>
</html>
```

在 HTML 网页文档的基本结构中主要包含以下几种标签。

（1）文件标签

<html>和</html>文件标签放在网页文档的最外层，表示这对标签间的内容是 HTML 文档。<html>

放在文件开头，</html>放在文件结尾，在这两个标签中间嵌套其他标签。

（2）文件头部标签

文件头用<head>和</head>标签标记，该标签出现在文件的起始部分。标签内的内容不会在浏览器中显示，主要用来说明文件的有关信息，如文件标题、作者、编写时间、搜索引擎可用的关键词等。

在<head>标签内最常用的标签是网页主题标签，即<title>标签，它的格式为：

```
<title>网页标题</title>
```

网页标题是提示网页内容和功能的文字，它将出现在浏览器的标题栏中。网页的标题是唯一的，搜索引擎在很大程度上依赖于网页标题。

（3）文件主体标签

文件主体用<body>和</body>标签标记，它是 HTML 文档的主体部分。网页正文中的所有内容（包括文字、表格、图像、声音和动画等）都包含在这对标签对之间。

2. 书写规范

（1）HTML 的标签是以尖括号包裹关键字，一般成对出现，有开始标签和结束标签，支持正确的嵌套。

（2）大部分标签都有属性，其格式为：

```
<标签属性="属性值">
```

多个属性之间可用空格隔开；属性值一般要加上引号。

① 空标签功能比较单一，例如
</br>等同于
。

② 在 HTML 中，标签名不区分大小写。

2.2.2　创建 HTML 文档

1. 确定内容

（1）创建：启动编辑器创建新文档，输入文本内容。可以使用 EditPlus、记事本等编辑器，本书建议使用 Notepad++。

（2）保存：保存文件时，文件的类型为.html。

（3）浏览：将文件保存后，在浏览器中浏览网页文件，如图 2-3 所示。源码请查看 ch2/示例/Cameron/htmlstandard-1.html，此处不附源码。

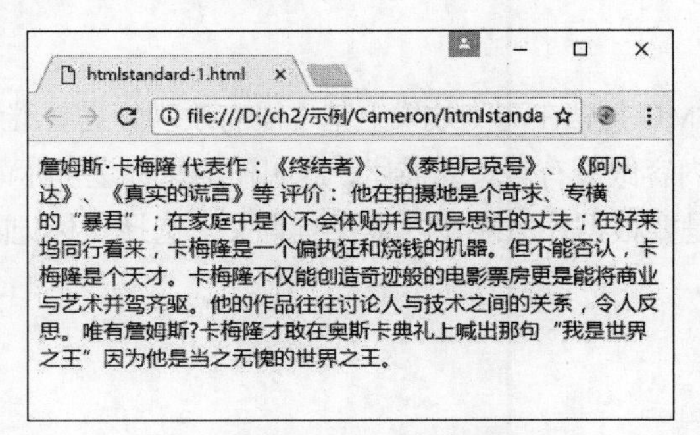

图 2-3　浏览网页文件

由于建立网站需要大量文件，所以网站要有统一的命名方案。

2. 文档结构化

在文档中根据设计者的思路，加入 HTML 标签，对文档进行结构化设置。

（1）HTML 元素

通用的 HTML 元素结构如下：

```
<element> content </element>
```

- 标签由尖括号<>内的元素名 element 组成，尖括号中的任何内容都不会显示在浏览器中。
- element 被称为元素名；元素由内容和标签（开始标签和结束标签）组成。并不是所有的元素都有内容，有些就被定义为空元素。

（2）为文本内容添加基本结构

确定<head>、<body>、<title>等标签中的内容，在浏览器中执行后，可以发现，添加了基本结构的 HTML 文件并没有产生不同的浏览效果。

【示例】ch2/示例/Cameron/htmlstandard-2.html

```
<!Doctype html>
<html>
<head>
    <title>卡梅隆</title>
    <meta charset="utf-8">
</head>
<body>
    詹姆斯·卡梅隆
代表作:《终结者》《泰坦尼克号》《阿凡达》《真实的谎言》等
评价：他在拍摄地是个苛求……世界之王。
</body>
</html>
```

- <meta charset="utf-8">的作用是设置页面的编码格式，页面编码要与文档保存格式一致，否则页面上的中文会出现乱码。
- 文档中多余的空格和回车在浏览时均无法显示。

（3）确定文本元素

添加了基本结构的 HTML 文档在浏览效果上基本没有改观，需要继续确定文本元素。选择合适的 HTML 元素，为当前的内容做最有意义的描述，这叫作语义标记。标记内容，即为内容选择元素，没有统一的标准，重要的是要根据什么能使内容更有意义来选择。标记除了增添内容的内涵，还可以使文档结构化。

```
<html>
<head>
    <title>卡梅隆</title>
    <meta charset="utf-8">
```

```
</head>
<body>
    <h1>詹姆斯・卡梅隆</h1>
    <h2>代表作：《终结者》《泰坦尼克号》《阿凡达》《真实的谎言》等</h2>
    <p>评价：他在拍摄地是个苛求……世界之王。</p>
</body>
</html>
```

（4）添加图像

属性：属性用来阐明或修改元素的指示，语法如下：

```
<element attribute-name="value">Content</element>
```

空元素：也叫单标签，是指没有文本内容，只是用来提供简单的指令的标签。如
、<hr />、<img />等，这样的元素不用使用关闭标签。例如：

```
<img src="bird.jpg" alt="photo of bird" />
```

其中，src 为属性名，用来设置图片的来源位置；bird.jpg 是属性值，一般用双引号引起来。属性名和属性值之间用等号分隔，多个属性用空格隔开。

3. 使用样式表改变外观

使用 style 元素，将 CSS 样式表应用到网页中，可以改变网页的外观，如图 2-4 所示。有关 CSS 的内容会在本书第 3～5 章中进行详细讲解。

图 2-4　创建 HTML 文档——最终效果

2.3　基本标签

大多数 HTML 元素都被定义为块级（block）元素或内联（inline）元素。块级元素在浏览器中显示时，都是从新行开始，如段落元素<p>。内联元素在浏览器中显示时，不会创建新行，仍然在文本流中，如加粗元素<b>。为避免混淆，HTML5 中废除的标签在本节中不再介绍。

2.3.1 块级元素

块级元素主要包括标题标签、长引用、预格式化文本和列表等。

1. <hn>…</hn>标题标签

标题标签<hn>共有 6 个，分别是<h1>、<h2>、<h3>、<h4>、<h5>和<h6>，其中 n 用来指定标题文字的大小，n 可以取 1～6 的整数值，取 1 时文字最大，取 6 时文字最小。源码请查看 ch2/示例/h.html，整个网站最好使用统一的标题级别。

2. <blockquote>…</blockquote>长引用

<blockquote>元素适用于引用长文本，特别是跨越多于 4 行的引用。之间的所有文本都会从常规文本中分离出来，经常会在左、右两边进行缩进（增加外边距），而且有时会使用斜体。也就是说，块引用拥有它们自己的空间，源码请查看 ch2/示例/blockquote.html。

3. <pre>…</pre>预格式化文本

在<pre>元素中的文本通常会保留空格和换行符，而文本也会呈现为等宽字体。常见的应用就是用来表示编程语言的源代码。例如，在示例 pre.html 中，<pre>标签可以将 C 语言代码完整地展示在网页上。它也可以用于表示包括多空格、多空行的内容，如古代诗词等。

【示例】ch2/示例/pre.html

```
<pre>
   #include "stdio.h"
   int main()
    {  printf("This is a C program!");return 1; }
</pre>
```

4. <hr />水平线

<hr />元素在页面中显示为一条暗色的水平线，一般用于对两部分的内容进行逻辑分隔。例如，下面代码，横线的作用是将标题和文本分隔。

【示例】ch2/示例/hr.html

```
<h1>This is header 1</h1>
<hr />
<p>This is some text</p>
```

5. <address>…</address>地址

<address>标签定义文档或文章的作者/拥有者的联系信息。如果<address>元素位于<body>元素内，则它表示文档联系信息。如果<address>元素位于<article>元素内，则它表示文章的联系信息。下面代码介绍了文档联系信息。

【示例】ch2/示例/address.html

```
<address>
contributed by <a href="../authors/fanyl/">fanyl</a>,<a href="http://www.ujn.edu.cn/">
jinan university</a>
</address>
```

6. 列表

列表就是在网页中将项目有序或无序地罗列显示。HTML 中有 3 种列表形式：无序列表、有序列表和自定义列表。

（1）无序列表

无序列表利用<ul>标签定义列表，利用<li>标签定义列表项。

【示例】ch2/示例/ul.html

```
<ul>
    <li>serif</li>
    <li>sans-serif</li>
    <li>Helvetica</li>
    <li>Verdana</li>
</ul>
```

执行效果如图 2-5 所示。

（2）有序列表

有序列表的各个项目前标有数字来表示顺序。有序列表利用<ol>标签定义列表，利用<li>标签定义列表项。

【示例】ch2/示例/ol.html

```
<ol>
    <li>serif</li>
    <li>sans-serif</li>
    <li>Helvetica</li>
    <li>Verdana</li>
</ol>
```

执行效果如图 2-6 所示。

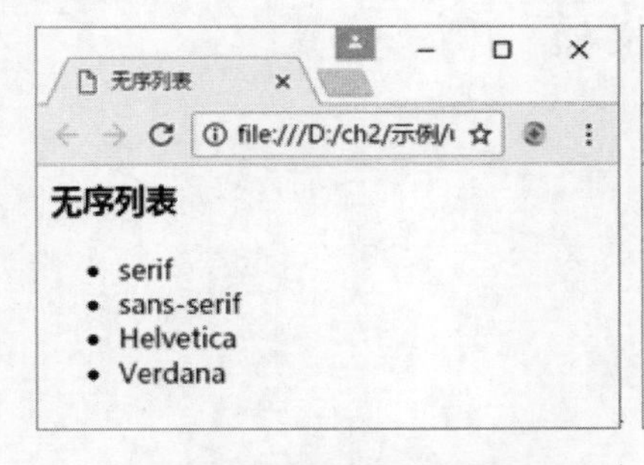

图 2-5　无序列表效果图

图 2-6　有序列表效果图

（3）自定义列表

自定义列表不仅是一列项目，还是项目及其注释的组合。自定义列表利用<dl>标签开始定义，以<dt>定义每个自定义列表项，以<dd>开始对每一项进行描述。

【示例】ch2/示例/dl.html

```
<dl>
    <dt>中文字体</dt>
    <dd>宋体</dd>
    <dd>微软雅黑</dd>
    <dt>英文字体</dt>
    <dd>Sans-serif</dd>
    <dd>Serif</dd>
</dl>
```

执行效果如图 2-7 所示。

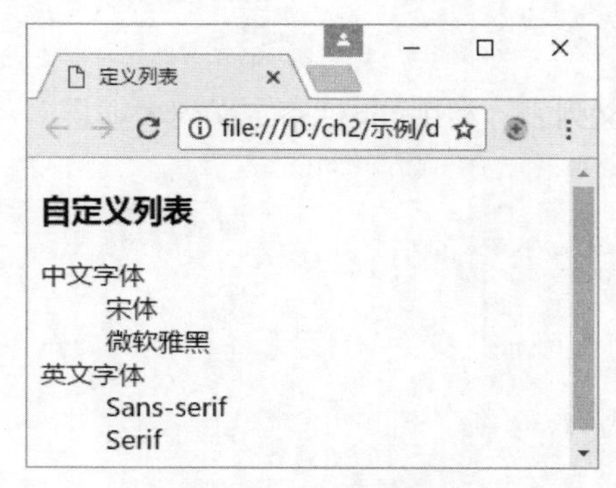

图 2-7 自定义列表

2.3.2 内联元素

1.
换行

标签的作用是换行，属于内联元素。

2. <b><i><small>

<b>标签用来定义文本中重要的部分，呈粗体显示。

<i>标签的设置目的是把部分文本定义为某种类型，而不只是利用它在布局中所呈现的样式，呈现斜体文本效果。

<small>标签定义旁注信息，并显示为更小的文本。

【示例】ch2/示例/ b_i_small.html

```
<b>This text is bold</b>
<br />
<i>This text is italic</i>
<br />
<small>This text is small</small>
<br />
```

执行效果如图 2-8 所示。

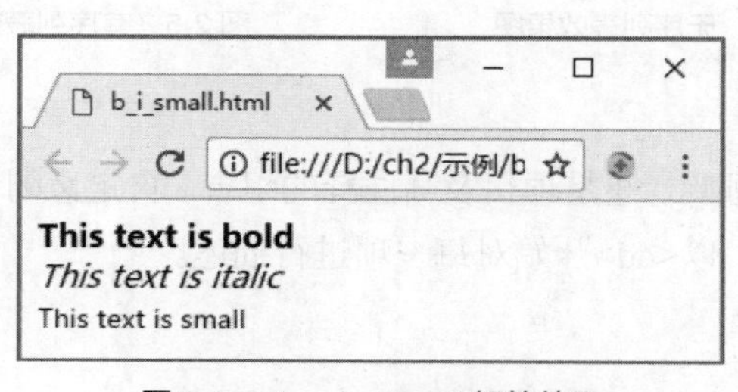

图 2-8 <b><i><small>标签效果

3. <code><kbd><samp><var><dfn><cite>

此部分标签主要用于描述科技文档相关的文本，会呈现特殊的样式。

<code>标签用于定义计算机程序代码文本。

<kbd>标签用于定义键盘文本，常用于与计算机相关的科技文档或手册中。

<samp>标签用于定义样本文本，例如程序的示例输出。

<var>标签用于定义变量或程序参数，常用于科技文档。

<dfn>标签可标记特殊术语或定义短语，通常用斜体来显示。

<cite>标签用于定义引用，引用另一个文档，例如书或杂志的标题。

【示例】ch2/示例/ code_kbd_samp_var_dfn_cite.html

```
<code>Computer code</code>
<br />
<kbd>Keyboard input</kbd>
<br />
<samp>Sample text</samp>
<br />
<var>Computer variable</var>
<br />
<dfn>Definition text</dfn>
<br />
<p>Passages of this article were inspired by <cite>The Complete Manual of Typography </cite>
by James Felici.</p>
<p><b>注释：</b>这些标签常用于显示计算机/编程代码。</p>
</body>
</html>
```

执行效果如图 2-9 所示。

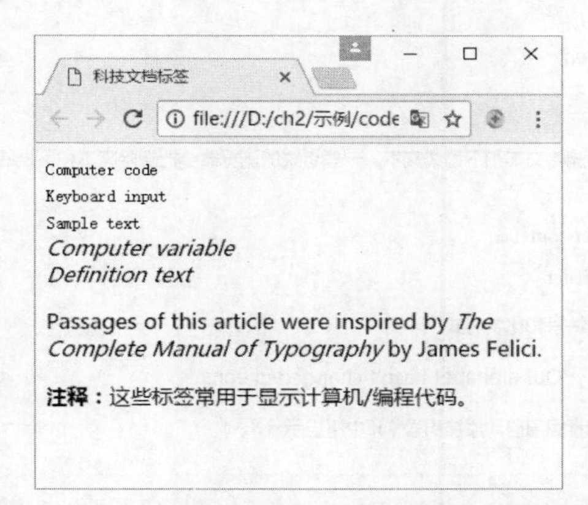

图 2-9　<code><kbd><samp><var><dfn><cite>标签效果

4. <strong><em><del><ins><sub><sup><q><abbr>

<strong>标签用于定义重要的文本，显示为粗体。

<em>标签用于表示被强调的文本，显示为斜体。

<del>标签用于标记文本的变化，表示对文档的删除。

<ins>标签用于标记文本的变化，表示对文档的插入。

<sub>标签用于定义下标文本。

<sup>标签用于定义上标文本。

<q>标签用于短引用，浏览器在该元素周围自动添加引号。

<abbr>标签用于简写为以句点结束的单词，如 etc.。

【示例】ch2/示例/ em_strong_del_ins_sub_sup_q.html

```
<strong>This text is strong</strong>
<br />
<em>This text is emphasized</em>
<br />
```

```
<p>一打有<del>二十</del><ins>十二</ins>件。</p>
<p>大多数浏览器会改写为删除文本和下划线文本。一些老式的浏览器会把删除文本和下划线文本显示为普通文本。</p>
<p>
    This text contains<sup>superscript</sup>
<br />
    This text contains<sub>subscript</sub>
</p>
<p>常用于数学等式、科学符号和化学公式</p>
<p>
    Matthew Carter says, <q>Our alphabet hasn't changed in eons.</q>
</p>
<p>短引用，浏览器在该元素周围自动添加引号，IE 中不显示。</p>
```

程序执行效果如图 2-10 所示。

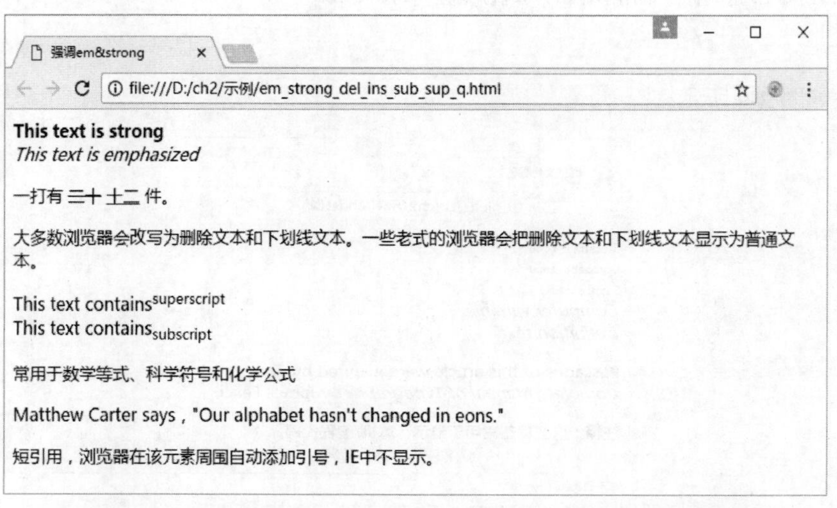

图 2-10　<strong><em><del><ins><sub><sup><q><abbr>标签效果

2.3.3　<div>和<span>

<div>和<span>标签自身没有实际意义，主要功能是结合样式表 CSS 来格式化内容。

<div>是块级元素，是块容器标签，在<div></div>之间可以放置各种 HTML 元素。其作用主要有两个：一是与 CSS 一同使用时，<div>元素可用于对大的内容块设置样式属性；二是文档布局，它取代了使用表格定义布局的老式方法。

<span>元素是内联元素，可用作文本的容器，与 CSS 结合可为部分文本设置样式属性。

1. 文档布局

在网页设计中，对于较大的块可以使用<div>标签完成，而对于具有独特样式的段内内容，可以使用<span>标签完成，如图 2-11 所示。我们可以将网页分为 header、content 和 footer 三个部分，其中 header 由 logo 和 nav 组成，如图 2-12 所示。

划分整理为文档结构图，如图 2-13 所示。

图 2-11　文档布局示例

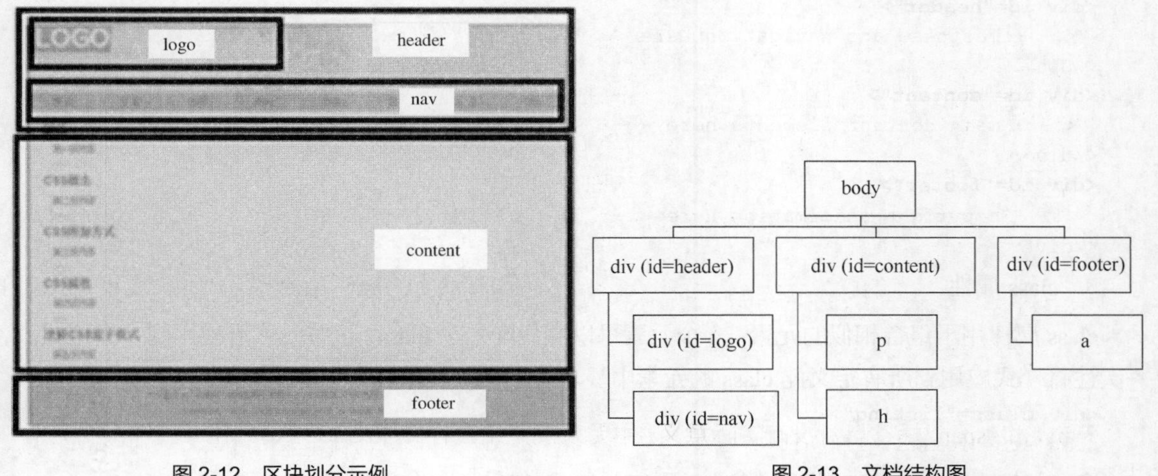

图 2-12　区块划分示例

图 2-13　文档结构图

2. <div>

<div>元素本身没有特定的含义和样式，常用于确定一个块级文本区。我们可将<div>当作网页上的容器使用，里面是根据逻辑组合起来的元素，并赋予了一个描述性的名称，从而将内容分组，这样可使文档的结构更加清晰。

为了上下文和布局的需要，将网页分割为几部分，在以下示例中，只列举了 nav 部分的代码。

```
<div id="nav">
<ul>
  <li class="first"><a href="#">首页</a></li>
  <li><a class="hide" href="#">关于我们</a></li>
  <li><a class="hide" href="#">精彩案例</a></li>
```

```
    <li><a class="hide" href="#">网站导航</a></li>
    <li><a class="hide" href="#">联系我们</a></li>
</ul>
</div>
```

3. <span>

<span>…</span>是内联元素，没有特定的含义，可用作文本的容器，用来组合文档中的行内元素。当与 CSS 一同使用时，<span>元素可用于为部分文本设置样式属性。

<span>只能包含文本和其他内联元素，不能将块级元素放入其中。

在下面的示例中，加了标签的 span 给其中的文本添加了意义。

```
<ul>
    <li>Joan:<span class="phone">999.8282</span></li>
    <li>Lisa:<span class="phone">888.4889</span></li>
</ul>
```

4. id 属性

id 属性一般用于标识文档中的唯一元素。下面代码将文档分为三部分，分别为 header 部分、content 部分和 footer 部分。

```
<div id="header">
  <!- - masthead and navigation here- ->
</div>
<div id="content">
  <!- - main content elements here - ->
</div>
<div id="footer">
  <!- - copyright information here - ->
</div>
```

5. class 属性

class 属性用于组合相似的元素。多个元素可以共用同一个 class，这些元素可使用同一个样式表，一次性将样式应用到所有定义此 class 的元素中。

```
<div class="listing">
<img src="felici.gif" alt=" " />
<p class="description"><cite>The Complete Manual……</cite>,James Felici</p>
</div>
<div id="ISBN881792063" class="listing book">
<img src="bringhurat.gif" alt=" " />
<p class="description"><cite>The Elements of ……</cite>,James Felici</p>
</div>
```

本例中展示了 2 本书，内容均为书名、封面图片和作者。其中第 2 本书同时拥有 class 和 id 标识符，并有多个 class 名。

id 属性与 class 属性的区别在于，id 属性用于识别，class 属性用于归类。

2.3.4 特殊字符

网页中有两种特殊字符，第一种字符不属于标准 ASCII 字符集，键盘上没有对应按键，如版权符号©；第二种字符在 HTML 里有特别的含义，不能以本身的样式进行拼写，如>、<、&等。

对这些特殊字符，HTML 均采取转义的处理方式，即不拼写字符本身，而是用数字或已命名的字符引用表示，如表 2-1 所示。

表 2–1　　常用特殊字符列表

字符	描述	命名	数值
	字符空格		
'	撇号	'	'
&	表示 and 的符号	&	&
<	小于号	<	<
>	大于号	>	>
©	版权	©	©
®	注册商标	®	®

HTML 特殊字符表示法可分为命名表示法和数值表示法，这两种表示法均由三部分组成：第一部分是“&”；第二部分是预定义的字符名简写或者是“#”加上指定的数值；第三部分是分号“;”。命名表示法比较好理解，例如，要显示小于号“<”，就可以使用“<”表示，其中“lt”是 less than 的简写。

2.4 多媒体

多媒体是组成网页的重要元素，包括文字、图片、声音、视频和动画等。尽管大部分网页是以文字为主，但适当增加图片、音乐、动画等多媒体元素，会给用户带来更好的浏览效果，增加用户的体验感受。

2.4.1 图像标签<img />

在网页中插入图像可以使用<img />标签。<img />是空标签，它只包含属性，没有闭合标签。要在页面上显示图像，需要使用 src 属性。定义图像的基本语法是：

```
<img src="url" />
```

src 属性是必需属性，用来指定图像文件所在的路径，这个路径可以是相对路径，也可以是绝对路径。例如，<img src="xiaoyuan.jpg">表示将当前目录下的图片文件 xiaoyuan.jpg 插入网页中。

除了必需的 src 属性，<img>标签还有一些可选属性，用于指定图片的一些显示特性，常用的属性说明如下。

1. alt 属性

alt 属性用来为图像定义可替换的文本。例如：

```
<img src="xiaoyuan.jpg" alt="校园美景" />
```

在浏览器无法载入图像时，替换文本属性告诉浏览者此处的信息。此时，浏览器将显示这个替代性的文本而不是图像。为页面上的图像加上替换文本属性是个好习惯，这样有助于更好地显示信息。另外，对于部分浏览器，当用户将鼠标放在图像上时，旁边也会出现替代文字。如果需要为图像创建工具提示，可使用 title 属性。

2. width/height 属性

width 和 height 属性用来设置图像的宽度和高度。例如：

```
<img src="xiaoyuan.jpg" alt="校园美景" width="400" height="300" />
```

默认情况下，在网页中插入的图像会保持原图大小。若想改变图像的尺寸，可以通过设置 width 和 height 属性的值来实现。图像宽度和高度的单位可以是像素，也可以是百分比。

如果只改变宽高中一个值，图像会按原图宽高比例等比例显示。若改变了两个值，但没有按原始大小的比例设置，则会导致插入的图像有不同程度的变形。

3. align 属性

<img>标签的 align 属性定义了图像相对周围元素的水平和垂直对齐方式。图像的绝对对齐方式和正文的对齐方式一样，分为左对齐、居中对齐和右对齐；而相对对齐方式指图像相对周围元素的位置。align 属性的取值有 5 个：left、right、top、middle 和 bottom。当 align 取 left 或 right 时，表示在水平方向上图像靠左或靠右；当 align 取其他 3 个值时，表示图像在垂直方向上靠上、居中或靠下。

【示例】ch2/示例/img.html

```
<html>
<head>
  <title>图片插入示例</title>
  <meta charset="utf-8">
</head>
<body>
  <h1 align="center">济南大学美丽的校园风光</h1>
  <img src="xiaoyuan01.jpg" alt="青青柳色新" width="300" height="200" align="left" />
  <img src="xiaoyuan02.jpg" title="水光潋滟" width="300" height="200" align="right" />
</body>
</html>
```

网页运行显示效果如图 2-14 所示。

图 2-14　插入图片示例效果

图像文件的格式有很多，不是所有格式的图像都适合在网页中使用，网页中常用的图像格式有 JPG、GIF 和 PNG 等。

2.4.2　多媒体格式

除了文字和图片，网页中还常插入音频和视频等多媒体元素。多媒体元素存储于媒体文件中，常见的音频、视频文件格式有 MP3、MP4、WMV、SWF 等。

下面介绍几种常用的音频和视频格式。

1. 音频格式

（1）WAV 格式：WAV 是微软和 IBM 共同开发的 PC 标准声音格式，其文件扩展名为.wav，是一种通用的音频数据文件。通常使用 WAV 格式用来保存一些没有压缩的音频，也就是经过 PCM 编码后的音频，因此也称为波形文件，依照声音的波形进行存储，因此要占用较大的存储空间。

（2）MP3 格式：MP3 是一种音频压缩技术，其全称是动态影像专家组压缩标准音频层面 3（Moving Picture Experts Group Audio Layer III），简称为 MP3。它被设计用来大幅度地降低音频数据量，是网络上常用的一种音频格式，其文件扩展名为.mp3。

（3）WMA 格式：WMA（Windows Media Audio）是微软公司推出的与 MP3 格式齐名的一种新的音频格式。WMA 格式以减少数据流量但保持音质的方法来达到更高的压缩率的目的，在压缩比和音质方面都超过了 MP3，更是远胜于 RA（Real Audio）。

（4）MIDI 格式：MIDI（Musical Instrument Digital Interface）是一种针对电子音乐设备（如合成器和声卡）的格式。MIDI 文件不含有声音，但包含可被电子产品（如声卡）播放的数字音乐指令。由于该格式仅包含指令，所以 MIDI 文件非常小巧，大多数流行的网络浏览器都支持 MIDI 格式。

（5）Ogg Vorbis 格式：Ogg Vorbis 是一种新的音频压缩格式，类似于 MP3 等现有的音乐格式。有一点不同的是，它是完全免费、开放和没有专利限制的。Vorbis 是这种音频压缩机制的名字，而 Ogg 是一个计划的名字，该计划意图设计一个完全开放源码的多媒体系统。Ogg Vorbis 文件的扩展名为.ogg。

2. 视频格式

（1）AVI 格式：AVI（Audio Video Interleave）格式是由微软开发的，所有运行 Windows 的计算机都支持 AVI 格式。AVI 格式调用方便、图像质量好、压缩标准可任意选择，是应用最广泛、应用时间最长的格式之一。

（2）WMV 格式：WMV（Windows Media Video）是微软公司开发的一组数位视频编解码格式的通称，一种采用独立编码方式且可在 Internet 上实时传播多媒体的技术标准。WMV 的主要优点有：可扩充的媒体类型、本地或网络回放、可伸缩的媒体类型、流的优先级化、多语言支持、扩展性等。

（3）Ogg 格式：带有 Theora 视频编码和 Vorbis 音频编码的 Ogg 文件。

（4）MPEG4 格式：带有 H.264 视频编码和 AAC 音频编码的 MPEG4 文件。

（5）WebM 格式：带有 VP8 视频编码和 Vorbis 音频编码的 WebM 文件。

2.4.3 多媒体文件标签<embed>

要想在网页中插入音乐、视频或动画，可以使用 HTML 的<embed>标签。其语法格式如下：

```
<embed  src="url" width="" height="" autostart="" hidden="" loop="">
```

<embed>标签的各属性及其取值说明如下。

（1）src 属性：指定插入的音乐、视频或动画文件的路径及文件名，路径可以是相对路径，也可以是绝对路径，如<embed src="jiangnan.mp3">。

（2）autostart 属性：规定音频或视频文件是否在下载完之后自动播放，取值为 true 表示下载完后自动播放，取值为 false 表示不自动播放。

（3）loop 属性：规定音频或视频文件是否循环播放以及循环的次数，取值为 true 表示循环播放，取值为 false 表示不循环播放，取值为正整数表示循环播放的次数。

（4）width/height 属性：规定控制面板的高度和宽度，单位是像素。

（5）hidden 属性：规定控制面板是否显示，默认值为 false，取值为 true 时隐藏控制面板。

下面举例说明用<embed>标签实现在网页中播放音乐。

【示例】 ch2/示例/embed1.html

```
<html>
<head>
  <title>插入音频示例</title>
  <meta charset="utf-8">
</head>
<body>
  <h2>播放音乐</h2>
  <embed  src="jiangnan.mp3"  width="300"  height="50"  autostart="true"  loop="true">
  <p>出现控制面板了，你可以控制它的开与关，还可以调节音量的大小</p>
</body>
</html>
```

网页运行后显示效果如图 2-15 所示。

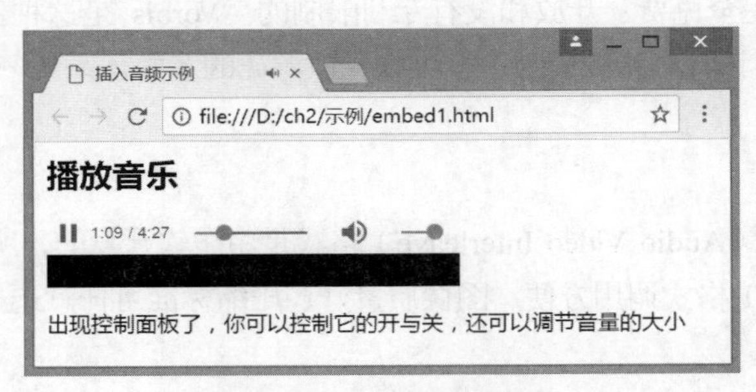

图 2-15　播放音频的效果

在页面中插入动画或视频进行播放的方法与此类似，需要设置好播放窗口的大小。下面以播放动画为例进行介绍。

【示例】 ch2/示例/embed2.html

```
<html>
<head>
<title>插入动画示例</title>
</head>
```

```
<body>
<h2>播放动画</h2>
<embed  src="shendiaoxialu.swf" width="300" height="200">
</body>
</html>
```

网页运行后播放效果如图 2-16 所示。

图 2-16　播放动画效果

2.5　超链接

所谓的超链接是指从一个网页指向一个目标的链接关系，这个目标可以是另一个网页，也可以是相同网页上的不同位置，还可以是图片、电子邮件地址、文件，甚至是应用程序。而在网页中用来超链接的对象，可以是一段文本或者是一张图片。当浏览者单击已加链接的文字或图片后，链接目标将显示在浏览器上，并且根据目标的类型来打开或运行。

超链接是构成整个互联网的基础，它能够让浏览者在各个独立的页面之间灵活地跳转。各个网页链接在一起后，才能真正构成一个网站。

2.5.1　超链接标签<a>

要在网页中创建超链接，可以使用<a>标签，其语法如下：

```
<a href="url" target="target-windows">链接标题</a>
```

- href 属性定义了链接标题所指向的目标文件的 URL 地址。
- target 属性指定用于打开链接的目标窗口，默认方式是原窗口。

1. 链接到网页

```
<a href="http://www.ujn.edu.cn">济南大学</a>
```

以上这段代码为文本“济南大学”创建了超链接。含有该链接的页面在浏览器中打开后，用鼠标单击链接文本“济南大学”，就可以在当前窗口打开济南大学的主页。

2. 链接到图片

链接标题不仅可以是文字，还可以是图片，也就是说可以为图片创建超链接，此时用<img>标签代替链接标题文字。

```
<a href="xiaoyuan.jpg"><img src="xiaoyuan.jpg" width="300" height="200"></a>
```

以上这段代码为 300×200 的图片 xiaoyuan.jpg 创建了超链接，在页面中单击小图，即可链接到尺寸较大的原图。

3. 链接到文件

```
<a href="第 1 章.ppt">下载课件</a>
```

以上这段代码可实现单击链接标题文字“下载课件”，就下载 PPT 文件的效果。

通过上面的 3 个例子可以发现，链接目标不仅可以是网站的某个页面，还可以是图片，或者是任何类型的文件，如 .doc、.ppt、.mp3、.rar 和.exe 等。

2.5.2 超链接类型

按照链接路径的不同，网页中的超链接一般分为三种类型：内部链接、外部链接和书签链接。

1. 内部链接

内部链接是指网站内部文件之间的链接，即在同一个站点下不同网页页面之间的链接。将超链接标签<a>中 href 属性的值设置为相对路径，就可以在 HTML 文件中定义内部超链接。

2. 外部链接

外部链接是指网站内的文件链接到站点内容以外的文件，要定义外部链接可以将<a>标签中 href 属性的值设置为绝对路径。

3. 书签链接

书签是指跳转到文章内部的链接，可以实现段落间的任意跳转。用户上网浏览网页时，有的网页内容特别多，需要不断翻页才能看到想要的内容，这时可以在页面中定义一些书签链接。这里的书签相当于方便用户查看内容的目录，单击书签时，就会跳转到相应的内容。在需要指定到页面的特定部分时，定义书签链接是最佳的方法。

2.5.3 超链接路径

在网页中创建超链接时，通过<a>标签的 href 属性指定链接目标，这个链接目标也是路径。在 HTML 文件中提供了 3 种路径：绝对路径、相对路径和根路径。

1. 绝对路径

绝对路径是指文件的完整路径，包括文件传输的协议 HTTP、FTP 等，一般用于网站的外部链接，例如新浪网的网址是 http://www.sina.com.cn。

2. 相对路径

相对路径是指相对当前文件的路径，它包含了从当前文件指向目的文件的路径（见表 2-2）。相对路径一般用于网站内部链接，只要链接源和链接目标在同一个站点里，即使不在同一个目录里，也可以通过相对路径创建内部链接。采用相对路径建立两个文件之间的相互关系，可以不受站点和服务器位置的影响。

表 2-2　　相对路径的使用方法

相对位置	使用方法	举例
链接到同一目录	直接输入要链接的文件名	news.html
链接到低层目录	先输入目录名，再加“/”	image/tu.jpg
链接到高层目录	“../”表示父目录	../css/main.css

3. 根路径

根路径的设置以“/”开头，代表根目录，后面书写文件夹名，最后书写文件名，例如：/web/download/show.html。根路径的设置也适用于内部链接的建立，它必须在配置好的服务器环境下才能使用，一般情况下不使用根路径。

2.5.4　内部书签

在浏览网页时，大家是不是有过这样的体会：有的页面内容很多、页面很长，用户想快速地找到自己想要的内容就需要不断地拖动滚动条翻页，很不方便，这种情况可以通过在页面中建立内部书签链接来解决。书签是指到文章内部的链接，可以实现段落间的任意跳转。实现这样的链接需要先定义一个书签作为目标端点，再定义到书签的链接。链接到书签分为两种：链接到同一页面中的书签和链接到不同页面中的书签。

1. 定义书签

通过设置超链接标签<a>的 name 属性来定义书签，同样也可以使用 id 属性定义。基本语法如下：

```
<a name="anchorname">书签标题</a>
```

name 属性的值是定义书签的名称，供书签链接引用。超链接<a>…</a>之间的内容为书签标题。

2. 定义书签链接

通过设置超链接标签<a>的 href 属性来定义书签链接。基本语法如下：

```
<a href="#anchorname">书签标题</a><!--同一页面内-->
<a href="URL#anchorname">书签标题</a><!--不同页面内-->
```

链接到同一页面的书签，只要设置 href 属性为“#书签名称”，这里的书签名称是定义书签中已经建好的。链接到不同页面的书签，需要在“#书签名称”前面加上目标页面的 URL 地址。

下面以介绍济南的名胜古迹为例，说明书签链接的应用。

【示例】ch2/示例/a_anchor.html

```
<html>
<head>
<title>书签链接应用示例</title>
<meta charset="utf-8">
</head>
<body>
  <h1 align="center">济南的名胜古迹</h1>
  <p align="center"><a href="#ptq">趵突泉</a> |
  <a href="#dmh">大明湖</a> | <a href="#qfs">千佛山</a></p>
```

```
    <h3><a name="ptq">趵突泉</a></h3>
    <p>趵突泉公园是一座……，流连忘返。</p>
    <h3><a name="dmh">大明湖</a></h3>
    <p>大明湖之名始见于……，深受海内外游客好评。</p>
    <h3><a name="qfs">千佛山</a></h3>
    <p>千佛山位于市区南部，……山下泉城美景尽收眼底。</p>
</body>
</html>
```

页面的部分浏览效果如图 2-17 所示，拖动滚动条可以查看其他两处风景介绍。

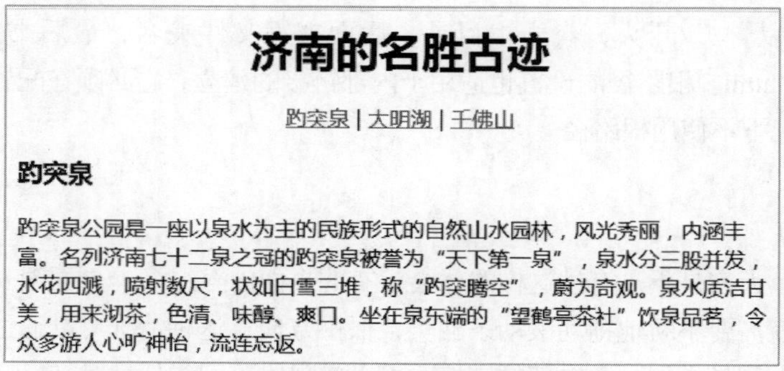

济南的名胜古迹

趵突泉 | 大明湖 | 千佛山

趵突泉

趵突泉公园是一座以泉水为主的民族形式的自然山水园林，风光秀丽，内涵丰富。名列济南七十二泉之冠的趵突泉被誉为“天下第一泉”，泉水分三股并发，水花四溅，喷射数尺，状如白雪三堆，称“趵突腾空”，蔚为奇观。泉水质洁甘美，用来沏茶，色清、味醇、爽口。坐在泉东端的“望鹤亭茶社”饮泉品茗，令众多游人心旷神怡，流连忘返。

图 2-17　书签链接示例页面初始运行效果图

在上面的示例代码中，为介绍三处名胜古迹的三级标题处定义了标签，如<h3><a name="ptq">趵突泉</a></h3>，其他两处类似。在页面上方的目录部分分别为三处景点标题建立了书签链接，单击该链接，就会跳转到相应的风景名胜介绍处。其中，单击“大明湖”书签链接的运行效果如图 2-18 所示。

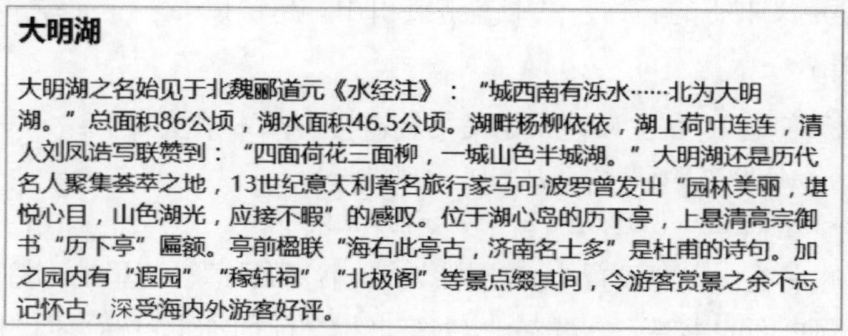

大明湖

大明湖之名始见于北魏郦道元《水经注》：“城西南有泺水……北为大明湖。”总面积86公顷，湖水面积46.5公顷。湖畔杨柳依依，湖上荷叶连连，清人刘凤诰写联赞到：“四面荷花三面柳，一城山色半城湖。”大明湖还是历代名人聚集荟萃之地，13世纪意大利著名旅行家马可·波罗曾发出“园林美丽，堪悦心目，山色湖光，应接不暇”的感叹。位于湖心岛的历下亭，上悬清高宗御书“历下亭”匾额。亭前楹联“海右此亭古，济南名士多”是杜甫的诗句。加之园内有“遐园”“稼轩祠”“北极阁”等景点缀其间，令游客赏景之余不忘记怀古，深受海内外游客好评。

图 2-18　单击“大明湖”书签链接效果图

2.5.5　target 属性

超链接标签<a>的 target 属性可以定义被链接的文档在何处显示，即目标窗口，默认是当前窗口。target 属性的取值及其含义如下。

- _blank：浏览器总在一个新打开、未命名的窗口中载入目标文档。
- _self：这个目标的值对所有没有指定目标的<a>标签是默认目标，它使得目标文档载入并显示在相同的框架或者窗口中作为源文档。
- _parent：在当前框架的上一层打开链接。

- _top：在顶层框架中打开链接，或者说在整个浏览器窗口中载入目标文档。
- framename：在指定的框架内打开链接，框架名称可以自定义。

例如，下面的代码表示在新的窗口中打开百度页面。

```
<a href="http://www.baidu.com" target="_blank">百度一下</a>
```

2.5.6 动手实践

学完 HTML 的基本标签，下面来动手实践一下吧。

结合给出的素材，运用本章所学的块级元素、内联元素，制作图 2-19 所示的页面。

难点分析：

- 仔细观察图 2-19 的效果，先将文档结构化；
- 在网页中插入图片时，注意图片的路径表示；
- 参考链接部分，注意<cite>标签的应用。

图 2-19　再别康桥赏析图

2.6 表格

表格是网页设计中不可或缺的元素，使用表格不仅可以在网页上显示二维表格式的数据，还可以将相互关联的信息元素集中定位，从而实现页面布局，使浏览页面一目了然、赏心悦目。

2.6.1 表格标签

在 HTML 语法中，表格主要通过 3 个标签来构成：<table>、<tr>、<td>。

1. 基本语法

表格的基本语法如下。

```
<table>
<tr>
        <td>…</td>
        <td>…</td>
        …
</tr>
<tr>
        <td>…</td>
        <td>…</td>
        …
</tr>
    …
</table>
```

2. 语法说明

- 表格标签<table>是双标签，<table>表示表格的开始，</table>表示表格的结束。
- 标签<tr>用来定义表格的行，也是双标签，<tr>表示一行的开始，</tr>表示一行的结束。
- 表格的单元格用 td 定义，<td>表示一个单元格的开始，</td>表示一个单元格的结束。
- 在一个表格中，可以插入多个<tr>标签，表示多行。<tr>的个数代表表格的行数，每对<tr>…</tr>之间<td>的个数代表该行单元格的个数。单元格里的内容可以是文字、数据、图像、超链接、表单元素等。

表格的定义中，除了基本标签<table>、<tr>、<td>以外，还可以用<th>定义表头，用<caption>定义表格的标题，标题默认在表格上方。

下面的代码定义了一个三行三列的表格，为表格添加了标题“学生成绩表”，表格的第一行表头用<th>标签定义，文字自动加粗居中显示。

【示例】ch2/示例/table1.html

```
<html>
<head>
<title>表格示例</title>
</head>
<body>
<table border="1" width="300">
<caption>学生成绩表</caption>
 <tr>
    <th>学号</th><th>姓名</th><th>成绩</th>
 </tr>
 <tr>
    <td>1701</td><td>张三</td><td>88</td>
 </tr>
 <tr>
```

```
    <td>1702</td><td>李四</td><td>92</td>
  </tr>
</table>
</body>
</html>
```

执行效果如图 2-20 所示。

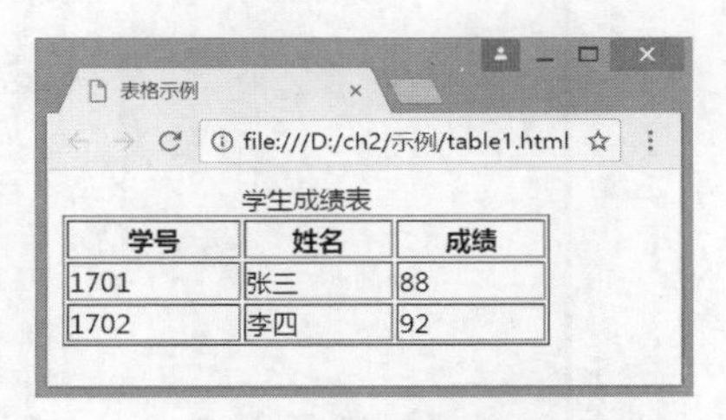

图 2-20　插入表格

2.6.2　表格属性

表格具有丰富的属性，创建表格行、单元格的标签<tr>、<td>也有各自的一些属性，通过设置这些属性，可以对表格进行一些修饰，使表格更美观，内容显示更合理。

1. 表格标签<table>的属性

（1）border 属性：设置表格边框的粗细，单位是像素。如<table border="1">…</table>表示表格具有 1 像素的细边框。border 属性的默认值是 0，表示表格无边框。

（2）width/height 属性：width 和 height 属性分别用于设置表格的宽度和高度，取值可以是像素或百分比，如果取百分比值，表格会随浏览器窗口大小自动调整。例如，<table border="2" width="500" height="100">…</table>表示表格的宽度是 500 像素，高度 100 像素，边框粗细为 2 像素。

（3）bgcolor 属性：设置表格的背景颜色，其值可以是 rgb 函数、十六进制数或英文颜色名称。

（4）background 属性：设置表格的背景图像，即用一幅图像作为表格的背景，属性值可以是相对路径，也可以是绝对路径。

（5）cellspacing 属性：该属性可以设置表格中两个单元格之间的距离，即单元格间距。适当增加间距，可以使表格不会显得过于紧凑。

（6）cellpadding 属性：设置单元格的内容与内部边框之间的距离，即单元格边距。适当增加边距，可以使单元格内容看上去不紧贴边框。

2. 行标签<tr>的属性

（1）align 属性：设置行内容的水平对齐方式，可以取值 left、center 和 right，分别表示居左、居中和居右。

（2）valign 属性：设置行内容的垂直对齐方式，可以取值 top、middle 和 bottom，分别表示靠上、居中和靠下。

3. 单元格标签<td>的属性

（1）rowspan 属性：设置单元格跨越的行数。如果要设置跨 2 行的单元格，即 rowspan="2"，那么下一行的单元格就要少定义一个，即少一个<td>标签。如果要设置跨 3 行的单元格，即 rowspan="3"，那么下面 2 行的单元格都要少定义一个，以此类推。

（2）colspan 属性：设置单元格跨越的列数。如果要设置跨 2 列的单元格，即 colspan="2"，那么该行的单元格就要少定义一个，即少一个<td>标签。如果要设置跨 3 列的单元格，即 colspan="3"，那么该行的单元格要少定义 2 个，以此类推。

下面的示例展示了表格的创建和表格属性的应用。

【示例】ch2/示例/table2.html

```
<html>
<head>
<meta charset="utf-8">
<title>佳句欣赏</title>
</head>
<body>
<center>
<table border="5" width="550" height="350" cellspacing="5" cellpadding="5" bgcolor=
"#ffccff">
<tr>
   <th>佳句欣赏</th><th>出自</th><th>作者</th>
</tr>
<tr align="center" valign="middle">
   <td>长风破浪会有时，直挂云帆济沧海。</td>
   <td>行路难</td>
   <td rowspan="2">李白</td>
</tr>
<tr align="center" valign="middle">
   <td>天生我材必有用，千金散尽还复来。</td>
   <td>将进酒</td>
</tr>
<tr align="center" valign="middle">
   <td>会当凌绝顶，一览众山小。</td>
   <td>望岳</td>
   <td rowspan="2">杜甫</td>
</tr>
<tr align="center" valign="middle">
   <td>无边落木萧萧下，不尽长江滚滚来。</td>
   <td>登高</td>
</tr>
<tr align="center" valign="middle">
   <td>在天愿作比翼鸟，在地愿为连理枝。</td>
   <td>长恨歌</td>
   <td rowspan="2">白居易</td>
</tr>
<tr align="center" valign="middle">
   <td>同是天涯沦落人，相逢何必曾相识。</td>
   <td>琵琶行</td>
</tr>
</table>
</center>
</body>
</html>
```

运行效果如图 2-21 所示。

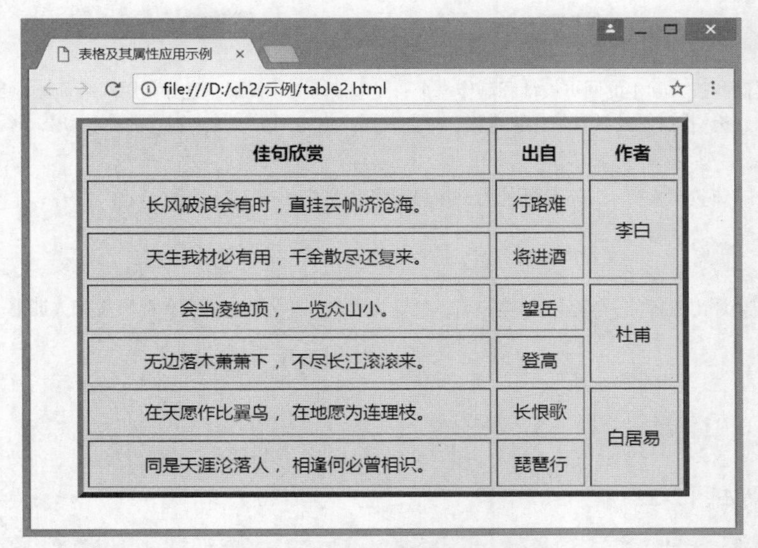

图 2-21　表格及其属性应用示例

2.6.3　表格嵌套和布局

表格嵌套就是根据插入元素的需要，在一个表格的某个单元格里再插入一个具有若干行和列的表格。对嵌套表格可以像对任何其他表格一样进行格式设置，但是其宽度受它所在单元格的宽度的限制。利用表格的嵌套，一方面可以编辑出复杂而精美的效果，另一方面可根据布局需要来实现精确的编排。不过，需要注意的是，嵌套层次越多，网页的载入速度就会越慢。

下面的示例使用表格实现了网页布局，其中导航栏使用了嵌套的表格。

【示例】 ch2/示例/table3.html

```
<html>
<head>
<meta charset="utf-8">
<title>表格嵌套和布局示例</title>
</head>
<body>
<table width="780" height="472" border="0" align="center" cellpadding="0"
cellspacing="0">
<tr>
   <td width="780" height="175"><img src="top.jpg" width="780" height="175" /></td>
</tr>
<tr>
   <td height="38">
    <table width="100%" height="36" border="0" bgcolor="#66FFFF">
    <tr>
       <td width="160" align="center">大赛简介</td>
       <td width="160" align="center">评审细则</td>
       <td width="160" align="center">大赛报名</td>
       <td width="160" align="center">奖项设置</td>
       <td width="160" align="center">作品展示</td>
    </tr>
    </table>
   </td>
```

```
</tr>
<tr>
    <td>为了提高我校大学生的网页设计和制作水平，促进校园文化发展，充分利用网络资源，更好地服务于教学、科研、管理等各项工作，整体推进学校教育信息化进程，举办首届“学生网页设计大赛”活动。<br />
一、大赛宗旨<br />
倡导时代文明，丰富校园文化；培养创新能力，加强网络建设。<br />
……
六、奖励办法<br />
本次大赛由组委会评出一等奖一名，二等奖三名，三等奖六名，并为所有获奖作品颁发个人证书。<br />
    </td>
</tr>
</table>
</body>
</html>
```

网页运行效果如图 2-22 所示。

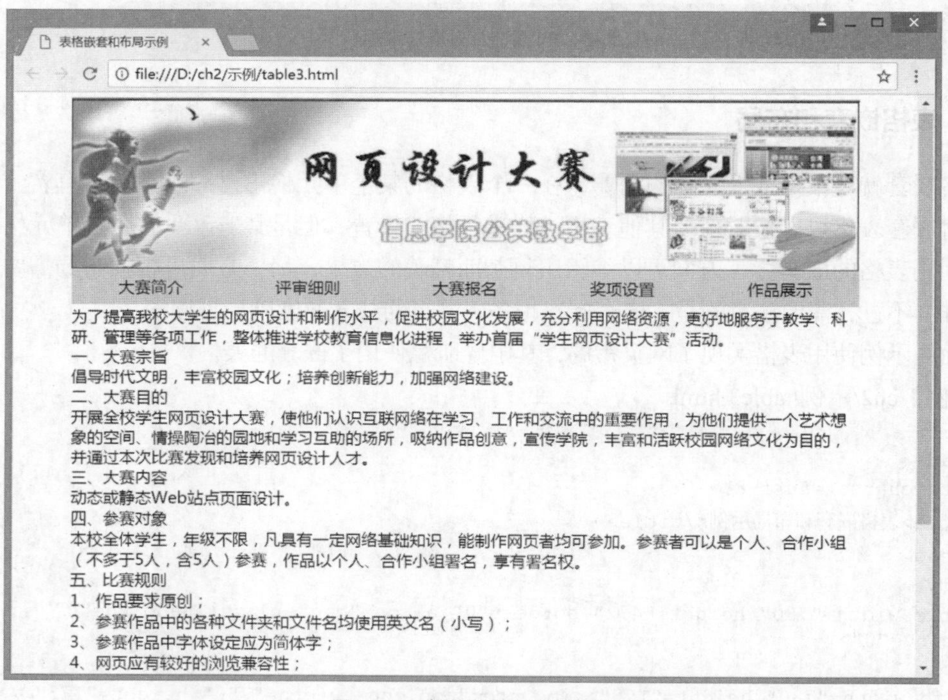

图 2-22　表格嵌套和布局示例

2.6.4　动手实践

在本节尝试将表格标签应用于布局，在图 2-23 所示的页面中所有内容均用表格进行格式规范，页面整齐美观。

由于目前学习的知识不多，很难设计出漂亮的页面。在本例中，使用了少数的 CSS 属性嵌入 HTML 语句中，来设置表列的宽度、颜色等。

难点分析：

- 利用无边框表格进行表格布局；

- 表格嵌套。

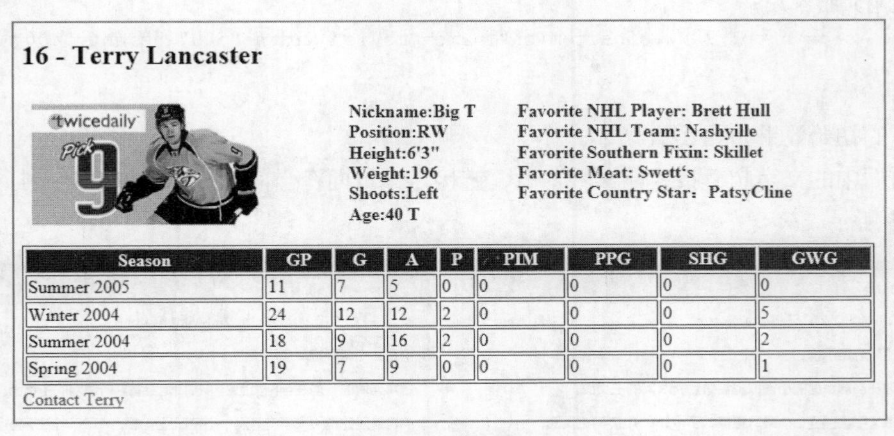

Season	GP	G	A	P	PIM	PPG	SHG	GWG
Summer 2005	11	7	5	0	0	0	0	0
Winter 2004	24	12	12	2	0	0	0	5
Summer 2004	18	9	16	2	0	0	0	2
Spring 2004	19	7	9	0	0	0	0	1

图 2-23　表格布局

2.7　内嵌框架

框架是一种在一个浏览器窗口中可以显示多个 HTML 文档的网页制作技术。使用框架可以把一个浏览器窗口划分为若干个小窗口，每个小窗口可以显示不同的网页内容。通过超链接可以使框架之间建立内容之间的联系，从而实现页面导航的功能。在 HTML 中可使用<frameset>标签实现框架。

内嵌框架也叫浮动框架，是在浏览器窗口中嵌入子窗口，也就是将一个文档嵌入到另一个文档中显示，可以随处引用不拘泥网页的布局限制。使用内嵌框架能将嵌入的文档与整个页面的内容相互融合，形成一个整体。由于 HTML5 已经不再支持 frameset 框架，而与框架相比，内嵌框架 iframe 更容易对网站的导航进行控制，它最大的优点在于其更具灵活性。

使用<iframe>标签可以在网页中插入内嵌框架，其基本语法如下：

```
<iframe src="url"></iframe>
```

其中，src 属性用于设置在内嵌框架中显示的网页源文件。

<iframe>标签的其他几个常用属性如下。

- name 属性：设置内嵌框架的名称，在设置超链接的 target 属性时，通过该名称，可以使链接目标显示在内嵌框架中。
- width 属性：设置内嵌框架的窗口宽度。
- height 属性：设置内嵌框架的窗口高度。
- scrolling 属性：设置内嵌窗口是否显示滚动条，默认为 auto。

下面的示例代码说明了内嵌框架的使用方法。

【示例】ch2/示例/iframe.html

```
<html>
<head>
<title>内嵌框架应用示例</title>
</head>
<body>
<p>这是一个内嵌框架应用示例。</p>
<p>正常连网时，你在当前页面的小窗口里会看到新浪网的主页面。</p>
```

```
<p>单击这里的链接文字<a href="http://www.m1905.com" target="movie">电影网</a>，小窗口里换成了m1905 电影网主页面。</p>
<iframe  src="http://www.sina.com.cn" name="movie" width="500" height="400" ></iframe>
</body>
</html>
```

运行后的初始效果如图 2-24 所示。

单击页面中的文字超链接“电影网”后，链接目标页面在当前窗口的内嵌框架中打开显示，效果如图 2-25 所示。

图 2-24　应用内嵌框架网页的初始效果

图 2-25　单击超链接后的页面效果

2.8　表单

表单是 HTML 页面与浏览器端实现交互的重要手段。利用表单，服务器可以收集客户端浏览器提交的相关信息。例如要在某网站申请一个电子邮箱，就必须按要求填写完成网站提供的表单注册信息，其内容包括姓名、年龄、联系方式等个人信息。当单击表单中的“提交”按钮时，输入在表单中的信息就会传送到服务器，然后由服务器的相关应用程序进行处理，处理后或者将用户提交的信息存储在服务器端的数据库中，或者将有关信息返回到客户端的浏览器上。本节主要介绍表单相关的知识。

2.8.1　表单定义标签<form>

表单是包含表单元素的一个特定区域，这个区域由一对<form>标签定义和标识。<form>标签在网页中主要有以下两个作用。

（1）可以限定表单的作用范围，其他的表单对象标签都要插入表单中。例如单击“提交”按钮时，提交的也是表单范围之内的内容，而表单之外的内容不会被提交。

（2）包含表单本身所具有的相关信息，例如处理表单的脚本程序的位置、提交表单的方法等。

表单的基本语法如下：

```
<form>
表单元素
</form>
```

2.8.2　输入标签<input>

<input>标签是在表单中经常使用的输入标签，用于接收用户输入的信息。输入类型是由属性 type 定义的。常用的输入类型有复选框、单选按钮、提交按钮等。

1. 文本框 text

文本框通过<input type="text" />标签来定义，当用户要在表单中键入字母、数字等内容时，就会用到文本框。

【示例】ch2/示例/text.html

```
<form>
    First name: <input type="text" name="firstname" /><br>
    Last name: <input type="text" name="lastname" />
</form>
```

页面显示效果如图 2-26 所示。

在大多数浏览器中，文本框的默认宽度是 20 个字符。

2. 密码框 password

密码框通过标签<input type="password" />来定义，密码框字符不会明文显示，而是以星号或圆点替代。

【示例】ch2/示例/password.html

```
<form>
    Password: <input type="password" name="pwd" />
</form>
```

页面显示效果如图 2-27 所示。

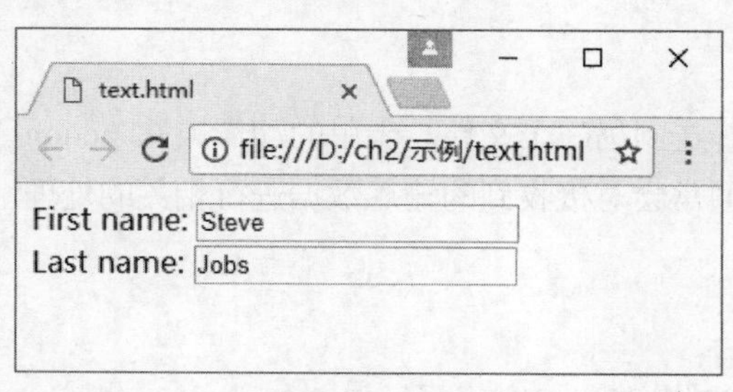

图 2-26　文本框

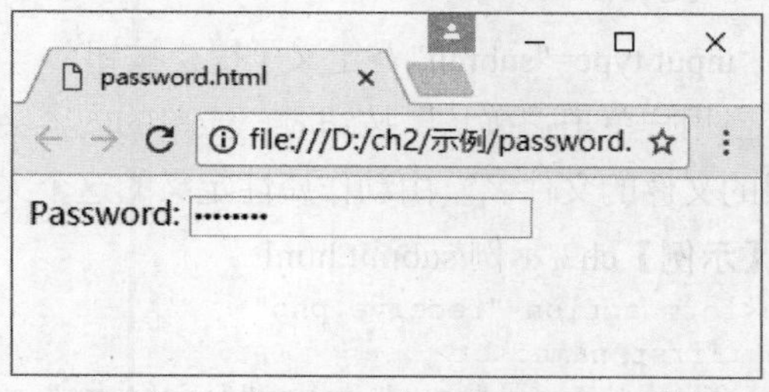

图 2-27　密码框

3. 单选按钮 radio

<input type="radio">标签定义了表单单选按钮选项，用于在一组互斥的选项中选择一项用户的输入。

【示例】ch2/示例/radio.html

```
<form>
    <input type="radio" name="sex" value="male" />男<br>
    <input type="radio" name="sex" value="female" />女
</form>
```

页面显示效果如图 2-28 所示。

注意　为了实现多个单选按钮只有一个被选中，需要将划分为一组的单选按钮 name 属性设置为相同。

4. 复选框 checkbox

当用户需要从若干给定的选择中选取一个或若干选项时，可以用<input type="checkbox">定义复选框。

【示例】ch2/示例/checkbox.html

```
<form>
    您喜欢的水果：<br>
    <input type="checkbox" name="fruit1" value="apple" />苹果<br>
    <input type="checkbox" name="fruit1" value="orange" />橘子<br>
    <input type="checkbox" name="fruit1" value="banana" />香蕉<br>
    <input type="checkbox" name="fruit1" value="peach" />桃子
</form>
```

页面显示效果如图 2-29 所示。

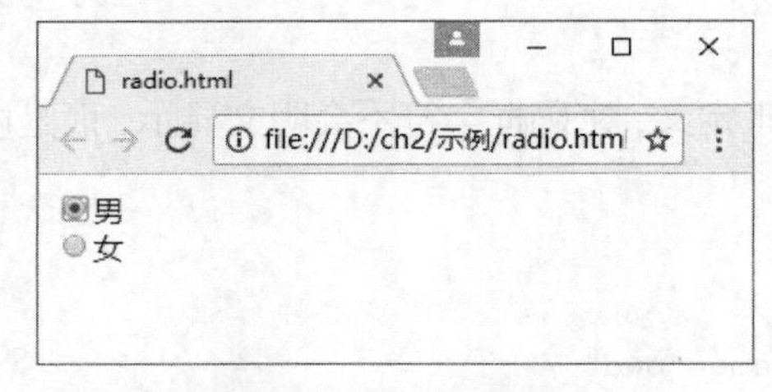

图 2-28　单选按钮

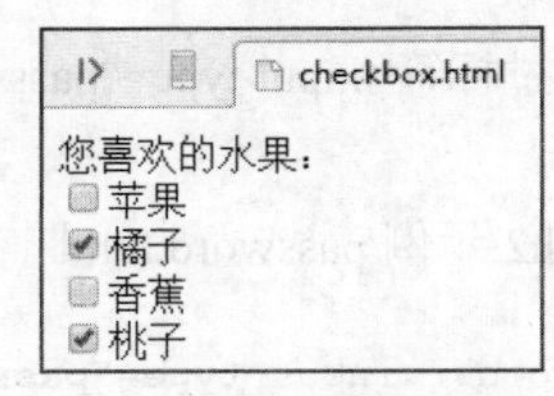

图 2-29　复选框

5. 提交按钮 submit

<input type="submit" />定义了提交按钮。

当用户单击“确认”按钮时，表单的内容会被传送到另一个文件。表单的动作属性 action 定义了目的文件的文件名。由动作属性定义的这个文件通常会对接收到的输入数据进行相关的处理。

【示例】ch2/示例/submit.html

```
<form action="receive.php">
  First name:<br>
  <input type="text" name="firstname" value="Mickey" />
  <br>
  Last name:<br>
  <input type="text" name="lastname" value="Mouse" />
  <br><br>
  <input type="submit" />
</form>
```

页面显示效果如图 2-30 所示。

图 2-30 提交按钮

假如在上面的文本框内键入内容，然后单击“提交”按钮，那么输入的数据会传送到“receive.php”的页面。该页面将显示出输入的结果。

2.8.3 列表框标签<select>

<select>标签可创建单选或多选选项列表。当用户提交表单时，浏览器会提交选定的项目，或者收集用逗号分隔的多个选项，将其合成为一个单独的参数列表。

在<select>标签中必须使用<option>标签来设置选择列表中的各个选项。下面介绍<select>和<option>标签的使用。

【示例】ch2/示例/select.html

```
<form>
  <select  name="fruits">
    <option value ="apple">苹果</option>
    <option value ="orange">橘子</option>
    <option value="peach">桃子</option>
    <option value="pear">梨</option>
  </select>
</form>
```

页面显示效果如图 2-31 所示。

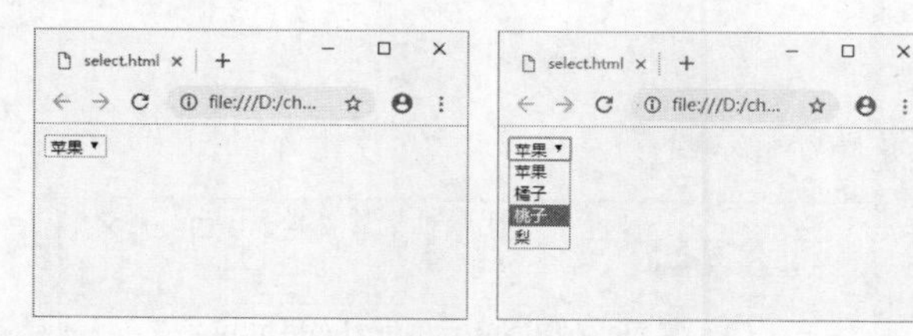

图 2-31 列表框

可以给<select>标签添加可选属性，如表 2-3 所示。

表 2-3 <select>可选属性

属性	值	描述
disabled	true/false	是否禁用该下拉列表
multiple	true/false	是否可选择多个选项
size	数字	规定下拉列表中可见选项的数目
name		定义下拉列表的名称

应用表 2-3 中的属性，测试效果。

【示例】ch2/示例/select2.html

```
<form>
 <select  name="fruits" multiple="true" size="2">
   <option value ="apple">苹果</option>
   <option value ="orange">橘子</option>
   <option value="peach">桃子</option>
   <option value="pear">梨</option>
 </select>
</form>
```

页面显示效果如图 2-32 所示。

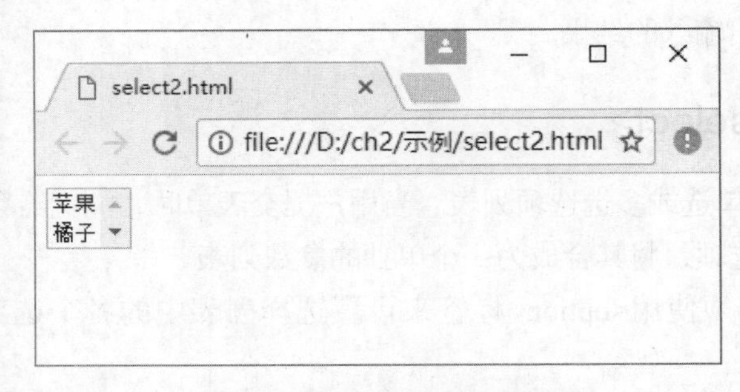

图 2-32　增加附加属性的列表框

2.8.4　文本域输入标签<textarea>

当需要在页面上输入多行文字信息时，可以使用<textarea>文本域元素定义多行输入字段。

【示例】ch2/示例/textarea.html

```
<form>
    我是一个文本域：<br />
    <textarea name="message" rows="10" cols="30">
        可以在这里输入信息
    </textarea>
</form>
```

页面显示效果如图 2-33 所示。

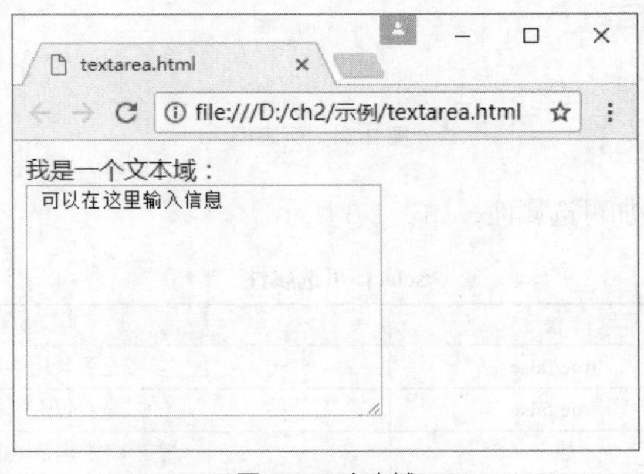

图 2-33　文本域

2.8.5　动手实践

学完本节的内容，来动手实践一下吧。

请根据下面的效果图 2-34，完成邮箱会员注册表单信息，图片素材在 ch2/动手实践-表单练习/images 文件夹中。

难点分析：

- 表单控件的选取及灵活运用；
- 表格布局的使用。

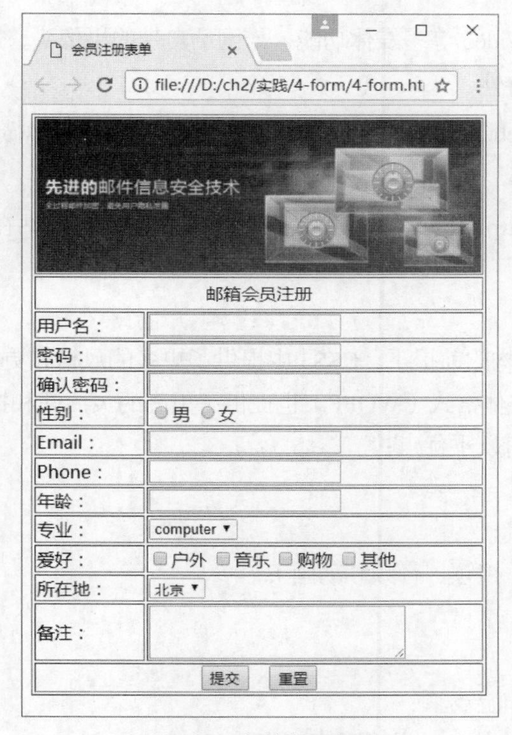

图 2-34　邮箱会员注册

2.9　HTML5 简介

2014 年 10 月 29 日，万维网联盟宣布，经过近 8 年的艰苦努力，HTML5 标准规范终于制定完成。HTML5 是 HTML 的第五次重大修改，它赋予了网页更好的意义和结构。本节将对 HTML5 的新特征、存在的优势和语法进行介绍。

2.9.1　HTML5 的新特征

1. 本地存储特性

基于 HTML5 开发的网页 App 拥有更短的启动时间和更快的连网速度，这些全得益于 HTML5 App Cache，以及本地存储功能。

2. 设备兼容特性

HTML5 为网页应用开发者提供了更多功能上的优化选择，带来了更多体验功能的优势。HTML5 提供了前所未有的数据与应用接入开放接口，使外部应用可以直接与浏览器内部的数据相关联，例如视频影音可直接与话筒及摄像头相连。

3. 连接特性

HTML5 的 Server-Sent Event 特性和 WebSockets 特性，能够实现服务器将数据“推送”到客户端的功能。实现了基于页面的实时聊天、更快速的网页游戏体验和更优化的在线交流。

4. 网页多媒体特性

支持网页端的 Audio、Video 等多媒体功能，与网站自带的摄像头、影音功能相得益彰。

5. 三维、图形及特效特性

基于 SVG、Canvas、WebGL 及 CSS3 的 3D 功能，用户会惊叹于浏览器所呈现的惊人视觉效果。

6. 性能与集成特性

HTML5 会通过 XMLHttpRequest 2 等技术，帮助 Web 应用和网站在多样化的环境中更快速地工作。

7. CSS3 特性

在不牺牲性能和语义结构的前提下，CSS3 中提供了更多的风格和更强的效果。此外，较之以前的 Web 排版，Web 的开放字体格式（WOFF）也提供了更高的灵活性和控制性。

综上所述，HTML5 具有以下优点：

- 多设备、跨平台；
- 快速启动，快速连接；
- 丰富的多媒体元素（视频、音频和动画）；
- 友好的互动体验；
- 更好地支持搜索；
- 支持移动应用程序和游戏。

因此，可以说 HTML5 将使 Web 变得更加美好。

2.9.2 HTML5 的语法

HTML5 的语法一直沿用 HTML 的语法，但比 HTML 更加简单、更具人性化，比 HTML4 更加专注于内容与结构，而不专注于表现。

（1）HTML5 在声明上面做了简化，仅用<!doctype html>或者<!DOCTYPE html>即可完成文档类型声明。

（2）增加布尔值。

HTML 写法：

```
<input type="checkbox" checked="checked">
```

HTML5 写法：

```
<input type="checkbox" checked>
```

有 checked 属性，表示 true，即该选项被选中，否则表示 false。

（3）省略引号。

```
<input type="checkbox">
<input type='checkbox'>
<input type=checkbox>
```

以上三种写法都可以。当属性值不包括空字符串、“<”“>”“=”及单引号、双引号等字符时，属性两边的引号可以省略。

（4）省略的标签。

① 单标签。常用的单标签包括 br、embed、hr、img、input、link、meta、param、source、track 等。

② 省略结束符的标签。包括 li、dt、dd、p、rt、optgroup、option、colgroup、thread、tbody、tr、td、th 等。

③ 完全省略的标签。包括 html、head、body、colgroup、tbody 等。

所以下面的写法，虽然省略了<head></head><body></body></html>，但也是标准的 HTML5 文档。

```
<!DOCTYPE html>
<title>test</title>      // title 不能省略
<form>
<input type="checkbox" checked />
</form>
```

虽然 HTML5 语法很人性化，但是建议文档还是要规范化：建议小写；建议使用双引号；通常情况<html><body>不建议省略。

（5）CSS 和 JS 加载：<link>和<script>元素不再需要 type 属性。

HTML：

```
<link href="main.css" rel="stylesheet" type="text/css" />
<script type="text/javascript" src="javascript.js"></script>
```

HTML5：

```
<link href="main.css" rel="stylesheet" />
<script src="javascript.js"></script>
```

2.9.3　浏览器支持

支持 HTML5 的浏览器包括 Firefox（火狐浏览器）、IE 9 及其更高版本、Chrome（谷歌浏览器）、Safari、Opera 等；国内的傲游浏览器（Maxthon），以及基于 IE 或 Chromium（Chrome 的工程版或称实验版）所推出的 360 浏览器、搜狗浏览器、QQ 浏览器、猎豹浏览器等国产浏览器，它们同样具备支持 HTML5 的能力。

2.10　HTML5 的新增标签

在 HTML5 出现之前，可使用 div 和 span 辅助进行页面划分，但 div 和 span 本身并没有任何实际意义，通常的做法是通过定义 id 或 class 属性的值来赋予它一定的意义。HTML5 提供了语义元素，如 header、nav、section、article 和 footer 等，它们既是容器，自身又兼具一定意义。除此之外，HTML5 还为其他浏览要素提供了新的功能，如 audio 和 video。本节将对 HTML5 的新增标签进行详细介绍。

2.10.1 <!DOCTYPE>和<meta>标签

1. <!DOCTYPE>标签

<!DOCTYPE>标签是一种标准通用标记语言的文档类型声明，它的目的是要告诉用户标准通用标记语言解析器应该使用什么样的文档类型定义（DTD）来解析文档。只有确定了一个正确的文档类型，超文本标记语言或可扩展超文本标记语言中的标签和层叠样式表才能生效，甚至对 JavaScript 脚本都会有所影响。

<!DOCTYPE>声明必须位于 HTML5 文档中的第一行，也就是位于<html>标签之前。在所有 HTML 文档中规定 DOCTYPE 是非常重要的，这样浏览器就能了解预期的文档类型。

在 HTML4.01 中有三种<!DOCTYPE>声明。在 HTML5 中只有一种<!DOCTYPE>文档类型声明，<!DOCTYPE>没有结束标签，对大小写不敏感：

```
<!DOCTYPE html>
```

HTML4.01 中的 DOCTYPE 需要对 DTD 进行引用，因为 HTML4.01 基于 SGML。而 HTML5 不基于 SGML，因此不需要对 DTD 进行引用，但是需要 DOCTYPE 来规范浏览器的行为（让浏览器按照它们正确的方式来运行）。

必须在 HTML5 文档中添加<!DOCTYPE>声明，这样浏览器才能获知文档类型。

2. <meta>标签

<meta>是 HTML 标签 head 区的一个关键标签，它位于 HTML 文档的<head>和<title>之间。它提供的信息虽然用户不可见，但却是文档最基本的元信息。<meta>除了提供文档字符集、使用语言、作者等基本信息外，还涉及对关键词和网页等级的设定。合理利用<meta>标签的 description 和 keywords 属性，加上贴切的描述和关键字，可以有效地优化搜索引擎排名，使网站更加贴近用户体验。

<meta>标签包含 3 个属性，表 2-4 所示为<meta>标签各个属性的描述。

表 2–4 <meta>标签的属性

属性	描述
http-equiv	以键/值对的形式设置一个 HTTP 标题信息，“键”指定设置项目，由 http-equiv 属性设置，“值”由 content 属性设置
name	以键/值对的形式设置页面描述信息，“键”指定设置项目，由 name 属性设置，“值”由 content 属性设置
content	设置 http-equiv 或 name 属性所对应的值

（1）http-equiv

http-equiv 用于向浏览器提供一些说明信息，以便正确和精确地显示网页内容。http-equiv 其实并不仅仅只有说明网页的字符编码这一个作用，常用的 http-equiv 类型还包括：网页到期时间、默认的脚本语言、默认的风格页语言、网页自动刷新时间等。

① 设置网页字符集。

```
<meta http-equiv="Content-Type" content="text/html; charset=某种字符集">
```

上述代码的作用是指定了当前文档所使用的字符编码。根据这一行代码，浏览器就可以识别出这个网页应该用某种字符集显示。当 charset 取值为“gb2312”时，表示页面使用的字符集是中文简体字，如果将“gb2312”换为“big5”，就是中文繁体字符了。中文操作系统下 IE 浏览器的默认字符集是 gb2312，当页面的编码和显示页面内容编码不一致时，页面中的中文将显示乱码。如图 2-35 所示，页面编码为 utf-8，页面上的中文字符将显示为乱码。

将 charset 的取值改为“gb2312”后，页面上的中文字符就显示正常了，如图 2-36 所示。

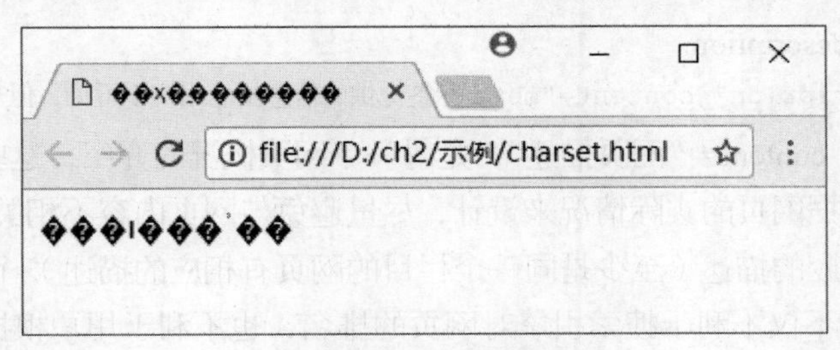

图 2-35　中文乱码显示

图 2-36　正常显示

【示例】ch2/示例/charset.html，网页字符集设置。

```
<!DOCTYPE html>
<html>
<head>
  <meta http-equiv="Content-Type" content="text/html; charset=gb2312">
  <title>网页字符集设置</title>
</head>
<body>
  中文编码示例
</body>
</html>
```

② 设定网页自动刷新。

当需要定时刷新页面内容，例如聊天室、论坛等的信息，或者定时跳转到某个页面时，可以使用<meta>标签来实现。

```
<meta http-equiv="refresh" content="时间间隔;url=跳转页面">
```

关键字 refresh 表示定时让网页在指定的时间间隔内，跳转到用户指定的页面。如果不设置 url，则默认刷新当前自身页面，实现页面定时刷新的效果。

```
<meta http-equiv="refresh" content="时间间隔">
```

【示例】ch2/示例/refresh.html，页面定时刷新。

```
<!DOCTYPE html>
<html>
<head>
<meta http-equiv="refresh" content="3 url=refresh2.html">
</head>
<body>
页面 3 秒后跳转到其他页
</body>
</html>
```

（2）name

① 设置网页描述 description。

```
<meta name="description" content="meta 标签提供的信息虽然用户不可见，但却是文档最基本的元信息">
```

“description”中的 content=“网页描述”，是对一个网页概况的介绍，这些信息可能会出现在搜索结果中，因此需要根据网页的实际情况来设计，尽量避免与网页内容不相关的“描述”。另外，最好对每个网页有自己相应的描述（至少是同一个栏目的网页有相应的描述），而不是整个网站都采用同样的描述内容，否则不仅不利于搜索引擎对网页的排名，也不利于用户根据搜索结果中的信息来判断是否单击进入网站获取进一步的信息。

② 设置网页关键字 keywords。

```
<meta name="keywords" content="Web 系统设计、客户端编程、HTML5、CSS3">
```

与<meta>标签中的“description”类似，“keywords”也是用来描述一个网页的属性，只不过要列出的内容是“关键词”，而不是网页的介绍。在选择关键词时，要考虑以下几点：

- 与网页核心内容相关；
- 应该是用户易于通过搜索引擎检索的，过于生僻的词汇不太适合做<meta>标签中的关键词；
- 不要堆砌过多的关键词，罗列大量关键词对于搜索引擎检索没有太大的意义，对于一些热门的领域，甚至可能起到副作用。

2.10.2 视频标签<video>和音频标签<audio>

直到现在，仍然不存在一项旨在网页上显示视频、播放音频的标准。大多数视频、音频是通过插件（如 Flash）显示的。然而，并非所有的浏览器都拥有同样的插件。

HTML5 规定了一种通过<video>标签来包含视频、通过<audio>标签包含音频的标准方法。

1. 视频标签<video>

<video>标签可用于定义视频，如电影片段或其他视频流等。<video>标签支持 3 种视频格式，如表 2-5 所示。

表 2–5 <video>标签支持的视频格式

格式	IE	Firefox	Opera	Chrome	Safari
Ogg	No	3.5+	10.5+	5.0+	No
MPEG 4	9.0+	No	No	5.0+	3.0+
WebM	No	4.0+	10.6+	6.0+	No

① Ogg 为带有 Theora 视频编码和 Vorbis 音频编码的 Ogg 文件。

② MPEG4 为带有 H.264 视频编码和 AAC 音频编码的 MPEG4 文件。

③ WebM 为带有 VP8 视频编码和 Vorbis 音频编码的 WebM 文件。

其基本语法是：

```
<video src="./video/bear.ogg" controls="controls">
</video>
```

其中，src 属性用于指定视频的地址，controls 属性用于向浏览器指明当前页面没有使用脚本生成播放控制器，需要浏览器启用本身的播放控制面板。控制面板包括播放暂停控制、播放进度控制、音量控制等。每个浏览器默认的播放控制栏在界面上可能会不一样。

还可以添加 width、height 属性来改变播放器控制面板的大小。

【示例】 ch2/示例/video.html，视频播放。

```
<!DOCTYPE HTML>
<html>
<body>
    <video src="video/bear.ogg" width="320" height="240" controls="controls">
</video>
</body>
</html>
```

我们可以在开始标签和结束标签之间放置文本内容，这样低版本的浏览器就可以显示出不支持该标签的提示信息。

```
<video src="./video/bear.ogg" controls="controls">
    您的浏览器不支持 video 标签。
</video>
```

下面介绍<video>标签的几个常用属性。

（1）poster 属性

poster 属性用于指定一张图片，在当前视频数据无效时显示（预览图）。视频数据无效可能是视频正在加载，也可能是视频地址错误等原因。

【示例】 ch2/示例/poster.html

```
<video src="./video/bear.ogg" poster="./images/poster.png" width="320" height="240"
controls="controls">
</video>
```

（2）preload 属性

preload 属性用于定义视频是否预加载。属性有 3 个可选择的值：none、metadata、auto。如果不使用此属性，默认为 auto（ch2/示例/preload.html）。

① none：不进行预加载。使用此属性值，可能是页面制作者认为用户不期望此视频，或者减少 HTTP 请求。

② metadata：部分预加载。使用此属性值，代表页面制作者认为用户不期望此视频，但为用户提供了一些元数据（包括尺寸、第一帧、曲目列表、持续时间等）。

③ auto：全部预加载。

```
<video src="./video/bear.ogg" preload="none" width="320" height="240" controls=
"controls">
</video>
```

（3）autoplay 属性

autoplay 属性用于设置视频是否自动播放，是一个布尔属性。

【示例】ch2/示例/autoplay.html

```
<video src="./video/bear.ogg" autoplay="autoplay" width="320" height="240" controls="controls">
</video>
```

（4）loop 属性

loop 属性用于指定视频是否循环播放，同样是一个布尔属性。

【示例】ch2/示例/loop.html

```
<video src="video/bear.ogg" autoplay="autoplay" loop="loop" width="320" height="240" controls="controls">
</video>
```

（5）<source>标签

<source>标签与 video 的 src 属性作用不同，它用于给媒体指定多个可选择的（浏览器最终只能选一个）文件地址。浏览器按<source>标签的顺序检测标签指定的视频是否能够播放（可能是视频格式不支持或视频不存在等），如果不能播放，换下一个。此方法多用于兼容不同的浏览器。<source>标签本身不代表任何含义，不能单独出现。

<source>标签和媒体标签的 src 属性不能同时使用。

【示例】ch2/示例/source.html

```
<video width="320" height="240" controls="controls">
  <source src="./video/bear.ogg" type="video/ogg">
  <source src="./video/bear.mp4" type="video/mp4">
  您的浏览器不支持 video 标签。
</video>
```

此标签包含 src、type、media 3 个属性。

- src 属性：用于指定媒体的地址。
- type 属性：用于说明 src 属性指定媒体的类型，帮助浏览器在获取媒体前判断是否支持此类别的媒体格式。
- media 属性：用于说明媒体在何种媒介中使用，不设置时默认值为 all，表示支持所有媒介。

【示例】ch2/示例/videoall.html，结合多个属性的视频示例。

```
<!DOCTYPE HTML>
<html>
<body>
  <video width="320" height="240" controls="controls" preload="metadata"poster=".
/images/poster.png" autoplay="autoplay" loop="loop">
    <source src="./video/bear.ogg" type="video/ogg" media="screen">
    <source src="./video/bear.mp4" type="video/mp4">
您的浏览器不支持 video 标签。
  </video>
</body>
</html>
```

这段代码在页面中定义了一个视频，此视频的预览图为 poster 的属性值，显示浏览器的默认媒体控制栏，预加载视频的元数据，自动循环播放，宽度为 320 像素，高度为 240 像素。

第一选择视频地址为第一个<source>标签的 src 属性值，视频类别为 Ogg 视频，播放媒介为显示器；第二选择视频类别为 mp4 视频，支持所有媒介。

如果还要兼容 IE 的话，可以在最后一个<source>标签后再加上 Flash 播放器的标签集，或者使用 JavaScript 代码。

2. 音频标签<audio>

当前，<audio>标签支持 3 种音频格式，如表 2-6 所示。

表 2–6 <audio>标签支持的音频格式

格式	IE	Firefox	Opera	Chrome	Safari
Ogg Vorbis	No	3.5+	10.5+	5.0+	No
MP3	9.0+	No	No	5.0+	3.0+
Wav	No	4.0+	10.6+	6.0+	No

其基本语法是：

```
<audio src="./audio/bear.ogg" controls="controls">
</audio>
```

【示例】音频播放展示。ch2/示例/audio.html

```
<!DOCTYPE HTML>
<html>
<body>
<audio src="./audio/bear.ogg" controls="controls">
  您的浏览器不支持 audio 标签。
</audio>
</body>
</html>
```

<audio>标签的属性与<video>相同，这里不再赘述。

2.10.3 语义元素

在 Web 页面中，如果使用一些带有语义性的标签，可以加速浏览器解释页面中元素的速度。简单来讲，语义元素就是为元素（标签）赋予某种意义，元素的名称就是元素要表达的意思，如<header>表示页眉、<footer>表示页脚。

因此在 HTML5 中，为了使文档的结构更加清晰明确，新增了几个与页眉、页脚、内容区块等文档结构相关联的元素。

这些语义元素多用于页面的整体布局，大多数为块级元素，替代了<div>，其自身没有特别的样式，还是需要搭配 CSS 使用。

1. <header>元素

<header>元素是一种具有引导和导航作用的辅助元素，通常，<header>元素可以包含一个区块的标题，也可以包含网站 logo 图片、搜索条件等其他内容。基本语法如下：

```
<header>
  <h1>我是标题</h1>
  <img src="logo.png">
  ...
```

```
</header>
```

2. <article>元素

<article>元素在页面中用来表示结构完整且独立的内容部分，里面可包含独立的<header>、<footer>等结构元素。如论坛的一个帖子、杂志或者报纸的一篇文章等。

<article>元素是可以嵌套使用的，内层的内容在原则上需要与外层内容相关联。例如，一篇博客文章与针对该文章的评论一起可以使用嵌套 article 的方式，这时用来呈现评论的<article>元素被包含在文章内容的 article 里面。

```
<article>
  <header>我是博客文章标题</header>
  <p>我是博客内容</p>
  <article>
    我是评论
  </article>
</article>
```

3. <footer>元素

<footer>元素可以作为其直接父级内容区块或是一个根区块的尾部内容，通常包括其相关区块的附加信息，如文档的作者、文档的创作日期、相关阅读链接以及版权信息等。基本语法结构如下：

```
<article>
  ...
  <p>三国游戏介绍</p>
  <footer>
    <ul>
      <li>关于三国</li>
      <li>地图信息</li>
      <li>游戏攻略</li>
    </ul>
  </footer>
</article>
```

下面通过示例对<header>元素、<article>元素、<footer>元素的用法进行演示。

【示例】ch2/示例/article.html

```
<!DOCTYPE html>
<html>
<head>
  <meta charset="gb2312">
  <title>h5 结构元素</title>
</head>
<body>
  <article>
    <header>
      <h1>HTML5 介绍</h1>
    </header>
    <p>header 介绍</p>
    <p>footer 介绍</p>
```

```
      <a href="#">阅读全文……</a>
      <footer>
        <a href="#">版权所有……</a>
      </footer>
    </article>
  </body>
</html>
```

页面显示效果如图 2-37 所示。

HTML5介绍

header介绍

footer介绍

阅读全文……
版权所有……

图 2-37 三种语义元素的页面显示结果

4. <section>元素

该元素可用来表现普通的文档内容区块或者应用区块，一个区块通常由内容及其标题组成。基本语法结构如下：

```
<header>
  <h1>标题</h1>
  …
</header>
<section>
  <h1>第 1 章</h1>
  <p>第 1 章的内容</p>
</section>
<section>
  <h1>第 2 章</h1>
  <p>第 2 章的内容</p>
</section>
```

下面通过示例对<section>元素的用法进行演示。

【示例】ch2/示例/section.html

```
</head>
<body>
  <article>
    <header>
      <h1>HTML5 介绍</h1>
    </header>
    <p>header 介绍</p>
    <p>footer 介绍</p>
    <section>
        <h1>评论</h1>
        <article>
            <header>
```

```
            <p>Posted by:张三</p>
             <p>发布时间：2017-08-08 10:01:01</p>
        </header>
        HTML5 is good thing.
       </article>
       <article>
           <header>
           <p>Posted by: 李四</p>
           <p>发布时间：2017-08-09 11:01:01</p>
           </header>
           <p>正在学习 HTML5，非常棒！</p>
     </article>
   </section>
</article>
</body>
</html>
```

页面显示效果如图 2-38 所示。

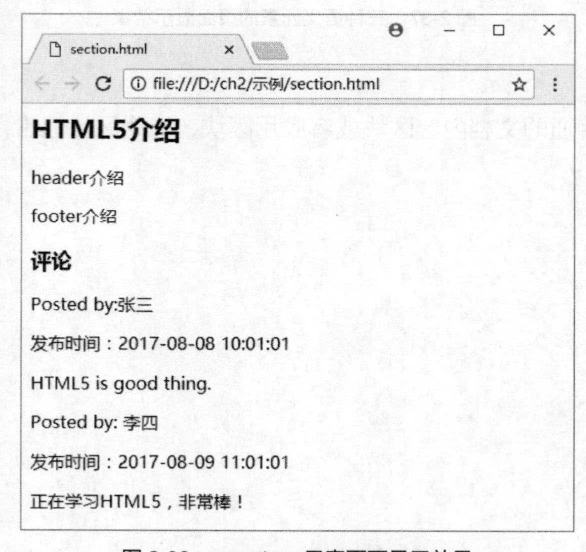

图 2-38　<section>元素页面显示效果

5. <aside>元素

<aside>可用来表示当前页面或者文章的附属信息部分，它可以包含与当前页面或者主要内容无关的引用、侧边栏、广告、导航元素组，以及其他类似的有别于主要内容的部分。

6. <nav>元素

<nav>通常作为页面导航的链接组、侧边栏导航。

下面通过示例对<aside>和<nav>元素的用法进行演示。

【示例】ch2/示例/nav.html

```
<!DOCTYPE html>
<html>
<head>
<title>aside nav 元素</title>
<style type="text/css">
```

```
    aside#leftside{
        float:left;
        width:180px;
      background:#EADCAE;
      padding-bottom:10px;
  }
</style>
</head>
<body>
<aside id="leftside">
<nav>
    <ul>
         <li><a href="#">导航一</a></li>
         <li><a href="#">导航二</a></li>
         <li><a href="#">导航三</a></li>
         <li><a href="#">导航四</a></li>
    </ul>
</nav>
</aside>
</body>
</html>
```

页面显示效果如图 2-39 所示。

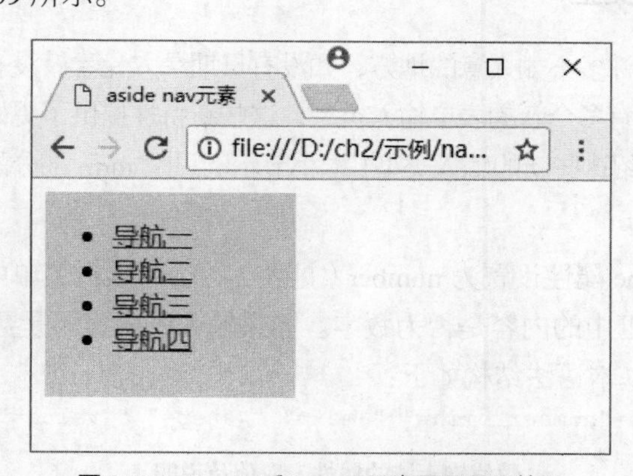

图 2-39　<aside>和<nav>元素页面显示效果

7. <address>元素

<address>元素一般被用来提供联系人信息、网站链接、电子邮箱、地址、电话号码等，一般放在一个网页的开头或者结尾，最常用的是和其他内容包含在<footer>元素内。基本语法结构如下：

```
<address>
<span>作者：张三</span>
<span>地址：武当山</span>
    <a href="mailto:zhangsan@126.com">请联系我</a>
</address>
```

2.10.4　页面交互元素

<summary>和<details>元素一起提供了一个可以显示和隐藏额外文字的"小工具"。<summary>元素就像元素名的含义一样，就是一个标题、摘要说明，单击可以切换<details>标签之间内容的显示

或隐藏。默认<details>里的内容是隐藏的，单击才可显示内容。可以使用一个布尔属性 open，加在<details>元素上，使它默认显示。基本语法结构如下：

```
<details>
  <summary>经典金曲</summary>
  <p>my heart will go on</p>
  <p>take my breath away</p>
</details>
```

页面显示效果如图 2-40 和图 2-41 所示。

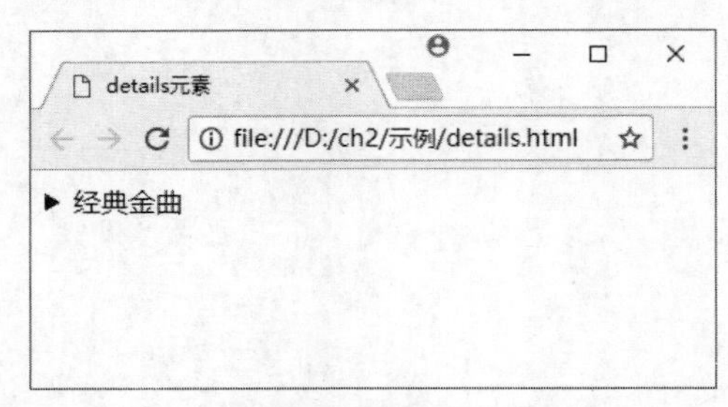

图 2-40　显示 summary

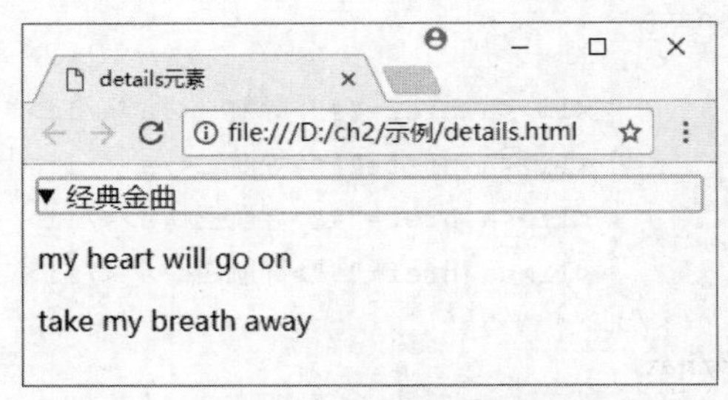

图 2-41　单击 summary 后显示内容

2.10.5　HTML5 输入类型

HTML4 中的表单存在许多不如人意的地方，如没有日期录入元素、没有数据合法性检查等，HTML5 则拥有多个新的表单输入类型，这些新特性提供了更好的输入控制和验证。本小节主要介绍这些新的输入类型（本小节示例只附 form 部分的代码）。

1. 数值输入域 number

将<input>标签中的 type 属性设置为 number（见表 2-7），可以在表单中插入数值输入域。提交表单时，会自动检查该输入框中的内容是否为数字。如果输入的内容不是数字或者数字不在限定范围内，则会出现错误提示。基本语法结构如下：

```
<input name=" " type="number" min=" " max=" " step=" " value=" " />
```

表 2-7　数值输入域的属性、取值及说明

属性	值	说明
max	number	定义允许输入的最大值
min	number	定义允许输入的最小值
step	number	定义步长（如果 step="2"，则允许输入的数值为-2，0，2，4，6 等，或-1，1，3，5 等）
value	number	定义默认值

下面通过一个例子来演示 number 输入域的用法。

【示例】ch2/示例/number.html

```
<form>
<p>请输入数字：<input type="number" name="no1" value="3"/></p>
<p>请输入大于等于 1 的数字：<input type="number" name="no2" min="1"/></p>
<p>请输入 1-10 的数字：<input type="number" name="no3" min="1" max="10" step="3"/></p>
</form>
```

在上面示例中，设置了 3 个 number 数字输入域，分别设置了 min、max、step 属性的值。页面显示效果如图 2-42 所示。

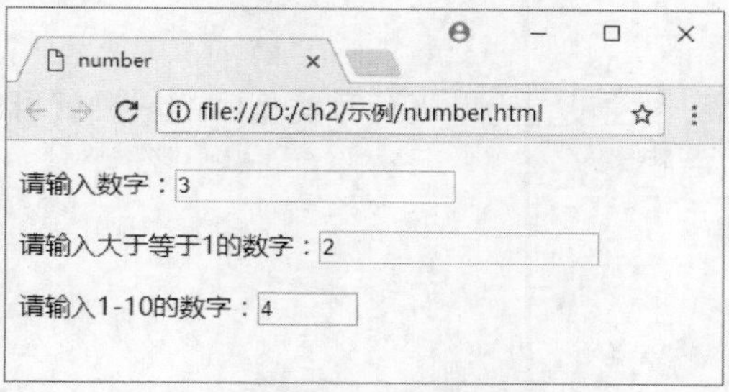

图 2-42　数字输入域 number

2. 滑动条 range

将<input>标签中的 type 属性设置为 range，可以在表单中插入表示数值范围的滑动条，还可以限定可接受数值的范围。基本语法结构如下：

```
<input name="" type="range" min="" max="" step="" value="">
```

range 的属性与 number 类似，下面通过示例来演示 range 元素的用法。

【示例】ch2/示例/range.html

```
<form>
  <p>请输入大于等于 1 的数字：
  <input type="range" name="r1" min="1" value="1"/></p>
  <p>请输入 1-10 的数字：
  <input type="range" name="r2" min="1" max="10" step="3" value="3"/></p>
</form>
```

页面显示效果如图 2-43 所示。

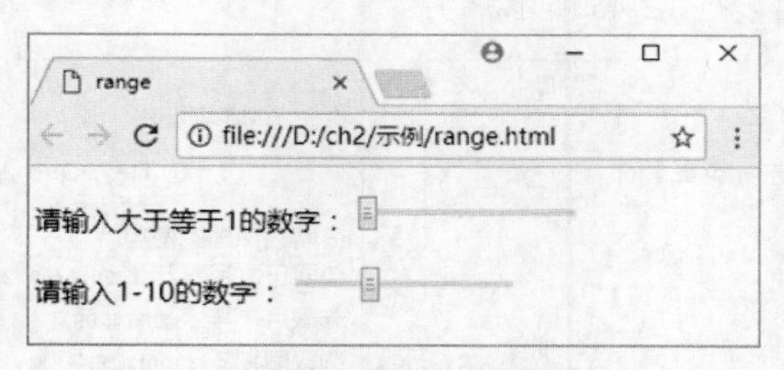

图 2-43　滑动条 range

在上面的示例中设置了两个滑动条，第一个每次滑动 step 为 1，第二个每滑动一次 step 为 3，默认 value 设置为 3。

3. 电子邮件输入域 email

将<input>标签中的 type 属性设置为 email，可用于验证文本框中输入的内容是否符合 email 的格式。当用户提交表单时会自动验证 email 域中输入的值是否符合电子邮件地址格式，如果不符合将提示相应的错误信息。email 类型的文本框具有一个 multiple 属性，它允许在该文本框中输入一串以逗号分隔的 email 地址。其基本语法结构如下：

```
<input name="emaill" type="email" value=dcs@163.com />
```

4. url 输入域

url 类型的<input>标签是一种专门用来输入 url 地址的文本框。提交时如果该文本框中的内容不是 url 地址格式的文字，则不允许提交。其基本语法结构如下：

```
<input name="ul" type="url" value=http://www.ujn.edu.cn />
```

5. 日期选择器

将<input>标签中的 type 属性设置为以下几种类型中的一种就可以完成网页中日期选择器的定义。

date——选取日、月、年；

month——选取月、年；

week——选取周和年；

time——选取时间（小时和分钟）；

datetime——选取时间、日、月、年（UTC 时间）；

datetime-local——选取时间、日、月、年（本地时间）。

下面通过一个例子来演示日期选择器的用法。

【示例】ch2/示例/date.html

```
<form>
  日期选择器的使用:<br/>
  选取日、月、年: <input name="userdate" type="date" /><br/>
  选取月、年: <input name="userdate" type="month" /><br/>
  选取周和年: <input name="userdate" type="week" /><br/>
  选取时间: <input name="userdate" type="time" /><br/>
  UTC 时间: <input name="userdate" type="datetime" /><br/>
  本地时间: <input name="userdate" type="datetime-local" /><br/>
</form>
```

运行后的效果如图 2-44 和图 2-45 所示。

图 2-44 日期选择前

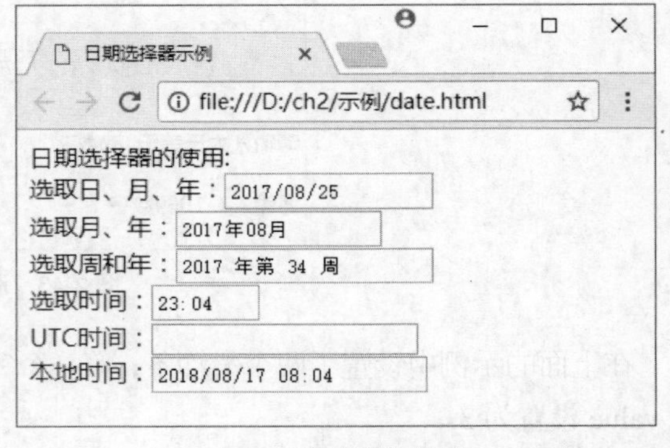

图 2-45 日期选择后

6. 颜色选择器 color

color 类型会提供一个颜色选择器，供用户从中选择颜色。

下面通过一个例子来演示颜色选择器的用法。

【示例】ch2/示例/color.html

```
<form>
  请您选择颜色: <input name="mycolor" type="color" />
</form>
```

运行效果如图 2-46 所示，单击颜色框，将弹出图 2-47 所示的颜色选取器。

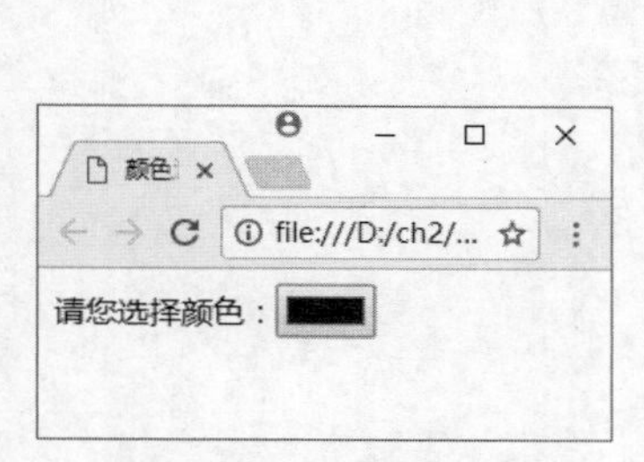

图 2-46 color 选择器

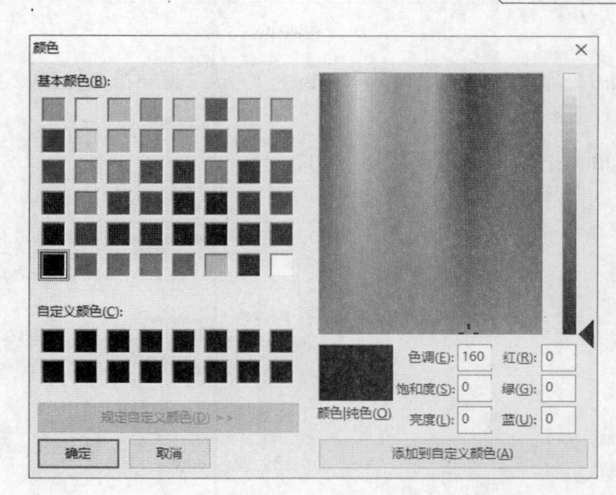

图 2-47 颜色选取器

2.10.6 HTML5 表单元素新增的属性

HTML5 除了新增的输入类型之外，还增加了 form、placeholder 等属性。

1. form 属性

在 HTML4 中，表单的元素必须书写在表单内部，但是在 HTML5 中，可以将表单元素写在页面上的任何位置，然后为该元素指定一个 form 属性，属性值为该表单的 id（id 是表单的唯一属性标识），通过这种方式声明该元素属于哪个具体的表单。请看下面这段代码：

```
<form id="myform">
  姓名：<input type="text" value="张三" /><br/>
  确认：<input type="submit" name="sub" />
</form><br/>
简历：<textarea form="myform"></textarea>
```

textarea 元素没有放在 form 内，但是通过 form 属性指明了一个表单 id，表示这个 textarea 元素属于 id 为 myform 的表单。

2. formmethod 和 formaction 属性

在 HTML4 中，表单通过唯一的 action 属性将表单内的所有元素统一提交到另一个页面（应用程序），也通过唯一的 method 属性来指定统一的提交方法是 get 或 post。在 HTML5 中增加的 formaction 属性，使得单击不同的按钮，可以将表单提交到不同的页面。同时，也可以使用 formmethod 属性为每个表单元素分别指定不同的提交方法。

下面通过示例来演示这两个属性的用法。

【示例】ch2/示例/formmethod.html

```
<form id="testform" action="my.php">
用户名：<input name="uname" type="text" value="username" /><hr/>
  s1 处理：<input type="submit" name="s1" value="提交到 s1" formaction="s1.html" formmethod=
"post" /><p>
  s2 处理：<input type="submit" name="s2" value="提交到 s2" formaction="s2.html" formmethod=
"get" /><p>
  s3 处理:<button type="submit"  formaction="s3.html" formmethod="post" >提交到 s3</button><p>
  s4 处理：<input type="image" src="images/login.gif" formaction="s4.html" formmethod=
```

```
"post" /><p>
   s5 处理：<input type="submit"  value="提交页面"/>
 </form>
```

页面显示效果如图 2-48 所示。

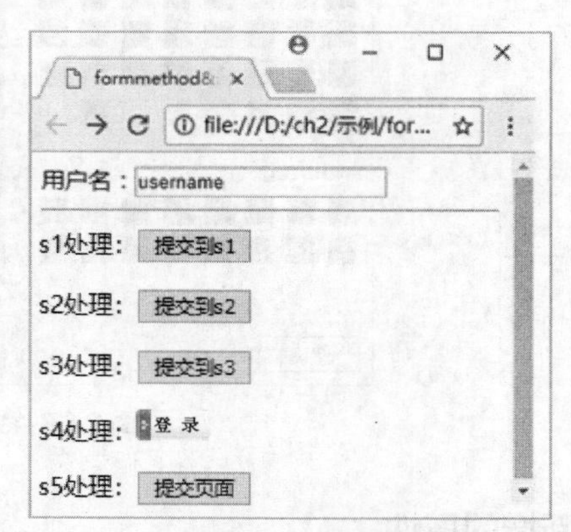

图 2-48　formmethod 和 formaction 属性页面显示效果

本例中添加了 5 种类型的提交按钮，单击前 4 个按钮后表单元素分别提交到对应的 s1.html～s4.html 页面，单击最后一个“提交页面”按钮，则将表单元素提交到当前表单定义的 action 所指向的 my.php 页面。

3. placeholder 属性

placeholder 是指当文本框处于未输入状态时文本框中显示的输入提示信息。例如：

```
<input type="text" placeholder="提示信息" />
```

4. autofocus 属性

给文本框、选择框或按钮等控件加上该属性后，当页面打开时，该控件将自动获得焦点，从而替代使用 JavaScript 代码。例如：

```
<input type="text" autofocus />
```

5. list 属性

在 HTML5 中，为单行文本框<input type ="text" >增加了一个 list 属性。该属性的值是某个<datalist>元素的 id。<datalist>也是 HTML5 新增的元素，该元素类似于选择框<select>，不同的是当用户想要设定的值不在选择列表内时，允许其自行输入。

下面通过一个例子来演示 list 属性以及<datalist>元素的用法。

【示例】ch2/示例/list.html

```
<form action="test.php" method="get">
WebPage: <input type="url" list="urllist" name="link" />
<datalist id="urllist">
    <option label="W3School" value="http://www.w3school.com.cn" />
    <option label="Google" value="http://www.google.com" />
    <option label="Microsoft" value="http://www.microsoft.com" />
</datalist>
<input type="submit" />
</form>
```

页面显示效果如图 2-49 和图 2-50 所示。

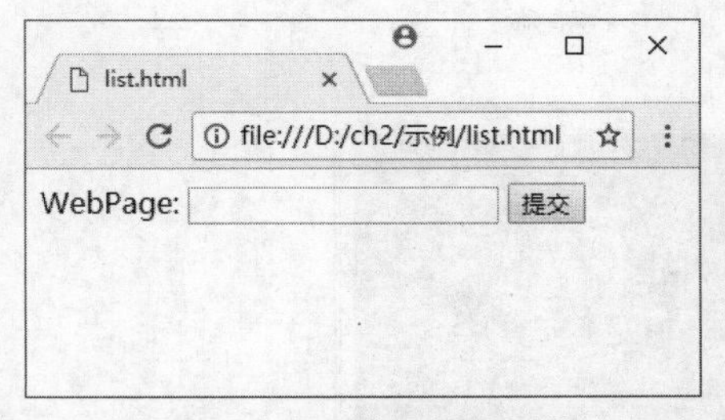

图 2-49　list 属性页面显示效果

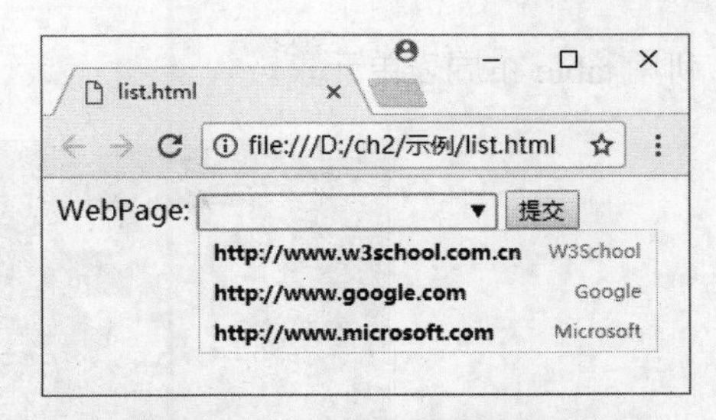

图 2-50　<datalist>元素页面显示效果

本例给文本框设置了 list 属性，该属性关联一个<datalist>元素，因此当单击文本框时，既可以自由输入内容，也可以从<datalist>元素定义的数据列表中选择一项作为文本框的值。

6. autocomplete 属性

autocomplete 属性用于设置输入时是否自动完成，提供了十分方便的辅助功能。可以指定其值为“on”“off”与“ ”三类值。不指定时，该属性使用浏览器的默认值。该属性设置为“on”时，可以显式指定待输入的数据列表。如果使用<datalist>元素与 list 属性提供待输入的数据列表，自动完成时，可以将该<datalist>元素中的数据作为待输入的数据在文本框中自动显示。下面的代码为文本框设置了一个 autocomplete 属性。例如：

```
<input type="text" name="school" autocomplete ="on" />
```

7. required 属性

HTML5 中新增的 required 属性可以应用在大多数输入元素上（除了隐藏元素、图片元素按钮）。在提交时，如果元素中的内容为空白，则不允许提交，同时在浏览器中提示用户这个元素中必须输入内容。

【示例】ch2/示例/required.html

```
<form action="demo.php" method="get">
请输入用户名：<input type="text" name="username" required/>
<input type="submit" />
</form>
```

页面显示效果如图 2-51 所示。

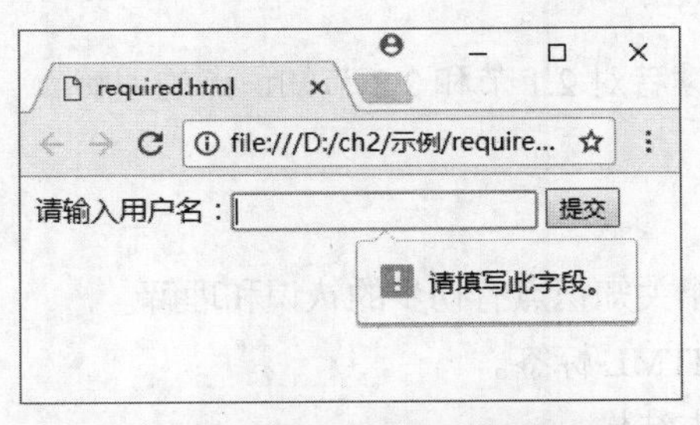

图 2-51　required 属性页面显示效果

2.10.7　动手实践

在本例中综合使用本节介绍过的 HTML5 新增的表单元素，实现图 2-52 所示的邮箱会员注册页面。

难点分析：

- 灵活使用 HTML5 中新增的表单元素；

- 利用 table 布局表单元素。

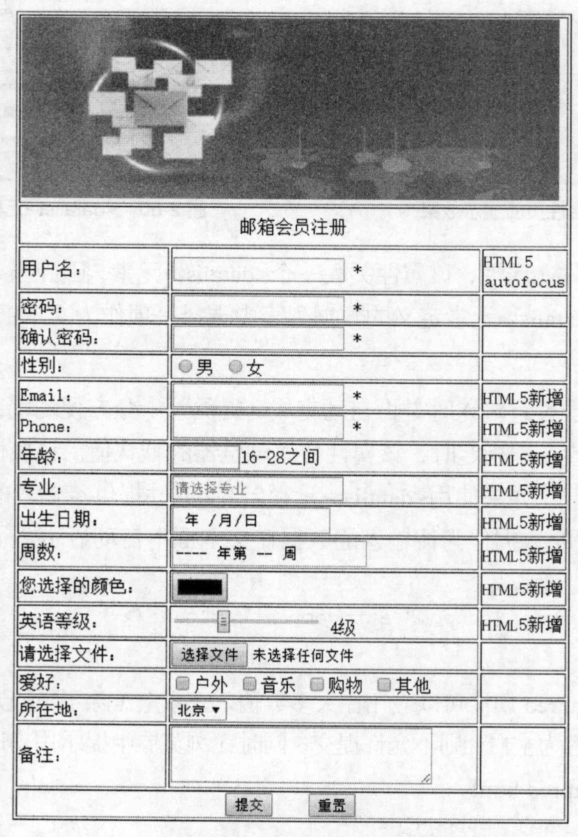

图 2-52　加入 HTML5 表单元素的邮箱会员注册页面

项目一　网页的创建

本项目的目的是为了加深读者对 2.1 节和 2.2 节知识点的理解。

【项目目标】

- 对 HTML 的概念以及相关知识点有初步的认识和理解。
- 了解浏览器如何解释 HTML 标签。
- 熟悉 HTML 文档的基本结构。
- 初步了解样式表的作用和功能。

【项目内容】

- 创建简单的网页。
- 添加常用块级标签。
- 用样式表对页面进行简单修饰。

【项目步骤】

1. 输入内容

（1）在文本编辑器中，打开项目一中素材文件夹中的网页的创建-素材.txt，效果如项目图 1-1 所示。

```
詹姆斯·卡梅隆
代表作：《终结者》《泰坦尼克号》《阿凡达》《真实的谎言》等
《终结者2》获得第18届土星奖最佳导演奖以及最佳编剧奖。
电影《泰坦尼克号》在第70届奥斯卡金像奖上获得了包括最佳影片在内的11个奖项。
《阿凡达》全球总票房超过27亿美元，再次打破了由他自己保持的全球影史票房纪录。
```

项目图 1-1　网页的创建-素材.txt 文件

（2）将网页创建-素材.txt 重命名为 webpageCreate.html。用浏览器打开，查看显示结果，如项目图 1-2 所示。

詹姆斯·卡梅隆 代表作：《终结者》《泰坦尼克号》《阿凡达》《真实的谎言》等 《终结者2》获得第18届土星奖最佳导演奖以及最佳编剧奖。 电影《泰坦尼克号》在第70届奥斯卡金像奖上获得了包括最佳影片在内的11个奖项。 《阿凡达》全球总票房超过27亿美元，再次打破了由他自己保持的全球影史票房纪录。

项目图 1-2　浏览 webpageCreate.html

文本文件中的换行在页面中为何不显示？

2. 添加基本结构

（1）根据 HTML 规则来为内容添加文档结构标签，利用记事本或 Notepad++打开 webpageCreate.html 文件，添加网页标题“卡梅隆”及<html><body>等标签，源码如下所示。

```
<html>
<head>
 <title>卡梅隆</title>
 <meta charset="utf-8">
</head>
<body>
 詹姆斯·卡梅隆
 代表作:《终结者》《泰坦尼克号》《阿凡达》《真实的谎言》等
 《终结者 2》获得第 18 届土星奖最佳导演奖以及最佳编剧奖。
  电影《泰坦尼克号》在第 70 届奥斯卡金像奖上获得了包括最佳影片在内的 11 个奖项。
 《阿凡达》全球总票房超过 27 亿美元，再次打破了由他自己保持的全球影史票房纪录。
</body>
</html>
```

（2）保存文件并在浏览器中查看显示结果。

3. 定义文本元素

（1）为文本信息添加标题和段落等合适的语义标签，参考代码如下所示。

```
<html>
    <head>
```

```
    <title>卡梅隆</title>
    <meta charset="utf-8">
   </head>
   <body>
  <h1>詹姆斯·卡梅隆</h1>
  <h2>代表作:《终结者》《泰坦尼克号》《阿凡达》《真实的谎言》等</h2>
  <p>《终结者 2》获得第 18 届土星奖最佳导演奖以及最佳编剧奖。</p>
<p>电影《泰坦尼克号》在第 70 届奥斯卡金像奖上获得了包括最佳影片在内的 11 个奖项。</p>
<p>《阿凡达》全球总票房超过 27 亿美元，再次打破了由他自己保持的全球影史票房纪录。</p>
   </body>
</html>
```

（2）保存代码并在浏览器中浏览该文件，观察其变化，并分析其原因。

4. 添加图像

（1）在一级标题的开头添加图像，图像对应的文件名为“Cameron.jpg”，将该图像文件放到正在编辑的 webpageCreate.html 文档所在的目录里。

（2）完成后源码如下所示。

```
<h1><img src="Cameron.jpg" alt="picture"/>詹姆斯·卡梅隆</h1>
```

（3）保存代码并在浏览器中浏览该文件，观察其变化。

插入图片时，要检查图像文件名是否正确，检查存放的位置和用户输入的路径是否一致。

5. 添加样式表

（1）为网页文件添加样式表。

（2）使用 style 元素，将内嵌样式表应用到网页中；style 元素位于文档的 head 元素中，它使用必需的 type 属性。

（3）定义如下样式规则。

```
<style type="text/css">
        body{
         background-color:#E0E0E0;
         font-family: sans-serif;
        }
        h1{  color: #2A1959; border-bottom: 2px solid #2A1959;}
        h2{  color: #474B94; font-size: 1.2em;  }
        h2,p{  margin-left: 120px;     }
 </style>
```

（4）完成后，完整源码如下所示。

```
<html>
    <head>
    <title>卡梅隆</title>
    <meta charset="utf-8">
     <style>
     body{
        background-color:#E0E0E0;
        font-family: sans-serif;
    }
    h1{
```

```
        color: #2A1959;
        border-bottom: 2px solid #2A1959;
      }
      h2{
        color: #474B94;
        font-size: 1.2em;
      }
  h2, p {  margin-left: 120px;   }
  </style>
  </head>
  <body>
 <h1><img src="Cameron.jpg" alt="picture"/>詹姆斯·卡梅隆</h1>
     <h2>代表作:《终结者》《泰坦尼克号》《阿凡达》《真实的谎言》等</h2>
     <p>《终结者 2》获得第 18 届土星奖最佳导演奖以及最佳编剧奖。</p>
     <p>电影《泰坦尼克号》在第 70 届奥斯卡金像奖上获得了包括最佳影片在内的 11 个奖项。</p>
     <p>《阿凡达》全球总票房超过 27 亿美元，再次打破了由他自己保持的全球影史票房纪录。</p>
   </body>
</html>
```

（5）保存代码并在浏览器中浏览该文件，观察其变化，并分析其原因。

最终效果如项目图 1-3 所示。

詹姆斯·卡梅隆

代表作：《终结者》《泰坦尼克号》《阿凡达》《真实的谎言》等

《终结者2》获得第18届土星奖最佳导演奖以及最佳编剧奖。

电影《泰坦尼克号》在第70届奥斯卡金像奖上获得了包括最佳影片在内的11个奖项。

《阿凡达》全球总票房超过27亿美元，再次打破了由他自己保持的全球影史票房纪录。

项目图 1-3　网页效果图

HTML 标签和样式规则，在网页设计中各自起了什么作用？

项目二　个人简介 1——块级元素

本项目的目的是为了加深读者对 2.3.1 节知识点的理解。

【项目目标】

- 进一步认识和理解 HTML。

- 了解 Web 程序的工作原理。
- 熟练掌握 HTML 块级元素。

【项目内容】

- 利用 Notepad++创建和编辑网页。
- 练习使用常用块级标签。

【项目步骤】

1. 输入内容

将项目二中素材文件夹中的个人简介卡梅隆-素材 1.txt 文件重命名为 introduction-Cameron1.html。用浏览器打开，查看显示结果。

2. 文档结构定义

（1）用 Notepad++打开 introduction-Cameron1.html 文件，根据 HTML 规则，在合理的位置添加<html><head><title><body>等标签。

（2）继续按项目图 2-1 所示添加段落<p>、标题<hn>、列表<ul>等语义标签，保存并用浏览器查看结果。

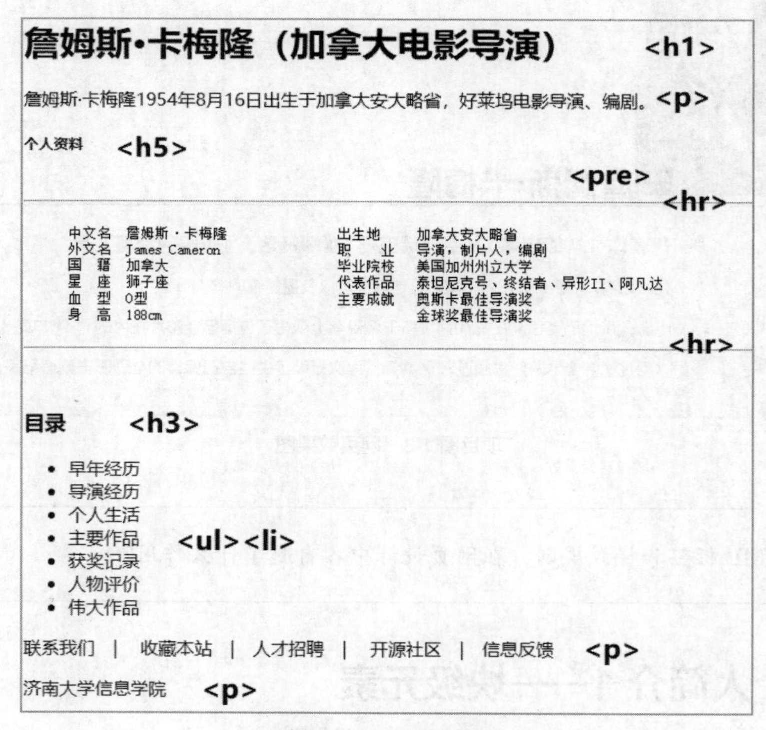

项目图 2-1 网页效果图

若将目录中的小标题“早年经历、导演经历、……、伟大作品”设置成有数字序号的有序列表，应该使用什么标签？

项目三　个人简介 2——内联元素

本项目的目的是为了加深读者对 2.3.2 节知识点的理解。

【项目目标】

- 进一步熟悉块级元素的使用。
- 掌握内联元素的使用。
- 掌握文档结构化的方法。

【项目内容】

- 完善个人简介页面的内容。
- 利用块级元素和内联元素对页面结构化。
- 利用<div><span>标签划分文档。

【项目步骤】

项目三的素材文件夹中的 introduction-Cameron1.html 文件是项目二的结果文件，将其另存为 introduction-Cameron2.html，执行下列步骤。

1. 内联标签的使用（strong，©）

（1）针对文档末尾“济南大学信息学院”一句进行设置，在该行行首加入特殊符号©。

（2）使用 strong 元素，将文中的“安大略省”加粗显示。效果如项目图 3-1 所示。

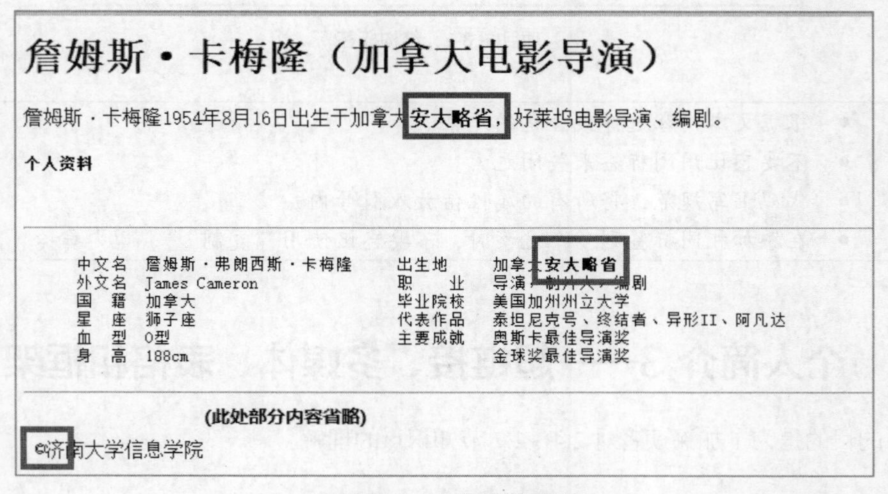

项目图 3-1　内联元素效果图

2. 添加内容

将个人简介卡梅隆-素材 2.txt 文件中的新增内容，加入到 introduction-Cameron2.html 文件的相应位置，并选择合适的标签进行设置。做出每步修改后，及时保存，并及时在浏览器中查看结果。

提示

（1）使用<h4>标签来标记小标题，如 1 早年经历、2 导演经历、……、7 真正伟大的作品等。

（2）使用<p>标签来标记其余段落。

3. 划分基本结构

如项目图 3-2 利用<div>标签或文档结构标签对本网页进行划分。利用浏览器查看划分前后的效果，网页效果不变。

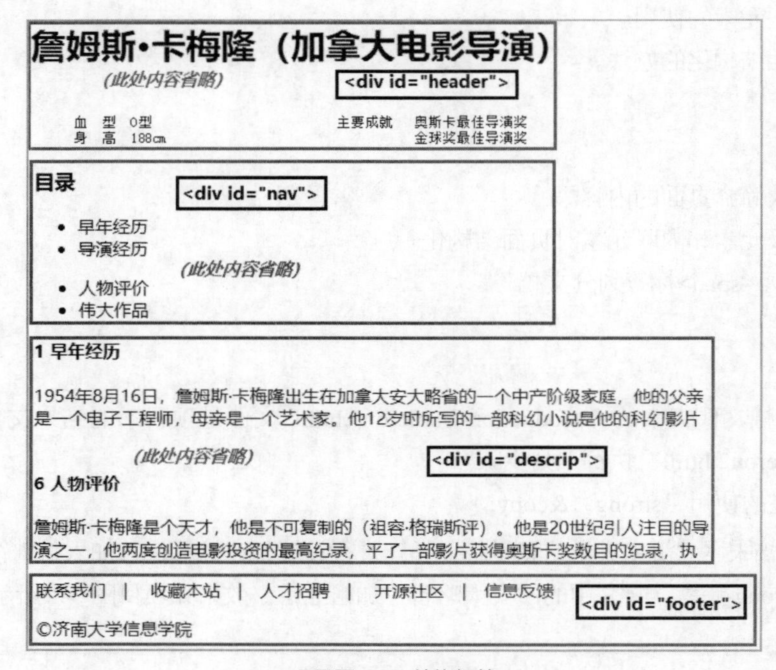

项目图 3-2 结构标签

说明

- 根据文本内容选择最合适的元素。
- 不要忘记用闭标签来关闭元素。
- 代码书写规范，将所有的属性值放入引号内。
- 在添加相同标签到多个元素时，不要忘记使用“复制”“粘贴”命令。

项目四　个人简介 3——超链接、多媒体、表格和框架

本项目的目的是为了加深读者对 2.4～2.7 节知识点的理解。

【项目目标】

- 熟练掌握路径的表示方法。
- 熟练运用锚元素进行网页内部、网页之间的链接。
- 熟练运用图片、音频、视频的插入方法。

- 熟练掌握网页中表格的制作。
- 了解 iframe 的基本使用方法。

【项目内容】

- 在个人简介页面利用锚元素设置目录。
- 利用 img、audio、video 元素在网页中添加图像、视频、音频等元素。
- 利用 iframe 元素在网页中添加框架。
- 将主要作品内容制作为各种类型的表格。

【项目步骤】

项目四中素材文件夹中的 introduction-Cameron2.html 文件是项目三的结果文件，将其另存为 introduction-Cameron3.html，执行下列步骤。

1. 练习锚元素的使用

（1）内部锚点的使用

① 为目录部分第一条“早年经历”与正文第一段“1 早年经历”之间建立链接，单击目录中的“早年经历”链接，即可跳转到第一段小标题。

② 为目录部分第二条“导演经历”与正文第二段“2 导演经历”之间建立链接，单击目录中的“导演经历”链接，即可跳转到第二段小标题。

后面的段落依此类推，完成后保存文件 introduction-Cameron3.html 并在浏览器中打开，进行测试。

（2）外部锚点的使用

① 为网页的页脚部分的“人才招聘”设置外部链接：http://www.ujn.edu.cn，当单击“人才招聘”时则可以跳转到济南大学的网页。为“联系我们”“联系本站”“开源社区”“信息反馈”设置空链接。

② 完成后保存文件 introduction-Cameron3.html 并在浏览器中打开，进行测试。

2. 添加并链接图片

在刚才做好的网页文件 introduction-Cameron3.html 的基础上继续完成下列操作。

（1）添加图片

① 将 images 文件夹中的图片“head.jpg”插入网页的最上方，即“詹姆斯·卡梅隆”的上方。

② 将图片“tai-1.jpg”插入网页的正文第二段标题“2 导演经历”下方，第二段正文的上方。

③ 完成后保存文件 introduction-Cameron3.html 并在浏览器中打开，进行测试，效果图如项目图 4-3 所示。

（2）链接图片

设置超链接：单击图片“tai-1.jpg”跳转到泰坦尼克号的百度百科页面（该网页地址请自行查找），链接网页以新窗口打开方式显示（提示：a 标签属性 target="_blank"）。

在没有设置 target 属性的情况下，即以默认方式打开链接时，网页如何显示？

完成后保存文件 introduction-Cameron3.html 并在浏览器中打开，进行测试，效果图见项目图 4-3。

3. 插入视频

在“5 获奖记录”下方插入一段视频，该视频在 video 目录下，文件名为 Titanic.mp4。设置视频播放控件、循环播放、宽度为 300px。

4. 表格制作

将个人简介卡梅隆-素材 3.txt 的内容添加到 introduction-Cameron3.html 的相应位置。将相应内容设置为项目图 4-1 所示的各种类型的表格。

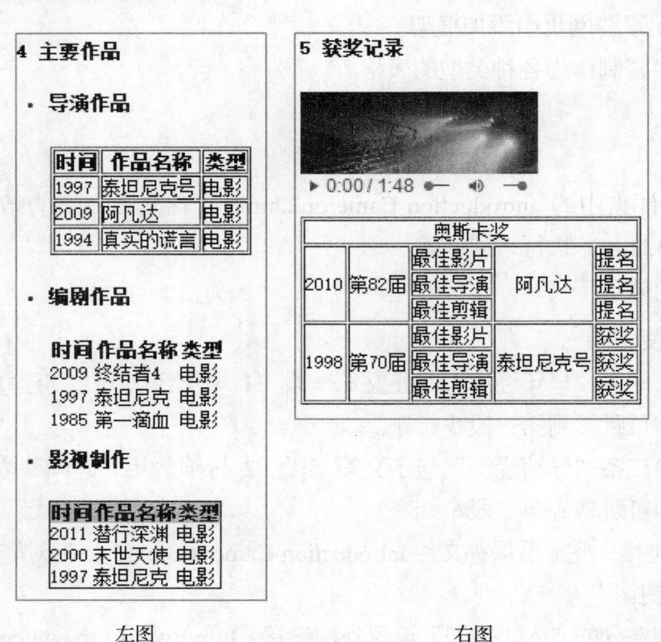

项目图 4-1 表格效果（实际显示效果是右图在左图的下方）

5. iframe 的使用

在“7 真正伟大的作品”下方利用<iframe>标签完成项目图 4-2 的效果。

（1）iframe 中，使用项目一的实验结果文件 webpageCreate.html，且已在素材文件夹中给出，注意使用相对路径。

（2）设置其宽度为页面宽度的 70%，高度为 200px。

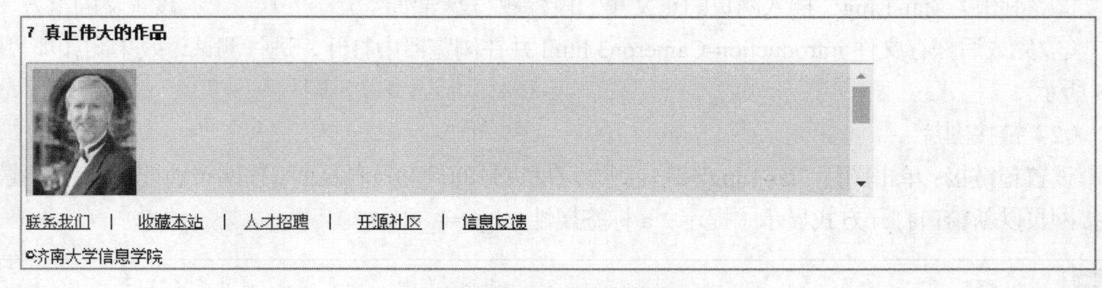

项目图 4-2 iframe 效果

整体效果如项目图 4-3 所示，由于页面较长，将其截为三部分，顺序依次为：左图在页面上部，中图在页面中部，右图在页面下部。

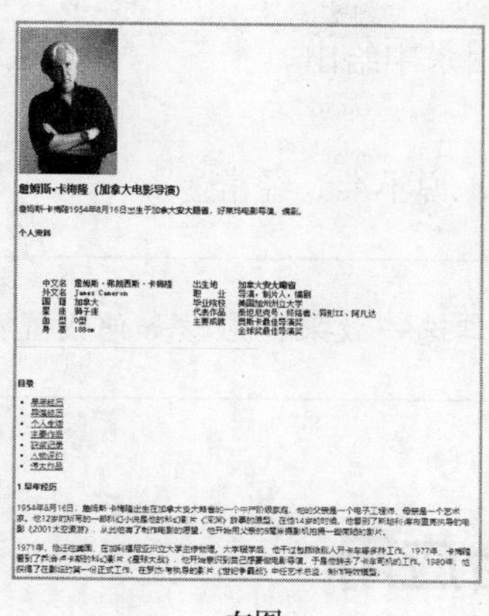

左图

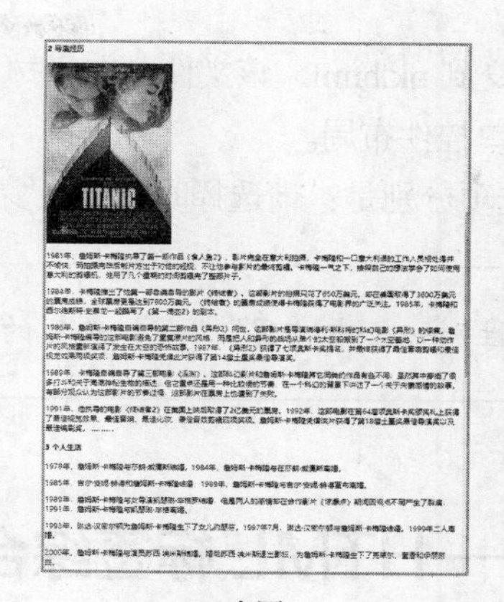

中图

右图

项目图 4-3　最终效果图

项目五　HTML5 表单应用——影迷注册

本项目的目的是为了加深读者对 2.8 节和 2.10 节知识点的理解。

【项目目标】

- 熟练掌握表单常用控件的用法。
- 了解部分 HTML5 新的表单输入类型元素。

【项目内容】

- 练习使用<form>标签及其属性。
- 练习使用 HTML5 新的 input 类型。
- 练习使用表单的常用控件。

【项目步骤】

新建网页文件保存为 h5form.html，按项目图 5-1 所示效果完成下列任务。

昵称	请输入昵称　(input标记，placeholder属性)
E-mail	请输入邮箱
性别	◉ 男　○ 女　(注意name属性的设置)
年龄	20
截图	选择文件　未选择任何文件
看电影时间	请选择时间 ▾
电影类型	□爱情文艺　□科幻　□恐怖　□魔幻　□战争　□喜剧
你最喜欢	□ET　□阿凡达　□夺命深渊　□深海异形　□深渊幽灵　□泰坦尼克　□真实的谎言　□异形　□食人鱼
最爱影片打分	最低0分，最高10分
你希望影迷会召开的时间	年 /月/日　(datepicker部分浏览器不支持)
(label) 留言	请在此输入您的留言!　(textarea)
提交	重置

项目图 5-1　表单效果图

（1）新建表单，将表单内容提交到 ok.html，该文件已在素材目录中给出。

（2）利用<table>标签，进行表单控件布局。

（3）“看电影时间”列表中的选项分别是：请选择时间、很少、说不准、经常。

要实现项目图 5-1 中性别一行中“男”“女”选项的二选一效果，应该如何设置？

项目六　成长故事 1——HTML 标签综合应用

本项目的目的是使读者能够灵活运用整章知识点。

【项目目标】

- 灵活运用 HTML 基本标签。
- 掌握在 HTML 页面中嵌入多媒体对象的方法。
- 灵活运用语义化元素对网页进行结构化。
- 灵活运用表单元素实现与用户的交互。

【项目内容】

- 练习 HTML 块标签的用法。
- 练习巩固 HTML 内联标签的用法。
- 练习 HTML 中<div><span>标签划分网页结构的方法。
- 练习 HTML 多媒体标签的用法。

【项目步骤】

创建 HTML 文件，将之命名为 growthStory1.html。

1. HTML 文件结构化

将成长故事 1 素材.txt 文件的内容粘贴到<body>标签间，作为 growthStory1.html 的文档部分。为了便于进行后续实验的 CSS 操作，先把<body>部分进行结构化设置。

<div>和<span>标签有何不同？id 属性与 class 属性有何不同？

（1）第一部分“卡梅隆：从卡车司机到阿凡达导演…… drivers to Afanda)”设置为<div id="header"> …</div>，用<h1>标签设置此部分文字。

参考代码如下：

```
<div id="header"><h1> 卡梅隆：从卡车司机到阿凡达导演(Cameron: from truck drivers to Afanda)
</h1></div>
```

（2）第二部分“发布时间：2014-04-18 16:23 浏览次数：2779”设置为<div id="subhead"> …</div>。

（3）第三部分“美国著名导演詹姆斯・卡梅隆（James Cameron）……”设置为<div id=" guidance"> ……</div>。

（4）第四部分“美国著名导演詹姆斯・卡梅隆（James Cameron）……”设置为<div class="art" > …</div>。

（5）第五部分“卡车司机的导演梦……”设置为<div class="art" > …</div>。

（6）第六部分“注：文章转载自网络……”设置为<div id="note"> …</div>。

（7）将第一部分的英文部分（Cameron: from truck drivers to Afanda）设置为<span id="e-header">……</span>

（8）第七部分设置为<div id="footer">……</div>标签。

（9）利用<h3>标签分别设置“卡车司机的导演梦”“历经 14 年打造《阿凡达》”“注：文章转载自网络”部分。

（10）第三部分至第六部分，为所有段落设置<p>标签。

2. 插入图片

所有插入图片均在 images 文件夹内。

（1）在第三部分，先在段前插入一个空行，然后在段前段后分别插入一条横线。横线的对齐方式为左对齐。

（2）在第二部分初始位置插入图片“tubiao.png”，注意使用相对路径。

（3）第三部分在段前横线和文字间插入图片“daodu.png”，对齐方式为左对齐。并且设置文字的样式如下：

```
<p style="width:550px; line-height:200%; align="left"; font-size:13px; font-family:
Microsoft YaHei; color:#876;">
```

（4）在第四部分最后插入图片“afanda.jpg”，边框设为蓝色。

3. 设置 footer 部分

（1）将“联系我们”“收藏本站”“人才招聘”“信息反馈”设置为空链接。按下面的代码提示，设置 p 标签及其类选择器名为 info（此知识点将在第 3 章中讲述）。

```
<p class="info">
    <a href="#">联系我们</a>| <a href="#">收藏本站</a>  |
    …
</p>
```

（2）将“开源社区”设置链接为“https://www.csdn.net”。

（3）在“济南大学”前加入版权符号“©”，并设置 p 标签及其类选择器名为 copy（此知识点将在第 3 章中讲述）。

```
<p class="copy">&copy; 济南大学</p>
```

为方便展示，截图时将浏览器宽度进行了缩小，文字产生了换行，与全屏展示效果稍有不同。效果如项目图 6-1 所示。

卡梅隆：从卡车司机到阿凡达导演(Cameron: from truck drivers to Afanda)

发布时间：2015-04-18 16:23 浏览次数：2779

美国著名导演詹姆斯·卡梅隆（James Cameron），在创造了全球票房18亿美元的《泰坦尼克号》之后，销声匿迹，十余年后，他携《阿凡达》归来，成为电影市场的又一枚重磅炸弹。可是有多少人知道，卡梅隆的阿凡达之梦，开始于32年前.

美国著名导演詹姆斯·卡梅隆（James Cameron），在创造了全球票房18亿美元的《泰坦尼克号》之后，销声匿迹，十余年后，他携《阿凡达》归来，成为电影市场的又一枚重磅炸弹。可是有多少人知道，卡梅隆的阿凡达之梦，开始于32年前……

卡车司机的导演梦

1977年，22岁的卡车司机詹姆斯·卡梅隆和朋友去看《星球大战》，朋友陶醉于电影之中不能自拔，卡梅隆却在离开影院之后准备打拳击发泄一下。他大学辍学，整天在南加利福尼亚奥兰治县开车运送校餐。但在闲暇的时候，他绘制小模型，还写科幻小说，可现在，卡梅隆面临一个令人泄气的现实：他幻想的世界已经被卢卡斯（Lucas，《星球大战》导演）带进了人们的生活……

于是，他买了些廉价的摄影器材，试图还原卢卡斯的拍摄过程。他在家中客厅打出刺眼的明亮光线，让摄像机沿一条轨道滚动来演练摄影。他常常整天逡巡于南加州大学图书馆，阅读所有与特效有关的书籍。

他说服了一群当地牙医，投资2万美元，制作卡梅隆版的《星球大战》。他与一个朋友，写了一本名为《世代交替》的剧本，可是，在好莱坞兜售了好几个月，他却空手而归。无奈之下，卡梅隆只好努力去做一些有价值的事：在B级片之王罗杰·科曼手下打工，受雇为电影《世纪争霸战》打造微缩太空飞船。他用自己的方式日渐上位，后来成为科曼旗下的虚拟视觉效果专家之一。

历经14年打造《阿凡达》

1995年，他写了一部长达82页的剧本，讲述当地球沦为暗淡荒原后，一名瘫痪士兵去一个遥远的星球执行任务的故事。这便是日后的《阿凡达》。

卡梅隆想制作一部能真正让观众身临其境的3D影片。有一次，当卡梅隆与水下摄影专家佩斯研究镜头时，他突然问佩斯：我们是否能制造一种高清晰摄像设备，同时可以播放2D图像和3D图像呢？于是，他开始了对新一代摄像机的构想：便携带，数字化，高清晰，3D成像。

发明这种摄像机绝非易事，两个月后，卡梅隆与佩斯来到索尼高清晰相机部，和工程师面对面交流。索尼同意建一条新的生产线，不过需要卡梅隆他们提供原型，佩斯着手研发。三个月后，新摄像机弄出来了，摄像机实验效果不错，3D成像准确。

摄像机的问题解决了，遗憾的是，影院不愿意采用这种技术，因为这需要每个影院大约投资10万美元进行设备更新，卡梅隆决定亲自和影院业主谈谈。2005年3月，在一次电影展览会上，他全力以赴宣传自己的新放映系统："世界已迈入新的电影时代。"于是，2005-2009年间，3000多家影院能播放立体电影。

2005年春，卡梅隆说服福克斯公司投资1.95亿美元拍摄《阿凡达》。8月，他聘请南加州大学的语言专家保罗（Paul Former），为剧本中的纳美族设计一套全新的语言系统。随着语言系统的建立，卡梅隆又开始着手为潘多拉星球上的动植物命名。每种动植物都有纳美族名、拉丁名和俗称，卡梅隆还生怕不够逼真，专门聘请加州大学的植物科学系主任朱迪·霍尔特（Jodie Holt），为他创造的几十种植物编写详细的科学说明。

这些幕后工作永远不会在银幕上展现，但卡梅隆却乐此不疲。他聘请了很多专家，比如天体物理学家、音乐教授、考古学家等。他们计算出潘多拉星球的大气密度，创建外星音乐。

注：文章转载自网络

回响：从卡车司机到阿凡达导演，卡梅隆给我们带来的不仅仅是一部部伟大的电影作品，更值得让我们学习的是他那为了实现长达32年之久梦想的精神。其实，我们每个人都可以创造出属于自己心中的那个"阿凡达"。

联系我们 | 收藏本站 | 人才招聘 | 开源社区 | 信息反馈

© 济南大学

项目图 6-1　成长故事页面效果图

习题

1. 如果在 catalog.html 中包含代码<a href="#novel">小说</a>，则该 HTML 文档在 IE 浏览器中打开后，用户单击此链接将（　　）。

A. 使页面跳转到同一文件夹下名为"novel.html"的 HTML 文档

B. 使页面跳转到同一文件夹下名为"小说.html"的 HTML 文档

C. 使页面跳转到 catalog.htm 包含名为"novel"的锚记处

D. 使页面跳转到同一文件夹下名为"小说.html"的 HTML 文档中名为"novel"的锚点处

2. 想要使用户在单击超链接时，弹出一个新的网页窗口，代码是（　　）。

A. <A href="right.html" target="_blank">新闻</A>

B. <A href="right.html" target="_parent">新闻</A>

C. <A href="right.html" target="_top">新闻</A>

D. <A href="right.html" target="_self">新闻</A>

3. 阅读以下代码段，则可知（　　）。

```
<INPUT type="text" name="textfield">
<INPUT type="radio" name="radio" value="女">
<INPUT type="checkbox" name="checkbox" value="checkbox">
<INPUT type="file" name="file">
```

A. 上面代码表示的表单元素类型分别是：文本框、单选按钮、复选框、文件域

B. 上面代码表示的表单元素类型分别是：文本框、复选框、单选按钮、文件域

C. 上面代码表示的表单元素类型分别是：密码框、多选按钮、复选框、文件域

D. 上面代码表示的表单元素类型分别是：文本框、单选按钮、下拉列表框、文件域

4.（　　）用于使 HTML 文档中表格里的同一行单元格进行合并。

A. cellspacing　　B. cellpadding　　C. rowspan　　D. colspan

5. (　　) 可以产生带有数字列表符号的列表。

   A. <ul>　　B. <dl>　　C. <ol>　　D. <list>

6. 下面的特殊符号 (　　) 表示的是空格。

   A. "　　B. 　　C. &　　D. ©

7. 在 HTML 中，<form method="post">，method 表示 (　　)。

   A. 提交的方式　　B. 表单所用的脚本语言

   C. 提交的 URL 地址　　D. 表单的形式

8. 要使单选框或复选框默认为已选定，要在<input>标签中加 (　　) 属性。

   A. selected　　B. disabled　　C. type　　D. checked

9. META 元素的作用是 (　　)。

   A. META 元素用于表达 HTML 文档的格式

   B. META 元素用于指定关于 HTML 文档的信息

   C. META 元素用于实现本页的自动刷新

   D. 以上都不对

10. 以下标签中，(　　) 用于设置页面标题，且内容不在浏览器上显示。

   A. <title>　　B. <caption>　　C. <p>　　D. <head>

03 第3章 CSS初步

学习要求

- 理解内容与表现分离的意义。
- 掌握创建 CSS 的步骤和编写规则。
- 掌握 CSS 基本选择器的使用。
- 掌握常用字体、文本和背景属性的设置方法。

动手实践

- HTML 文档内容的结构化，注意区分哪些页面元素格式相同使用 class 选择器，哪些页面元素独立使用 ID 选择器。
- 灵活利用 table 或 UL 标签进行局部页面布局。

项目

- 项目七　成长故事 2——CSS 属性设置。

要求完成网站中成长故事页面的文档修饰，尝试用不同的 CSS 附加方式装饰内容。

CSS（Cascading Style Sheet，层叠样式表）主要用于设置 HTML 文档的格式，即网页风格的设计，包括字体大小、背景颜色、图片及元素的精准定位等。本章主要介绍 CSS 基本选择器，字体、文本、颜色和背景属性。

3.1 CSS 概述

从 1990 年 HTML 被发明开始，样式表就以各种形式出现了，一开始样式表是给浏览者用的，HTML 中只含有很少的显示属性，浏览者决定网页应该怎样被显示。但随着 HTML 的成长，Netscape 和 Internet Explorer 两种主流的浏览器不断地将新的 HTML 标签和属性添加到 HTML 规范中，HTML 标签和属性越来越多，创建文档内容独立于文档格式的网站越来越困难。

例如 HTML 标签<p>的 align 属性，<p align="center">，其作用就是设置段落文本居中，这与 CSS 代码 p{text-align:center;} 功能完全相同。用 HTML 中的属性设置样式的弊病有很多，其主要问题体现在：

- 设计复杂，改版时工作量巨大；
- 表现代码与内容混合，可读性差；
- 不利于数据的调用与分析；
- 网页文件多，浏览器解析速度慢。

3.1.1　CSS 发展历史

为了解决这些问题，非营利的标准化联盟——万维网联盟（W3C）肩负起了 HTML 标准化的使命，并在 HTML4.0 之外创造出了样式（Style）。

CSS1.0：1996 年 12 月，W3C 推出了 CSS 规范的第一个版本，主要用于字体、颜色等的设置。

CSS2.0：1998 年 5 月，W3C 发布了 CSS 的第二个版本，即 CSS2.0 规范，亮点是添加了用于定位的属性，还扩展了对其他媒体的显示控制。这是 CSS 应用最为广泛的一个版本。

CSS2.1：2004 年，W3C 对 CSS2.0 做了修订，推出了 CSS2.1 版本，并删除了 CSS2.0 版本中部分不成熟的属性。

CSS3：2001 年 5 月，W3C 开始进行 CSS3 标准的制定，该版本无论在颜色模块、字体模块还是在动画模块中，都有丰富的属性加以支持。

但是需要指出的是，目前依然有浏览器（尤其是 IE）对 CSS3 的支持不太理想。因此开发者在使用 CSS3 时，应该先评估用户的浏览器环境是否支持相应的 CSS 版本。

3.1.2　CSS 的优势

CSS 不仅可以静态地修饰网页，还可以配合各种脚本语言动态地对网页中的各元素进行格式化。CSS 能够对网页中元素位置的排版进行像素级的精确控制，并且支持几乎所有的字体、字号样式，拥有对网页对象和模型样式进行编辑的能力。

1. 表现和内容相分离

将设计部分剥离出来放在一个独立的样式文件中，而 HTML 文件中只存放文本信息。为了实现更为丰富的表达效果，只需修改样式表，而不需要修改原始的 HTML 文档。

2. 提高页面浏览速度

为提高页面的编译速度，可以将一个样式表文档应用到网站的所有网页中，浏览器就不用去编译大量冗长的标签和属性了。

3. 易于维护和改版

表现层的事务由 CSS 处理，可以更有意义地标记内容，使它对非可视化或移动设备（如手机、PDA、打印机、电视机、游戏机等）更易用。只要简单修改几个 CSS 文件就可以重新设计整个网站的页面。

4. 便于信息检索

尽管样式表可以实现非常复杂的显示效果，但其显示细节的描述并不影响文档中数据的内在结构，将原来混杂在 HTML 代码中的样式设置写入了 CSS 文件中，这就使网页中正文部分更为突出，便于被搜索引擎采集收录。

5. **可靠的浏览器支持**

CSS2 被大多数浏览器支持，CSS3 目前除 IE 9 以下版本外，也被各大主流浏览器支持。

3.2 CSS 的创建

曾有人形象地比喻，HTML 是房子，CSS 就是对这个房子的装修，把所有的装修内容放到一起，修改起来就会简单很多，不用通篇去修改 HTML 代码；使用 CSS 的最大的优点就是房子可以有 *n* 个装修风格（CSS），可以任意更替，却无须破坏房子（HTML）。图 3-1 所示的是未引用 CSS 的 HTML 页面。

Catalog

❖ Mid Century Modern Garments Steel Apothecary

❖ Screen Filler Fountain Kiss A Robot Named Jimmy

❖ Verde Moderna

abstract

Littering a dark and dreary road lay the past relics of browser-specific tags, incompatible DOMs, broken CSS support, and abandoned browsers. We must clear the mind of the past.

A demonstration of what can be accomplished through CSS-based design.

imageslinks

图 3-1 未引用 CSS 的 HTML 页面

使用 CSS 进行修饰，可以产生图 3-2 所示的 4 种完全不同的页面效果。

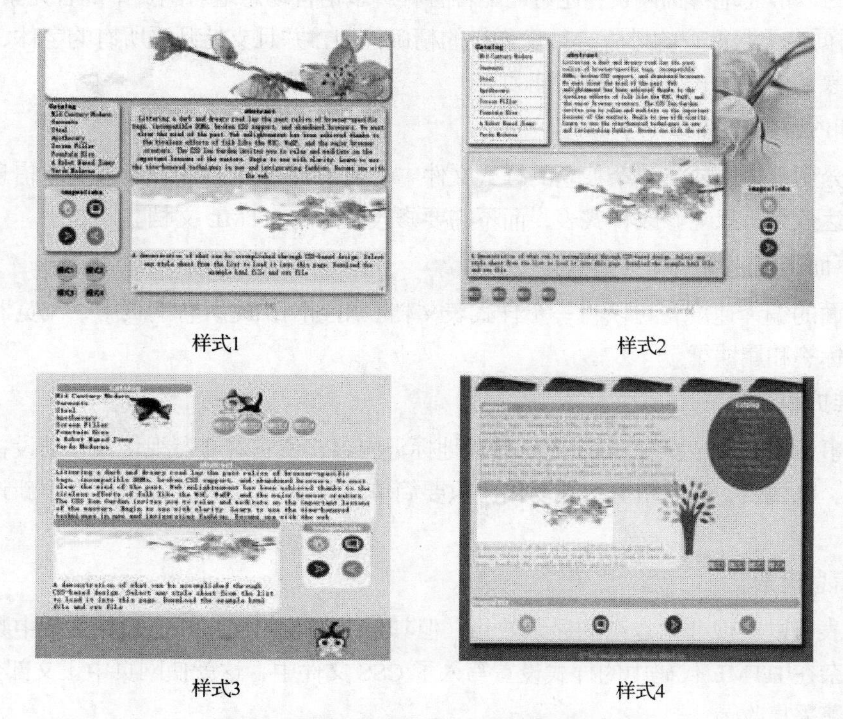

图 3-2 相同的 HTML 结构，4 种不同页面效果

HTML 是网页内容的载体。网页内容就是网页制作者放在页面上想要让用户浏览的信息，可以包含文字、图片、视频等，属于结构层。

CSS 样式是表现，就像网页的外衣。例如，标题字体、颜色变化，或为标题加入背景图片、边框等。所有这些用来改变内容外观的东西都可称之为表现，属于表现层。

表现层应用在结构层之上，所以创建 CSS 共分为三步：

① 创建 HTML 标记文档；

② 编写样式规则；

③ 将样式规则附加到文档。

下面按照这三个步骤来介绍 CSS 的建立方法。

3.2.1　标记文档

以图 3-3 所示的“登鹳雀楼”页面为例，先了解几个重要的概念。

图 3-3　“登鹳雀楼”页面

1. 内容

内容是页面实际要传达的真正信息，包括数据、文本、文档或图片，不包括辅助信息，如导航菜单、装饰图片等。

图 3-3 所示的“登鹳雀楼”效果，内容部分为：

登鹳雀楼　作者：王之涣　白日依山尽，黄河入海流。欲穷千里目，更上一层楼。

2. 结构

结构就是对网页内容进行整理和分类，对应标准语言为 HTML。实现“登鹳雀楼”结构层内容如图 3-4 所示。

登鹳雀楼

作者：王之涣

- 白日依山尽，
- 黄河入海流。
- 欲穷千里目，
- 更上一层楼。

图 3-4　结构图

HTML 代码如下：

```
<!DOCTYPE html>
<html>
<meta charset="utf-8">
<head></head>
<body>
```

```
<h3>登鹳雀楼</h3>
<p>作者：王之涣</p>
<ul>
    <li>白日依山尽，</li>
    <li>黄河入海流。</li>
    <li>欲穷千里目，</li>
    <li>更上一层楼。</li>
</ul>
</body>
</html>
```

3. 表现

表现是对结构化的信息进行样式上的控制，如对颜色、大小、背景等外观进行控制，所有这些用来改变内容外观的，均称为“表现”。对应标准语言为 CSS，如下示例操作即可实现图 3-3 所示效果。

【示例】ch3/示例/dgql.html

```
<style>
body,p,h1,ul,li {  margin:0 ;padding:0;  }
body{
    font-family:"隶书";
    color:#220000;
    background:url(images/timg.jpg) no-repeat;
    text-align:center;
    position:relative;
}
p{
    margin-top:10px;
    margin-bottom:10px;
    font-style:italic;
 }
 ul li {  list-style-type:none;   }
div  {  position:absolute; top:30px; left:40px;   }
    </style>
```

4. 行为

行为是对内容的交互及操作效果，如 JavaScript，就是动态控制网页信息的结构和显示，实现网页的智能交互。

3.2.2 编写规则

样式表由一个或多个样式指令（又叫规则）组成，这些指令描述了元素或元素组将如何显示。CSS 语法由三部分构成：选择器、属性和值。

```
selector {  property : value ; }
```

- selector，即选择器。表明花括号中的属性设置将应用于哪些 HTML 元素，例如“body”。
- property，即属性。表明将设置元素的样式，例如用于设置背景色的属性“background-color”。
- value，即值。表明将指定元素的样式设置为什么值，例如“background-color”属性的值可以是“FF0000”，代表红色。

因此，将红色作为网页的背景色，CSS 规则为：

```
body {  background-color: #FF0000;}
```

具体 CSS 规则如下。

（1）如果要定义不止一个声明，则需要用分号将每个声明分开。

```
p {  text-align : center ; color: red; }
```

（2）如果值为若干单词，则要给值加引号。

```
p {  font-family :"sans serif"; }
```

（3）CSS 忽略语句块中的空白和回车，空格的使用使样式表更容易编辑。

```
p {  text-align : center ;
     color : red;
     font-family : arial;
  }
```

（4）通常每行只描述一个属性，这样可以增强样式定义的可读性。

综上总结，CSS 规则每个声明都必须以分号结束，表示与下一个声明进行分割；如果省略了分号，该声明和下条声明都会被忽略；规则中包含的花括号和所有声明常被统称为声明块；CSS 忽略声明块中的空白和回车，通常将块中的每条声明都写到单独的行中。

3.2.3　附加方式

将 CSS 样式和 HTML 标签结合起来的方式很灵活，按照其书写的不同位置分为三种：内联样式表、文档样式表和外部样式表。在同一 HTML 文档中可以使用一种或多种样式表。

1. 内联样式表

内联样式表是连接样式和标签的最简单方式，只需在标签中包含一个 style 属性，后面再跟一系列属性及属性值即可，例如：

```
<p style="color: red; margin-left: 20px;">
 This is a paragraph
</p>
```

上述代码的作用是改变段落的前景色和左外边距。

内联样式表只应用于它们所在的元素，虽然这种方法比较直接，在制作页面的时候需要为很多的标签设置 style 属性，所以会导致 HTML 页面不够纯净，文件体积过大，不利于网络爬虫抓取信息，从而导致后期维护成本高。所以不提倡频繁使用。

2. 文档样式表（嵌入样式表）

当单个文档需要特殊的样式时，就应该使用文档样式表。文档样式表放在<head>与</head>内的<style>标签和</style>结束标签之间，例如：

```
<head>
 <style>
    h1 {  color : green;}
    p {  font-size : small;}
 </style>
 </head>
```

上述代码的作用是将<h1>标签的内容设置为绿色前景色，将<p>标签的内容设置为小字体。

文档样式表只对该文档有效，例如 h1 {color: green;}语句，会影响本文档中所有 p1 标签的前景色设置；由于浏览器需要区分文档中使用了哪种样式表，所以 style 标签中包含 type 属性且其值为“text/css”类型。

3. 外部样式表

第三种方法是把样式表保存在一个独立的、纯文本的文档中，由浏览器通过网络进行加载，这就是外部样式表，外部样式表必须使用.css 作为文件扩展名。

可以用两种不同的方式将外部样式表加载到文档：链接式或导入式。

（1）链接式外部样式表

将 CSS 代码写好后，保存在扩展名为.css 的文件中，在文档的 head 部分，使用 link 元素创建一个指向.css 文档的链接。例如：

```
<head>
    <title>Titles are required.</title>
    <link rel="stylesheet"  href="css/stylesheet.css"  type="text/css" />
</head>
```

rel="stylesheet"：定义被链接的文档与当前文档的关系。链接到样式表时，属性值往往是 stylesheet。

href="css/stylesheet.css"：提供.css 文件的位置。

type="text/css"：表示样式表的数据类型是 text/css。

链接方式没有用到<style>标签。

（2）导入式外部样式表

在文档 head 部分的<style>标签里使用@import 导入，例如：

```
<head>
   <title>Titles are required.</title>
        <style >
          @import url("/path/stylesheet.css");
          h1 { color:green;}
        </style>
</head>
```

- 在@import 语句中也可以不用 url( )提供 URL，而直接写为：

```
@import "/path/stylesheet.css";
```

- 一个@import 规则可以与其他规则一同出现在 style 元素中，但它必须先于其他选择器。
- 允许在.css 文档中通过@import 引用其他的.css 文档。

可以导入多个样式表，以创建嵌套的样式表，但是后面的样式规则优先于前面的。外部样式表可以用于多个(X)HTML 文档中，甚至是作用于一个文档集合，以达到观感的统一性。

4. 三种样式表的优缺点

（1）外部样式表

优点：给网站文档的显示提供一致性，管理简单。

缺点：浏览器需下载样式表，增加了访问页面的时间。

（2）文档样式表

优点：创建自定义文档，改写外部样式表中的一条或多条规则；便于测试即将加入外部样式表的新规则。

缺点：适合给单个文档加规则，不适合管理一个文档集。

（3）内联样式表

优点：可覆盖文档样式表或外部样式表中的样式。

缺点：难维护，难阅读，且只具有局部效果，应尽量少用内联样式表。

3.3 基本选择器

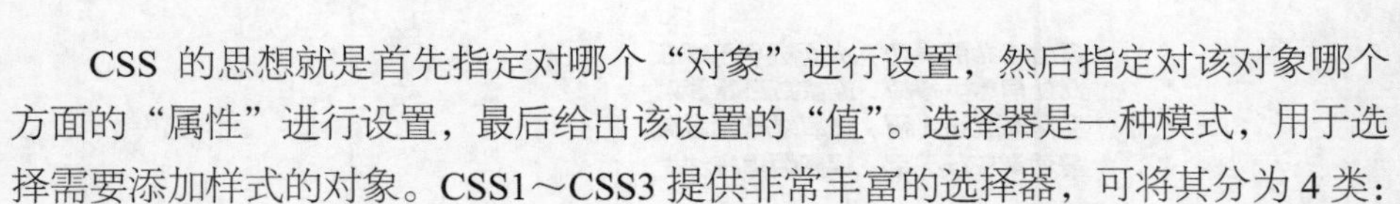

CSS 的思想就是首先指定对哪个“对象”进行设置，然后指定对该对象哪个方面的“属性”进行设置，最后给出该设置的“值”。选择器是一种模式，用于选择需要添加样式的对象。CSS1～CSS3 提供非常丰富的选择器，可将其分为 4 类：基本选择器、层次选择器、属性选择器和伪类选择器。本书选择最常用的部分选择器进行介绍，如表 3-1 所示。

表 3–1　选择器分类列表

基本选择器	层次选择器	属性选择器	伪类选择器	
element	element element	[attribute]	:link	:first-line
.class	element>element	[attribute=value]	:visited	:first-letter
#id	element+element	[attribute～=value]	:hover	:before
*	element#id	[attribute|=value]	:active	:after
element,element	element.class			

为了方便后面知识的理解，基本选择器将在本章进行讲解，后三类选择器统称为复杂选择器，将在第 4 章中详细介绍。

1. element

element 称为元素选择器、类型选择器或标签选择器，element 是标签名。适用于设置页面中某个标签的 CSS 样式。如 p，用于选择页面中所有的<p>元素。详细代码如下。

【示例】 ch3/示例/element_selector.html

```
<!DOCTYPE html>
<html>
<head>
<style>
  body{  text-align:center;}
  h1 {  font-family:隶书;  font-size: 25px;  }
  p {  font-style:italic; }
</style>
</head>
```

```
<body>
    <h1>钱塘湖春行 </h1><hr>
    <p>
     孤山寺北贾亭西，水面初平云脚低。<br>
     几处早莺争暖树，谁家新燕啄春泥。<br>
     乱花渐欲迷人眼，浅草才能没马蹄。<br>
     最爱湖东行不足，绿杨阴里白沙堤。<br>
    </p>
    <p>
    【说明】此诗为作者任杭州刺史时作。写西湖的山光水色、花草亭树，加上早莺、新燕生机盎然，旖旎动人，是
摹写西湖秋色名篇。</p>
</body>
</html>
```

浏览器效果如图 3-5 所示。

钱塘湖春行

孤山寺北贾亭西，水面初平云脚低。
几处早莺争暖树，谁家新燕啄春泥。
乱花渐欲迷人眼，浅草才能没马蹄。
最爱湖东行不足，绿杨阴里白沙堤。

【说明】此诗为作者任杭州刺史时作。写西湖的山光水色、花草亭树，加上早莺、新燕生机盎然，旖旎动人，是摹写西湖秋色名篇。

图 3-5　元素选择器

本例的功能是将<h1>标签中的 font-family（字体）设为隶书，font-size（字体大小）设置为 16px（16 像素）。将<p>标签中的 font-style（字形）设置为斜体。CSS 对所有的属性和值都有相对严格的要求，如果出错，语句无效。

2. .class

.class 称为类选择器，class 是在 HTML 标签中事先定义的类名。它允许以一种独立于文档元素的方式来指定样式，适用于设置期望样式化的一组元素。如.special，选择 class="special" 的所有元素。详细代码如下。

【示例】ch3/示例/ class_selector1.html

```
<style>
    .special {
    color: orange;
    }
 </style>
 …
<p align="center" class="special">
```

本例表示所有类名为 special 的页面元素 color（前景色）设置为 orange（橙色）。

类选择器可以单独使用，也可以结合元素选择器使用。一个 class 属性还可能包含多个属性值，各个值之间用空格分隔，用于将多个类的样式同时应用到一个标签中。HTML 部分只列出与上例不同之处，代码如下所示。

【示例】ch3/示例/ class_selector2.html

```
p.special {  color: orange;  }
.small {  font-size: small; }
.lighter {  font-weight:lighter; }
…
<p class="small  lighter">
```

标签<p>会同时应用 small、lighter 两种类的格式设置，font-size 被设置为 small，font-weight 被设置为 lighter。

3. #id

#id 称为 ID 选择器，id 是在 HTML 标签中事先定义的 id 名。ID 选择器用于选择指定 ID 属性值的任意类型元素。如#intro，表示选择 id 值为 intro 的元素。详细代码如下。

【示例】ch3/示例/ id_selector1.html

```
<!DOCTYPE html>
<html>
<head>
 <style>
 #searchform{
   color:red;
   font-size:35px;
   text-decoration :underline;
   font-weight:bold;
   }
  .blogentry{
   color:blue;
   font-size:15px;
   }
 </style>
 </head>
<body>
  <div id="searchform">Search form components go here. This section of the page is
unique.</div>
  <div class="blogentry">
   <h2>Today's blog post</h2>
   <p>Blog content goes here.</p>
   <p>Here is another paragraph of blog content.</p>
  </div>
  <div class="blogentry">
    <h2>Yesterday's blog post</h2>
    <p>In fact, here we are inside another div of class "blogentry."</p>
   <p>They reproduce like rabbits.</p>
  </div>
</body>
</html>
```

第一个 div 应用 id 为 searchform 的选择器，其他 div 应用类名为 blogentry 的选择器。

ID 与类不同，在一个 HTML 文档中，可以为任意多个元素指定类，但是 ID 选择器会使用一次，而且仅一次。ID 选择器不能结合使用，因为 ID 属性不允许有以空格分隔的词列表。

4. element,element

element,element 称为组合选择器，是多个选择器（包括元素选择器、class 选择器、ID 选择器等）通过逗号连接而成的，它适用于多个选择器使用同一组样式，以得到更为简洁的样式表。

下面代码中 h2、.special 和#intro 均需要设置为蓝色的 arial 字体。

```
h2 {  color: blue; font-family: Arial}
.special {  color: blue; font-family: Arial}
#intro {  color: blue; font-family: Arial}
```

可以将其简化为：

```
h2, .special, #intro {  color: blue; font-family: Arial}
```

【示例】ch3/示例/ group_selector.html

```
<style>
        h2,.special, #intro {
        color: blue;
        font-family: 黑体;
       }
</style>
…
 <p class="special">
…
```

上述代码的结果是 h2、.special、#intro 三个部分获得了相同的样式。

5. *

*称为通配选择器，该选择器可以与任何元素匹配，就像是一个通配符。通配选择器用星号表示，*等价于列出了文档中所有元素的一个组合选择器。

例如，下面的规则可以使文档中的每个元素都为蓝色。

```
* {  color: blue;}
```

【示例】ch3/示例/ universal_selector.html

```
<style>
      * {  color: blue;   }
 </style>
```

* 使上面代码中的所有元素字体均显示为蓝色。

3.4 字体属性

字体属性用于控制网页文本字符的显示方式，例如控制字体类型、文字的大小、加粗、倾斜等。CSS 中，字体样式通过一个与字体相关的属性系列来指定。字体属性包括 font-family、font-size、font-weight、font-style、font-variant 和 font 等。

1. 字体 font-family

font-family 属性用于指定网页中文字的字体，取值可以是字体名称，也可以是字体家族名称，值之间用逗号分隔。例如下面的代码设置了标签<p>的字体属性。

```
p{  font-family:"微软雅黑","楷体_GB2312","黑体";}
```

在 CSS 中，有两种不同类型的字体系列名称，分别是通用字体系列和特定字体系列。通用字体系列是指拥有相似外观的字体系统的组合，共有 5 种，分别是“Serif”“Sans-serif”“Monospace”“Cursive”和“Fantasy”。例如，Serif 字体家族的特点是字体成比例，而且有上下短线，该字体家族中典型的字体包括 Times New Roman、Georgia、宋体等。特定字体系列就是具体的字体系列，例如“Times”或“Courier”。

指定字体时要注意，除了通用字体家族，其他字体的首字母均必须大写，例如“Arial”。若字体名称中间有空格，需要为其加上引号，例如“Times New Roman”。

使用 font-family 属性设置字体时，要考虑字体的显示问题，可能用户的计算机上不能正确显示用户设置的某种字体，因此建议预设多种字体类型，每种字体类型之间用逗号隔开，且将最基本的字体类型放在最后。这样，如果前面的字体类型不能够正确显示，系统将自动选择后一种字体类型，依次类推。例如：

```
body {  font-family:Verdana, Arial, Helvetica, sans-serif;}
```

2. 字体尺寸 font-size

font-size 属性用于设置文字的大小，可以是绝对值或相对值。

使用绝对值指定文字的大小时，可以使用关键字 xx-small、x-small、small、medium、large、x-large、xx-large，表示越来越大的字体，默认值是 medium。另外还有 pt 点也属于绝对单位。

使用相对大小时，可以用关键字 smaller、larger、em 及百分比值，它们都是相对周围的元素来设置文字大小。px（像素）是相对显示器屏幕分辨率而言的。

在没有规定文字大小的情况下，普通文字（例如段落）的默认大小是 16 像素，1em 等于当前的字体尺寸，也就是 16px=1em。在设置字体大小时，em 的值会相对父元素的字体大小改变。例如，若有 body{font-size:16px;}，则下面对标题 h1 的大小设置是相同的。

```
h1{  font-size:1.5em;}
h1{  font-size:150%;}
```

下面示例中分别将字体大小设为 30px、12pt、120%和 1em。

【示例】ch3/示例/fontsize.html

```
<!DOCTYPE html>
<html>
<head>
<style>
  h1 {  font-size: 30px;}
  h2 {  font-size: 12pt;}
  h3 {  font-size: 120%;}
  p {  font-size: 1em;}
</style>
</head>
<body>
  <h1>标题 1 大小 30px</h1>
  <h2>标题 2 大小 12pt</h2>
  <h3>标题 3 大小 120%</h3>
  <p>段落 大小 1em</p>
</body>
</html>
```

浏览结果如图 3-6 所示。

3. 字体粗细 font-weight

font-weight 属性用于设置文字的粗细，取值可以是关键字 normal、bold、bolder 和 lighter，也可以是数值 100～900。默认值为 normal，表示正常粗细，数值上相当于 400。bold 表示粗体，相当于 700。下面的代码设置了三个段落不同的 font-weight 属性。

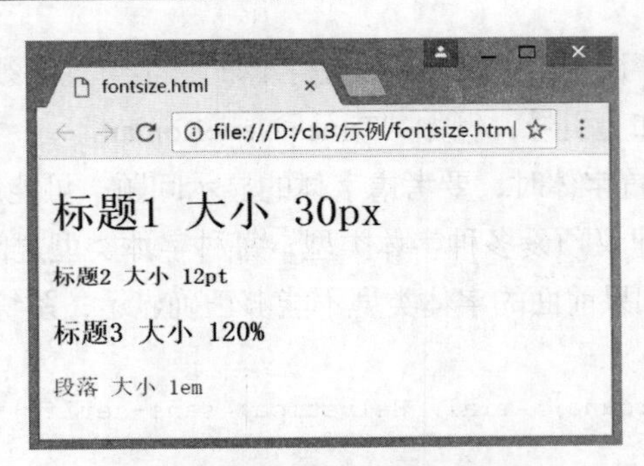

图 3-6　字体尺寸设置效果图

```
p.normal {  font-weight:normal;}
p.thick {  font-weight:bold;}
p.thicker {  font-weight:900;}
```

4. 字体样式 font-style

font-style 属性用于定义文字的字形，取值包括 normal、italic 和 oblique，分别表示正常字体、斜体和倾斜字体，默认值是 normal。

斜体（italic）是一种简单的字体风格，对每个字母的结构都有一些小改动，以反映外观的变化。与此不同，倾斜（oblique）文字则是正常竖直文字的一个倾斜版本。通常情况下，italic 和 oblique 文本在 Web 浏览器中看上去完全一样。下面的代码设置了三个段落文本不同的字形。

```
p.normal {  font-style:normal;}
p.italic {  font-style:italic;}
p.oblique {  font-style:oblique;}
```

5. 字体变量 font-variant

font-variant 属性可以设定小型大写字母，其取值有 3 种：normal、small-caps 和 inherit。默认值是 normal，表示使用标准字体；small-caps 表示小型大写字母，即小写字母看上去与大写字母一样，不过比标准的大写字母要小一些。例如，下面的代码把段落设置为小型大写字母字体。

```
p.small{  font-variant:small-caps; }
```

6. 字体快捷属性 font

使用 font 属性，可以在一个声明中设置所有字体属性，各分属性的值用空格隔开。font 属性的取值顺序为：font-weight、font-style、font-variant、font-size/line-height、font-family。其中，前三个属性的顺序是可以改变的，但是后两个字号和字体的顺序不能改变，且行高 line-height 如果有，必须和 font-size 一起使用，放在 font-size 后面，用斜杠分隔。font 属性的用法如下所示。

```
p {  font: bold italic 12px/20px arial,sans-serif; }
```

3.5 文本属性

CSS 文本属性可定义文本的外观。通过文本属性，可以改变文本的颜色、字符间距，对齐文本，装饰文本，对文本进行缩进等。CSS 常用的文本属性有 text-align、text-indent、line-height、word-spacing、letter-spacing、text-decoration 和 text-transform 等。

1. 文本对齐

text-align 是一个基本的属性，用于设置所选元素的对齐方式，取值可以是 left（左对齐）、center

（居中）、right（右对齐）、justify（两端对齐）。对于从左到右阅读的语言此属性的默认值为 left，从右到左阅读的语言以属性为 right。text-align 属性的适用对象是块元素和表格的单元格，与<center>元素不同，text-align 不会控制元素的对齐，而只影响元素内部内容，元素只是其中的文本受影响。text-align 属性用法如下所示。

【示例】ch3/示例/textalign.html

```
<!DOCTYPE html>
<html>
<head>
<style>
  th {  text-align: right;    }
  td {  text-align: center;  }
  p {  text-align: justify;  }
</style>
</head>
<body>
<h1>文本对齐</h1>
<h2>表格里的文本对齐</h2>
<table width="100%" border=1>
  <tr>
     <th>标题 1</th> <th>标题 2</th>
  </tr>
  <tr>
     <td>单元格 1</td> <td>单元格 2</td>
  </tr>
  <tr>
     <td>单元格 3</td> <td>单元格 4</td>
  </tr>
</table>
<h2>段落中文本两端对齐</h2>
<p>这几天心里颇不宁静……带上门出去。
</p>
</body>
</html>
```

文本对齐效果如图 3-7 所示。

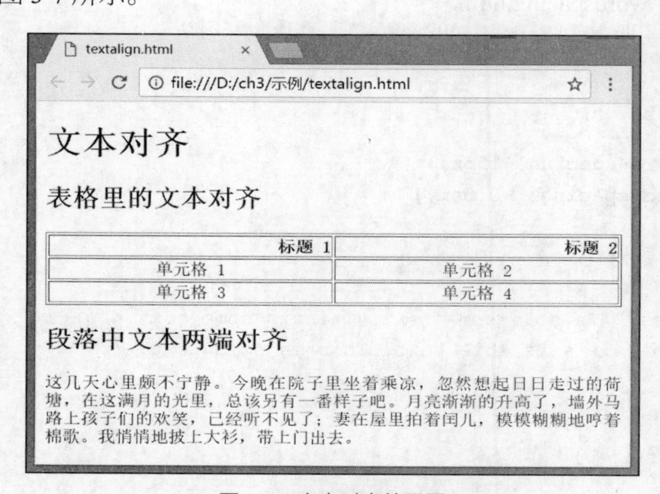

图 3-7　文本对齐效果图

2. 文本缩进

把 Web 页面上段落的首行缩进，是一种最常用的文本格式化效果。使用 text-indent 属性，可以方便地将选定元素的第一行都缩进一个给定的长度。例如，下面的规则会使所有段落的首行缩进 2 em，即首行缩进 2 字符。

```
p {  text-indent: 2em;}
```

text-indent 还可以设置为负值，由此实现“悬挂缩进”的效果，即第一行悬挂在元素中余下部分的左边。例如，下面的代码将首行悬挂缩进 5em。

```
p {  text-indent: -5em;}
```

text-indent 可以使用所有长度单位，包括百分比值。取百分数时，表示相对父元素缩进一定比例。例如，下面的代码表示段落相对 div 缩进 20%，即 100 个像素。

```
div {  width: 500px;}
p {  text-indent: 20%;}
<div>
  <p>this is a paragraph</p>
</div>
```

3. 行高

line-height 属性用于设置行间的距离（行高），取值可以是数字、长度或百分比值。当以数字指定该值时，行高就是当前字体高度与该数字的乘积。line-height 与 font-size 的计算值之差分为两半，分别加到一个文本行内容的顶部和底部。例如，下面用三种方法将行高设置为字体尺寸的两倍。

```
p{  line-height: 2;}
p{  line-height: 2em;}
p{  line-height: 200%;}
```

4. 字间隔

word-spacing 属性可以改变字（单词）之间的标准间隔，取值可以是 normal 或具体的长度值，也可以是负值。其默认值是 normal，与设置值为 0 是一样的。word-spacing 取正值时会增加字之间的间隔，取负值时缩小间隔，即将它们拉近。详细代码如下所示。

【示例】ch3/示例/ wordspacing.html

```
<!DOCTYPE html>
<html>
<head>
<style>
  p.spread {  word-spacing: 15px;}
  p.tight {  word-spacing: -0.5em;}
</style>
</head>
<body>
  <p class="spread">This is some text. This is some text.</p>
  <p class="tight">This is some text. This is some text.</p>
</body>
</html>
```

字间隔效果如图 3-8 所示。

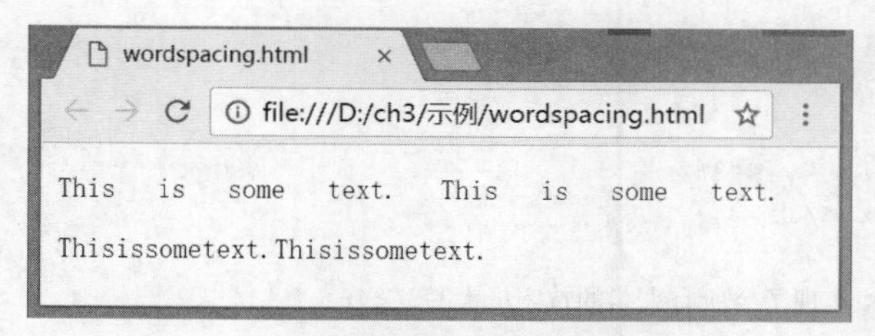

图 3-8　字间隔设置效果图

5. 字符间隔

letter-spacing 属性用于设置字符之间的间隔，取值包括所有长度，也可以是负值。输入的长度值是使字符之间的间隔增加或减少的量。例如，下面的代码增加了标题和段落的字符间隔。

```
h1 {  letter-spacing: 6px; }
p {  letter-spacing: 3px; }
```

6. 文本装饰

text-decoration 属性可以为文本添加装饰效果，取值有 5 个：none、underline、overline、line-through 和 blink。默认值为 none，表示不加任何修饰。underline 表示对元素添加下划线，overline 表示添加上划线，line-through 表示在文本中间画一个贯穿线，blink 表示添加闪烁效果（有的浏览器不支持该值）。例如，下面的代码分别为三个标题设置了三种不同的装饰效果。

```
h1{  text-decoration: underline; }
h2{  text-decoration: overline; }
h3{  text-decoration: line-through; }
```

none 值会删除原本应用到一个元素上的所有装饰。通常，无装饰的文本是默认外观，但链接默认会有下划线。如果希望去掉超链接的下划线，可以使用以下 CSS 来做到这一点：

```
a {  text-decoration: none; }
```

7. 大小写转换

text-transform 属性用于控制文本的大小写，可以取 4 个值：none、uppercase、lowercase、capitalize。默认值 none 对文本不做任何改动，将使用源文档中的原有大小写。uppercase 和 lowercase 将文本转换为全大写和全小写字符。capitalize 只对每个单词的首字母大写。例如，下面的代码把所有 h1 元素变为大写，把列表项中每个单词的首字母变为大写。

```
h1 {  text-transform: uppercase; }
li {  text-transform: capitalize; }
```

详细代码如下所示。

【示例】ch3/示例/ texttransform.html

```
<!DOCTYPE html>
<html>
<head>
<style>
  h1 {  text-transform: uppercase;  }
  li {  text-transform: capitalize;  }
</style>
</head>
<body>
  <h1>这个标题采用大写字母 abcd</h1>
  <ul>
    <li>peter hanson </li>
```

```
    <li>max larson </li>
    <li>joe doe </li>
    <li>paula jones </li>
    <li>monica lewinsky </li>
    <li>donald duck </li>
  </ul>
  <p>注意，我们用 CSS 实现了令所有人名的首字母大写。</p>
</BODY>
</HTML>
```

大小写转换效果如图 3-9 所示。

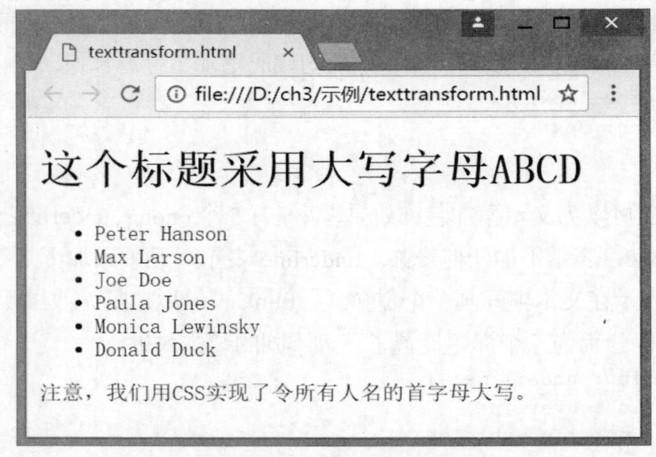

图 3-9 大小写转换效果图

3.6 颜色与背景

3.6.1 颜色

CSS 提供多种颜色表示方法，如颜色名称、十六进制颜色值、RGB 函数等。但 CSS2 不允许为颜色设置透明度，CSS3 弥补了这一不足，而且提供了更多的颜色表示方法。

1. 颜色名称

HTML 和 CSS 颜色规范中定义了 147 种颜色名，其中有 17 种标准颜色，另外有 130 种其他颜色，表 3-2 中列出 17 种标准颜色。

表 3–2 标准颜色

颜色名称	表示颜色	颜色名称	表示颜色	颜色名称	表示颜色	颜色名称	表示颜色
Black	黑	Maroon	栗	Olive	橄榄	Aqua	浅绿
Silver	银	Purple	紫	Yellow	黄	Orange	橙
Gray	灰	Fuchsia	紫红	Navy	海军蓝		
White	白	Green	绿	Blue	蓝		
Red	红	Lime	酸橙	Teal	水鸭绿		

颜色名便于记忆，容易使用，只需要放到任意颜色相关属性的属性值处即可。例如：

```
color: silver;
```

但它能表示的颜色数量有限，不可能为所有的颜色都指定一个名称。详细代码如下所示。

【示例】ch3/示例/textcolor.htm

```
<!DOCTYPE html>
<HTML>
<HEAD>
<TITLE>文字的颜色</TITLE>
 <style>
   .white{  color:white; }
   .red{  color:red; }
   .purple{  color:purple; }
   .teal{  color:teal; }
   .orange{  color:orange; }
   .blue{  color:blue; }
   .yellow{  color:yellow; }
 </style>
</HEAD>
<BODY bgcolor="#000080">
  <p class="white">色彩斑斓的世界</p>
  <p class="red">色彩斑斓的世界</p>
  <p class="purple">色彩斑斓的世界</p>
  <p class="teal">色彩斑斓的世界</p>
  <p class="orange">色彩斑斓的世界</p>
  <p class="blue">色彩斑斓的世界</p>
  <p class="yellow">色彩斑斓的世界</p>
</BODY>
</HTML>
```

2. RGB（red,green,blue）函数

RGB 函数利用红、绿、蓝三原色混合原理，每种颜色的色阶范围是[0，255]，具体设置如表 3-3 所示。

表 3-3　　三原色设置

	表示颜色	值范围	百分数
R	红色值	0～255	0%～100%
G	绿色值	0～255	0%～100%
B	蓝色值	0～255	0%～100%

例如 RGB（255,0,0），红色值为 255，即红色的最大值；绿色值为 0；蓝色值为 0，混合出来的颜色就是红色。

另外一种不太常用的方法就是用百分比来表示每种颜色值。例如 RGB（100%,0,0）也可以表示红色。示例中分别用数值和百分比作为 RGB 函数的参数来设置前景色和背景色。

【示例】ch3/示例/ rgbcolor.html

```
<!DOCTYPE html>
<html>
<head>
<title>RGB</title>
   <style>
     .foreground{  color:rgb(255,0,0); }
     .background{  background-color:rgb(128,128,128); }
```

```
        .percent-color{  background-color:rgb(50%,50%,50%); }
    </style>
</head>
<body>
  <ul>
    <li class="foreground">红色的文字</li>
    <li class="background">灰色的背景</li>
    <li class="percent-color">能看到此行背景说明你的浏览器支持 RGB 记法使用百分数值</li>
</ul>
</body>
</html>
```

RGB()函数使用效果如图 3-10 所示。

图 3-10 RGB()函数效果图

3. 十六进制的颜色值

6 位的十六进制颜色值，也利用了三原色的混合原理。例如#FFFF00，其中前两位 FF 表示红色最大值，中间两位 FF 表示绿色最大值，后面两位 00 表示蓝色值，这样混合出来的是黄色。

如果颜色值恰好是三对两位数表示，可以把每对数缩成一位，也就是把红、绿、蓝分成[0,15]个色阶，这样使用 3 位十六进制数即可。例如#FF0，分别用一位十六进制数表示颜色，也可以表示黄色。

十六进制的 RGB 值必须要用#做前缀。

4. RGBA（red,green,blue,alpha）

前三个参数与 RGB 函数相似，alpha 参数用于指定该颜色的透明度，可以是 0～1 的任意数，0 表示完全透明。效果如图 3-11 所示。

【示例】ch3/示例/ rgba.html

```
<!DOCTYPE html>
<html lang="zh-cmn-Hans">
<head>
  <meta charset="utf-8" />
  <title>RGBA</title>
  <style>
    .test {  background: rgba(255, 0, 0, 0.3);  }
  </style>
</head>
<body>
   <div class="test">此行的背景色为 30%透明度的红色</div>
</body>
```

```
</html>
```

在本例中，将.test 部分背景色设为红色，透明度 30%，效果如图 3-11 所示。

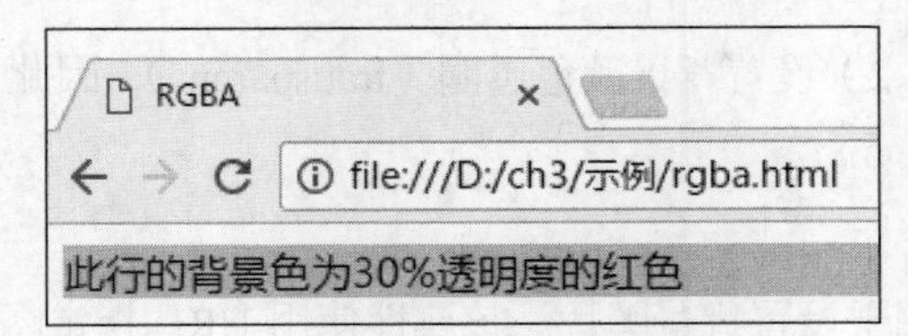

图 3-11　透明度效果图

IE6.0～8.0 不支持使用 RGBA 模式实现透明度。

3.6.2　背景

可以给任何(X)HTML 元素指定前景色和背景色。通过 CSS 背景属性的设置，可以为 HTML 元素指定背景颜色及背景图片，可以设置背景图片的各种显示方式，另外 CSS3 还新增了多背景图片支持。

1. 前景色

元素的前景由文本和边框（如果已经指定的话）组成，使用 color 属性指定前景色。例如：

```
h1{  color:red;}
```

表示 h1 标签的文字为红色。

color 属性适用于所有元素，可以继承。

2. 背景色

用 background-color 来设置背景色。如果同时设置了背景色和背景图片，则背景图片将覆盖背景色。详细代码如下所示。

【示例】ch3/示例/ bgcolor.html

```
<!DOCTYPE html>
<html>
<head>
<style>
 body {  background-color: yellow; }
 h1 {  background-color: #00ff00; }
 h2 {  background-color: transparent; }
 p {  background-color: rgb(250,0,255); }
 p.no2 {  background-color: gray;  padding: 20px;}
</style>
</head>
<body>
  <h1>这是标题 1</h1>
  <h2>这是标题 2</h2>
  <p>这是段落</p>
```

```
  <p class="no2">这个段落设置了内边距。</p>
</body>
</html>
```

本例中，h2 部分（标题 2）设置背景颜色透明（transparent），因此 h2 部分背景色显示为 body 的背景色黄色。

3. 背景图片

background-image 属性用于设置背景图片。该属性使用 URL 指定图片地址，可以是相对地址或绝对地址。由于网站在部署时会改变存放位置，建议使用相对地址。

【示例】ch3/示例/ background_image.html

```
<!DOCTYPE html>
<HTML>
 <HEAD>
  <TITLE>背景图片</TITLE>
  <style>
   body{  background-image: url(images/back1.png); }
   blockquote{  background-image: url(images/back2.png);
              padding: 2em;
              border: 4px dashed;
             }
  </style>
 </HEAD>
 <BODY>
  <p>If we cut vertically ……almost ad infinitum.  </p>
  <blockquote>Should the soil be a…… in early spring.  </blockquote>
 </BODY>
</HTML>
```

在选择背景图片时，希望背景图片文件尽可能小。使用一个简单的图片，不要干扰文本的清晰度，并选择一个与背景主色调相配的 background-color 属性值。

在本例中将 body 和 blockquote 分别设置了背景图片，如图 3-12 所示。

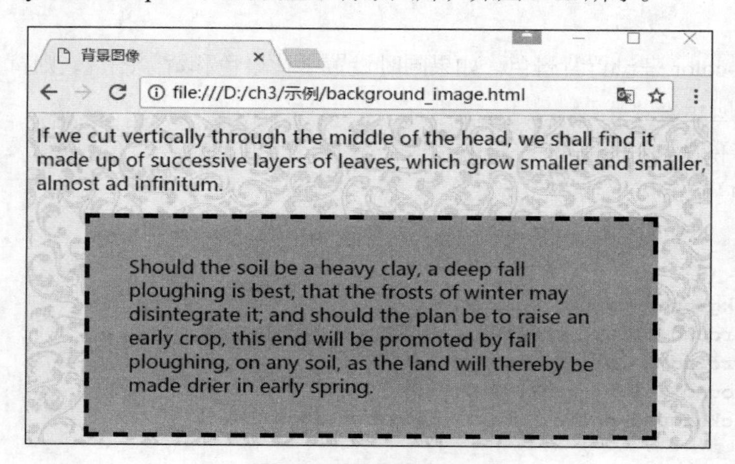

图 3-12　背景图片设置

如果同时设置了背景色和背景图片，则背景图片将覆盖背景色；URL 是图片相对 (X)HTML 文档的位置，而不是相对样式表的位置。

4. 背景图片拼贴

background-repeat 属性用于设置对象的背景图片是否平铺。在指定该属性前，必须先指定 background-image 属性。background-repeat 属性有 repeat、repeat-x、repeat-y 和 no-repeat 四个属性值。

- repeat：默认值，表示 x、y 方向均重复显示图片。
- repeat-x：表示仅 x 方向重复显示图片。
- repeat-y：表示仅 y 方向重复显示图片。
- no-repeat：图片只显示一次，x、y 方向均不重复显示图片。

在示例 background_repeat1.html 中，body 的背景图片只显示一次，而 blockquote 部分的图片为默认值，双方向重复。CSS 部分代码如下所示。

【示例】ch3/示例/ background_repeat1.html

```
<style>
    body{  background-image: url(images/back1.gif);
           background-repeat: no-repeat;
            padding: 4em;
          }
    blockquote{  background-image: url(images/back2.gif);
         padding: 2em;
        border: 4px dashed;
      }
  </style>
```

ch3/示例/background_repeat2.html 和 ch3/示例/ background_repeat3.html 分别展示了背景图片沿 x 方向重复和沿 y 方向重复。

5. 背景位置

background-position 属性用来指定背景中图的位置。它采用键值 left、center、right、top、bottom 和 center 来定义原图相对元素边缘的位置。可以使用长度计量法和百分比值法来作为属性值的单位，指定与元素左上角位置的距离。该属性使用灵活，可能的取值很多，如表 3-4 所示。

表 3-4　背景位置取值

<table>
<tr><th colspan="2">值</th><th>解释</th></tr>
<tr><td>left top</td><td>center top</td><td rowspan="5">如果用户仅规定了一个关键词，那么第二个值将是"center"
默认值：0% 0%</td></tr>
<tr><td>right top</td><td>left center</td></tr>
<tr><td>center center</td><td>right center</td></tr>
<tr><td>left bottom</td><td>center bottom</td></tr>
<tr><td>right　bottom</td><td></td></tr>
<tr><td colspan="2">x% y%</td><td>分别指水平位置和垂直位置
左上角用 0% 0%表示；右下角用 100% 100%表示
如果仅规定一个值，另一个值是 50%</td></tr>
<tr><td colspan="2">xpos ypos</td><td>分别指水平位置和垂直位置
左上角是 0 0，单位是像素（0px 0px）或任何其他的 CSS 单位
如果仅规定一个值，另一个值将是 50%，可以混合使用%和 position 值</td></tr>
</table>

示例 background_position1.html 将图片 back1.gif 放置在页面左下角。CSS 代码如下。

【示例】ch3/示例/ background_position1.html

```
<style>
    body{  background-image: url(images/back1.gif);
```

```
            background-position: left bottom;
            background-repeat: no-repeat;
            padding: 4em;
        }
</style>
```

效果如图 3-13 所示。

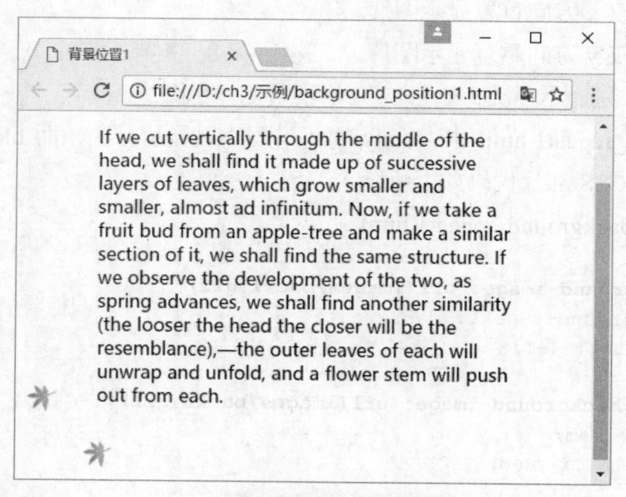

图 3-13　背景位置效果图

示例 background_position2.html 将图片放置在页面右边中间部分。CSS 代码如下。

【示例】ch3/示例/ background_position2.html

```
<style>
    body{  background-image: url(images/back1.gif);
           background-position: right center;
           background-repeat: no-repeat;
           padding: 4em;}
</style>
```

6. 背景附加方式

background-attachment 属性设置背景图片是否固定或者随着页面的其余部分滚动，所有浏览器都支持该属性。

- scroll：默认值。背景图片会随着页面其余部分的滚动而移动。
- fixed：当页面的其余部分滚动时，背景图片不会移动。
- Inherit：规定应该从父元素继承 background-attachment 属性的设置。

示例 background_attachment2.html 设置背景图片不随页面滚动，CSS 代码如下。

【示例】ch3/示例/ background_attachment2.html

```
<style>
   body{  background-image: url(images/back3.jpg);
   padding: 4em;
   background-attachment: fixed;}
 </style>
```

7. 快捷背景属性

使用快捷的 background 属性在一个声明里指定所有的背景样式。可以通过此属性一次性设置 background-color 、background-position 、background-size 、background-repeat 、background-origin 、 background-clip、background-attachment、background-image 等属性。如果不设置其中的某些值，也不会出现问题。

在示例 background.html 中利用快捷属性为 h1 和 h2 设置背景图片、背景颜色。完整代码如下。

【示例】ch3/示例/ background.html

```
<!DOCTYPE HTML>
<HTML>
 <HEAD>
  <TITLE>背景附加方式</TITLE>
  <style>
    h1,h2{
          background: rgba(255,0,0,0.3) url(images/back5.gif) repeat-x;
          padding-top:40px;
          }
    h2{  background: yellow;}
  </style>
 </HEAD>
<BODY>
    <h1>我是 H1</h1>
    <h2>我是第一个 H2</h2>
    <h2>我是第二个 H2</h2>
  </BODY>
</HTML>
```

语句 h2{background: yellow;}中，h2 的背景色设置将背景图片覆盖。效果如图 3-14 所示。

我是H1

我是第一个H2

我是第二个H2

图 3-14　背景快捷方式效果图

3.6.3　动手实践

学习完前面的内容，下面来动手实践一下吧。

结合给出的素材，运用本章所学的选择器、文本、背景等知识点实现图 3-15 所示的页面。

难点分析：

- 仔细观察图 3-15 所示的效果，判断哪些页面元素格式相同，应使用 class 选择器，哪些页面元素独立，使用 id 选择器；
- 利用 table 或 ul 进行整体页面布局。

图 3-15　再别康桥效果

项目七　成长故事 2——CSS 属性设置

本项目的目的是为了加深读者对 CSS 字体、文本和背景属性的理解。

【项目目标】

- 熟悉样式表规则的定义方法及书写格式。
- 能够熟练地编写样式规则并应用于文档。
- 熟悉有关字体和文本属性的使用。

【项目内容】

正确使用字体、文本和颜色属性编写 CSS 规则，以不同方式附加到文档中，完成成长故事页面的样式设置。

- 练习 CSS 的样式规则。
- 练习引入 CSS 样式表的三种常用方法。
- 练习 CSS 基础选择器的使用。
- 练习 CSS 文本、字体和背景等相关属性。

【项目步骤】

项目七中素材文件夹中的 growthStory1.html 文件是项目六的结果文件，将其另存为 growthStory2.html，完成下面样式表的设置，效果如项目图 7-1 所示。

1. 设置第一部分

利用外链 CSS 文件方式，在 CSS 文件夹中新建 news.css 文件，将以下样式规则写在该文件中。

使用标签选择器 h1：将第一部分格式设置为字体大小 28px；字体颜色为#333；字体为微软雅黑（"Microsoft YaHei"）；正常粗细（font-weight）。

2. 设置第二部分

以链入内部 CSS 方式，在<head></head>加入<style>…</style>。

定义 ID 选择器#subhead：文字大小设置为 small；斜体；颜色为#444；正常粗细；外边距为 5px（代码如下所示，该知识点将在第 5 章介绍）。

```
margin:5px;
```

3. 设置第三部分

以链入内部 CSS 方式，定义标签选择器 hr：设置 hr 元素的背景色为#aaa；宽度为 600px；高度为 1px；左对齐；边框为 none。

```
background-color:#aaa; height:1px; width:600px; align:left; border:none;
```

4. 设置第四部分、第五部分、第六部分

以链入内部 CSS 方式，定义类选择器 art 来设置第四、五部分样式，定义 ID 选择器 note 设置第六部分样式，它们具有相同的样式：宽度为 600px；颜色为#333；字体大小为 14px；段落首行缩进两个汉字（text-indent:2em）。

```
.art,#note{   width:600px;color:#333;font-size:14px;text-indent:2em;  }
```

5. 设置结尾的最后一段文字（“回响……阿凡达”）

以链入内部 CSS 方式，定义 ID 选择器 color，设置样式：宽为 600px；文本缩进 2em；颜色为#ff6600；字体大小为 14px；字体为微软雅黑。

6. 设置 h3 元素属性

以链入内部 CSS 方式，定义元素选择器：设置无首行缩进；使用 em 计量来设定 h3 元素为 body 元素文本尺寸的 1 倍半，即设定 font-size 属性值为 150%，代码如下：

```
h3 {  font-size: 1.5em;  }
```

或

```
h3 {  font-size: 150%; }
```

7. 设置英文标题部分

以链入内部 CSS 方式，定义 ID 选择器 e-header，设置：字体大小为 0.8em；字体颜色为栗色（maroon）；small-caps 样式，即：font-variant:small-caps。

效果如项目图 7-1 所示。

项目图 7-1 CSS 效果图

习题

1. 下列关于 CSS 的说法错误的是（　　）。

A. CSS 的全称是 Cascading Style Sheets，中文的意思是“层叠样式表”。

B. CSS 的作用是精确定义页面中各元素以及页面的整体样式。

C. CSS 样式不仅可以控制大多数传统的文本格式属性，还可以定义一些特殊的 HTML 属性。

D. 使用 Dreamweaver 只能可视化创建 CSS 样式，无法以源代码方式对其进行编辑。

2. 下面关于 CSS 样式的说明中，其中（　　）不是 CSS 的优势。

A. Web 页面样式与结构分离　　B. 页面下载时间更快

C. 轻松创建及编辑　　D. 使用 CSS 增加了维护成本

3. 在以下的 HTML 中，（　　）是正确引用外部样式表的方法。

A. <style src="mystyle.css">

B. <link rel="stylesheet" type="text/css" href="mystyle.css">

C. <stylesheet>mystyle.css</stylesheet>

D. <a href="mystyle.css"></a>

4. 下列（　　）是 CSS 正确的语法构成。

A. body:color=black　　B. {body;color:black}

C. body {color: black;}　　D. {body:color=black(body}

5. 在 CSS 中，下列（　　）项选择器的写法是错误的。

A. #p { color:#000;}　　B. _p { color:#000;}

C. .p { color:#000;}　　D. p { color:#000;}

6. 如果要使用 CSS 将文本样式定义为粗体，需要设置（　　）文本属性。

A. font-family　　B. font-style　　C. font-weight　　D. font-size

7. 下列 CSS（　　）属性可以更改字体大小。

A. text-size　　B. font-size　　C. text-style　　D. font-style

8. （　　）可以设置英文首字母大写。

A. text-transform:uppercase　　B. text-transform:capitalize

C. 样式表做不到　　D. text-decoration:none

9. （　　）可以去掉文本超级链接的下划线。

A. a {text-decoration:no underline}　　B. a {underline:none}

C. a {decoration:no underline}　　D. a {text-decoration:none}

10. 下列 CSS 语句功能是将前景色设为白色，（　　）表述是错误的。

A. p { color: #fff; }　　B. p { color: white; }

C. p { color: rgb(255,255,255); }　　D. p { color:rgb(0,0,0); }

04

第4章　复杂选择器和优先级

学习要求

- 理解和掌握复杂选择器的使用，并能够灵活运用。
- 理解继承和层叠的含义和规则。
- 理解优先级的含义，并能够通过优先级规则解决 CSS 层叠引起的样式冲突。

动手实践

- 灵活运用基本选择器。
- 灵活运用伪类选择器和层次选择器。
- 通过实例，深刻理解继承、层叠和优先级的概念及含义。

项目

- 项目八　代表作品泰坦尼克号 1——复杂选择器和优先级。

完成网站中泰坦尼克页面的部分工作，尝试灵活使用复杂选择器来设置CSS，注意对层叠样式表产生冲突的处理。

在书写样式表时，可以使用 CSS 基本选择器选择元素。但在实际网站开发中，网页中包括诸多元素，每个元素又有诸多样式设置需求，仅用基本选择器无法准确地选择元素定义页面样式。为此在本章将继续对更为复杂的选择器进行讲解。

当同一个元素被多个规则指定样式时，这些样式规则就会产生冲突。选择器的优先级就是用来解决样式冲突的方法。元素最终的样式由优先级最高的选择器决定。本章还将介绍样式的优先级。

4.1　复杂选择器

CSS 的功能十分强大，它能在短短的时间内改变整个网站的风格，而不必改变 HTML 文档的结构。CSS 复杂选择器的功能是准确地选择要设置样式的元素，包括层次选择器、属性选择器和伪类选择器。

4.1.1 层次选择器

由两个或多个基础选择器通过不同的组合方式形成层次选择器。

1. element element

element element 称为后代选择器或包含选择器，其中包括两个或多个用空格分隔的选择器，空格是一种结合符（combinator）。每个空格结合符可以解释为“……在……找到”。后代选择器适用于依据元素在其位置的上下文关系来定义样式，可以使标签更加简洁。

例如希望只将 h2 中的 strong 元素设置为蓝色显示，h2 和其他 strong 内容均为红色显示。完整代码如下所示。

【示例】ch4/示例/descendant_selector.html

```
<!DOCTYPE html>
<html>
<head>
    <style>
      strong {  color: red;    }
      h2 {  color: red; }
      h2 strong {  color: blue;   }
    </style>
</head>
<body>
    <p>The strongly emphasized word in this paragraph is
         <strong>red</strong>.</p>
    <h2>This subhead is also red.</h2>
    <h2>The strongly emphasized word in this subhead is
         <strong>blue</strong>.</h2>
</body>
</html>
```

h2 strong 选择器可以解释为“作为 h2 元素后代的任何 strong 元素”。有关后代选择器有一个易被忽视的方面，即两个元素之间的层次间隔可以是无限的。

```
<ul>
    <li>List item 1
        <ol>
         <li>List item </li>
         <li>List item 1-2
             <ol> <li>List item 1-2-1</li>
                    <li>List item
                           <em>1-2-2<em>red? </em></em>
                    </li>
                    <li>List item 1-2-3</li>
             </ol>
        </li>
      <li>List item 1-3</li>
    </ol>
    </li>
    <li>List item 2</li>
</ul>
```

例如，依据上述 HTML 代码，可将其结构用图 4-1 所示的结构树表示。

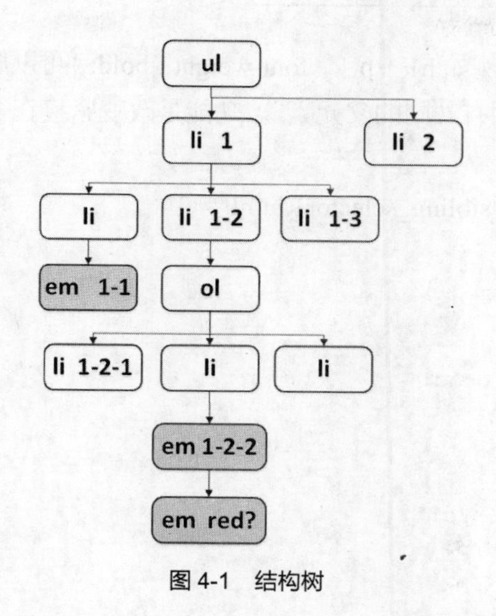

图 4-1　结构树

使用后代选择器，CSS 代码如下：

```
ul em {  color : red ; }
```

其功能就是选择从 ul 元素继承的所有 em 元素，而不管 em 的嵌套层次多深。因此在图 4-1 中 3 个带阴影的 em 均被设置为红色。

2. element > element

element>element 称为子代选择器（Child selector），子代选择器使用大于号（>）表示。它适用于选择某个元素的子元素，例如 h1 > strong { color : red ; }可以解释为“选择作为 h1 元素子元素的所有 strong 元素”。如在下面的 HTML 代码中，只有第一行的“very very”是红色的，第二行中 strong 标签的内容仍然保持黑色。

【示例】ch4/示例/ child_selector.html

```
<!DOCTYPE html>
<html>
<head>
 <style>
   h1>strong {  color:red;}
 </style>
</head>
<body>
 <h1>This is <strong>very</strong> <strong>very</strong>  important. <h1>
 <h1>This is <em> really <strong> very </strong> </em> important.</h1>
</body>
</html>
```

如果 CSS 代码为 li>em{ color:red }，在图 4-1 所示的 HTML 结构树下，哪些内容变为红色呢？

答案：“1-2-2”和“1-1”被设置为红色，而内容“red”则保持不变。这就是子代选择器与后代选择器的不同。

3. element+element

element+element 是相邻兄弟选择器，使用加号（+）表示。它适用于选择紧接在另一元素后的元素，且二者有相同的父元素。例如 h1 + p {　font-weight : bold; }可以解释为“选择紧接在 h1 元素后出现的 p 段落，h1 和 p 元素拥有共同的父元素”。功能是改变紧接在 h1 元素后出现的段落为粗体。详细代码如下。

【示例】ch4/示例/adjacent_sibling_selector1.html

```
<!DOCTYPE html>
<html>
<head>
<style>
 h1 + p {  font-weight:bold;}
</style>
</head>
<body>
 <h1>This is a heading.</h1>
 <p>This is paragraph.</p>
 <p>This is paragraph.</p>
 <p>This is paragraph.</p>
 <p>This is paragraph.</p>
 <p>This is paragraph.</p>
</body>
</html>
```

4. element#id element.class

标签与 ID 组合、标签与类组合又称为交集选择器，是由两个选择器直接连接构成，结果是二者各自元素范围的交集。交集选择器由两部分组成，其中第 1 个是标签选择器，第 2 个是类选择器或者 ID 选择器，之间不能有空格。如在 intersection.html 示例中使用 div.al，详细代码如下。

【示例】ch4/示例/intersection.html

```
<!DOCTYPE html>
<html>
<head>
 <style>
   div{  border-style:solid;
          border-width:8px;
          border-color:blue;
          margin:20px;
       }
   div.al{  border-color:green;
             background:#ccc;
          }
    .al{  border-style:dashed;  }
  </style>
</head>
<body>
  <div>普通效果</div>
  <div class="al">交集选择器效果</div>
  <p class="al">类选择器效果</p>
</body>
</html>
```

交集部分的显示效果是 8px 粗、绿色、虚线边框、浅灰色背景，效果如图 4-2 所示。

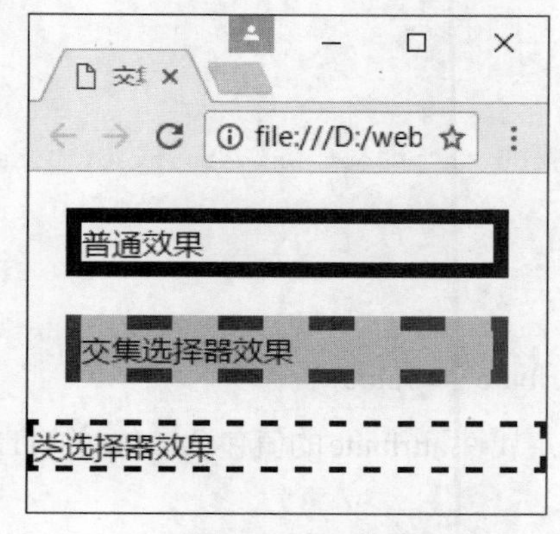

图 4-2　效果图

4.1.2　属性选择器

属性选择器可以根据元素的属性及属性值来选择元素。

1. [attribute]

该属性选择器可以为拥有指定属性的 HTML 元素设置样式，而不仅仅限于 class 和 id 属性。

```
a[href]{  color:red}
```

将带有 href 属性的<a>元素设置为红色前景色，代码如下所示。

【示例】 ch4/示例/attribute_selector1.html

```
<!DOCTYPE html>
<html>
<head>
<style>
    a[href]{  color:red;   }
</style>
</head>
<body>
  <h1>可以应用样式：</h1>
  <a href="http://w3school.com.cn">W3School</a>
  <hr />
  <h1>无法应用样式：</h1>
  <a name="w3school">W3School</a>
</body>
</html>
```

2. [attribute=value]

选择属性 attribute 值为 value 元素，并设置样式。

```
[href="http://www.ujn.edu.cn"]
```

选择 href="http://www.ujn.edu.cn"的所有元素，代码如下所示。

【示例】 ch4/示例/attribute_selector2.html

```
<!DOCTYPE html>
<html>
<head>
<style>
    a[href="http://www.ujn.edu.cn"]{  color: red;    }
</style>
```

```
</head>
<body>
  <h1>可以应用样式：</h1>
  <a href="http://www.ujn.edu.cn">About University of Jinan</a>
  <hr />
  <h1>无法应用样式：</h1>
</body>
</html>
```

3. [attribute*=value] 或 [attribute~=value]

该属性选择器的含义是为指定属性 attribute 的值包含 value 的 HTML 元素设置样式。前者是 CSS3 的规则，而后者是 CSS2 的规则。

```
[title*=Jinan]
```

选择 title 属性值中包含字符串 "Jinan" 的所有元素，示例中使用 CSS3 规则，代码如下所示。

【示例】ch4/示例/attribute_selector3.html

```
<!DOCTYPE html>
<html>
<head>
<style>
    [title*=Jinan]{  color: red;  }
</style>
</head>
 <body>
  <h1>可以应用样式：</h1>
  <a href=" http://www.ujn.edu.cn " title="Jinan">W3School</a>
  <hr />
  <h1>无法应用样式：</h1>
</body>
</html>
```

4. [attribute^=value]或[attribute|=value]

该属性选择器的含义是为指定属性 attribute 的值等于 value 或以 value 开头的 HTML 元素设置样式。前者是 CSS3 的规则，而后者是 CSS2 的规则。

```
[lang^="en"]
```

选择 lang 属性值以 "en" 开头的所有元素。示例中使用 CSS3 规则，代码如下所示。

【示例】ch4/示例/attribute_selector4.html

```
<!DOCTYPE html>
<html>
<head>
<style>
     *[lang^="en"] {  color: blue; }
</style>
</head>
<body>
  <h1>可以应用样式：</h1>
  <p lang="en">Hello!</p>
  <p lang="en-us">Greetings!</p>
  <p lang="en-au">G'day!</p>
  <hr />
  <h1>无法应用样式：</h1>
  <p lang="fr">Bonjour!</p>
```

```
  <p lang="cy-en">Jrooana!</p>
</body>
</html>
```

上面这个规则会选择 lang 属性等于 en 或以 en-开头的所有元素。因此，以上示例标签中的前三个元素将被选中，而不会选择后两个元素。

5. [attribute$=value]

选择属性 attribute 值为 value 或以 value 结尾的元素，并设置样式。

```
[href$=".docx"]
```

选择 href 属性值以".docx"结尾的所有元素，代码如下所示。

【示例】ch4/示例/ attribute_selector5.html

```
<!DOCTYPE html>
<html>
<head>
<style>
  a[href$=".docx"] {  color: red;   }
</style>
</head>
<body>
  <h1>可以应用样式：</h1>
  <a href="1.docx">下载：1.docx</a>
  <a href="test.docx">下载：test.docx</a>
  <hr />
  <h1>无法应用样式：</h1>
 <a href="test.txt">下载：test.txt</a>
</body>
</html>
```

上面这个规则会选择 href 属性为.docx 或以.docx 结尾的所有元素。因此，以上示例标签中的前两个 a 元素将被选中，而不会选择最后的一个 a 元素。

4.1.3 伪类选择器

伪类选择器可用来添加一些特殊效果，对大小写不敏感。CSS3 新增了很多伪类选择器，这里不再一一赘述，只选择最常用的链接伪类选择器和伪元素选择器来讲解。

1. 链接伪类选择器

在 CSS 中，可以为每一种状态的链接应用样式，只需通过链接伪类选择器进行设置。伪类用冒号表示，主要有下列 4 种：

- a:link　　应用样式到未单击的链接；
- a:visited　应用样式到已单击的链接；
- a:hover　　当鼠标悬停在链接上时应用该样式；
- a:active　鼠标键按下之后应用该样式。

在下面的示例中，链接访问前和访问后：字色为灰色，无下划线；鼠标悬停时：字色为蓝色，有下划线；按下鼠标时文本呈现粗体、斜体。代码如下所示。

【示例】ch4/示例/pseudo1.html

```
<!DOCTYPE html>
```

```
<html>
<head>
<meta charset="utf-8">
<title>链接伪类</title>
<style>
  a:link,a:visited{                    /*未访问和访问后*/
   color:#999;
   text-decoration:none;               /*清除超链接默认的下划线*/
  }
  a:hover{                             /*鼠标悬停*/
   color:blue;
   text-decoration:underline;          /*鼠标悬停时出现下划线*/
  }
  a:active{                            /*鼠标按下时*/
   font-weight:bold;font-style:italic;
  }
</style>
</head>
<body>
  <a href="#">公司首页</a>
  <a href="#">公司简介</a>
  <a href="#">产品介绍</a>
  <a href="#">联系我们</a>
</body>
</html>
```

效果如图 4-3 所示。

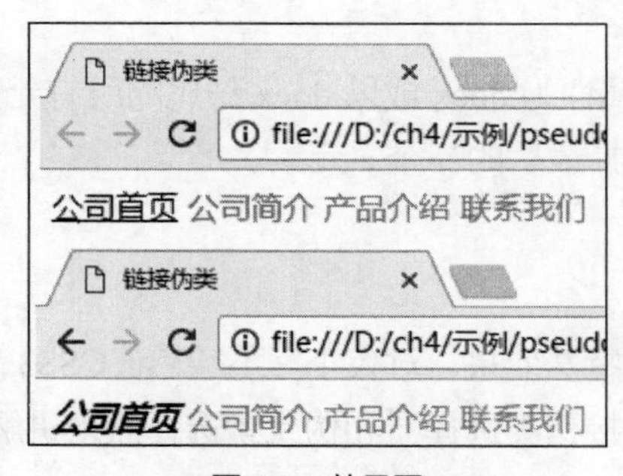

图 4-3　效果图

如果想在同一个样式表中使用 4 个链接伪类，需要以准确的顺序出现：

- a:hover 必须被置于 a:link 和 a:visited 之后，才是有效的；
- a:active 必须被置于 a:hover 之后，才是有效的。

2. 伪元素选择器

伪元素选择器有很多，本书只讲解部分常用的伪元素选择器，其他的请自行查阅学习。

（1）:first-line

:first-line 又称为首行伪元素，该选择器在特定元素的首行应用样式规则，能应用的属性有 color、font、background、word-spacing、letter-spacing、text-decoration、vertical-align、text-transform、line-height。

代码如下。

【示例】ch4/示例/firstline.html

```
<!DOCTYPE html>
<html>
<head>
<title>伪元素选择器 firstline</title>
<style>
  p:first-line
  {
    color: #ff0000;
    font-variant: small-caps;
  }
</style>
</head>
<body>
  <p>You can use the :first-line pseudo-element to add a special effect to the first line
of a text!</p>
</body>
</html>
```

（2）:first-letter

:first-letter 又称为首字母伪元素，该选择器在特定元素的首字母应用样式规则，能应用的属性有 color、font、text-decoration、text-transform、vertical-align、background、margin、padding、border、float、word-spacing、letter-spacing。代码如下所示。

【示例】ch4/示例/firstletter.html

```
<!DOCTYPE html>
<html>
<head>
<title>伪元素选择器 firstletter</title>
<style>
  p:first-letter{
    color: #ff0000;
    font-size:xx-large;
  }
</style>
</head>
<body>
  <p>You can use the :first-letter pseudo-element to add a special effect to the first
letter of a text!</p>
</body>
</html>
```

（3）:before

:before 伪元素选择器用于在被选元素的内容前面插入内容。下面代码“{ }”中的 content 属性用于指定要插入的具体内容，该内容既可以是文本也可以是图片。其基本语法格式如下：

```
<元素>:before
{  content:文字/url();  }
```

注意

如果没有设置 content 属性，不管其他属性如何设置，:before 将不会显示。

【示例】ch4/示例/before.html

```
<!DOCTYPE html>
<html>
<head>
<title>伪元素选择器 before</title>
<style>
  h1:before {  content:url(images/heart.png)}
</style>
</head>
<body>
  <h1>This is a heading</h1>
  <p>The :before pseudo-element inserts content before an element.</p>
  <h1>This is a heading</h1>
  <p><b>注释：</b>如果已规定 !DOCTYPE，那么 Internet Explorer 8 （以及更高版本）支持 content 属性。
</body>
</html>
```

本例中，在 h1 标签前添加心形图片，效果如图 4-4 所示。

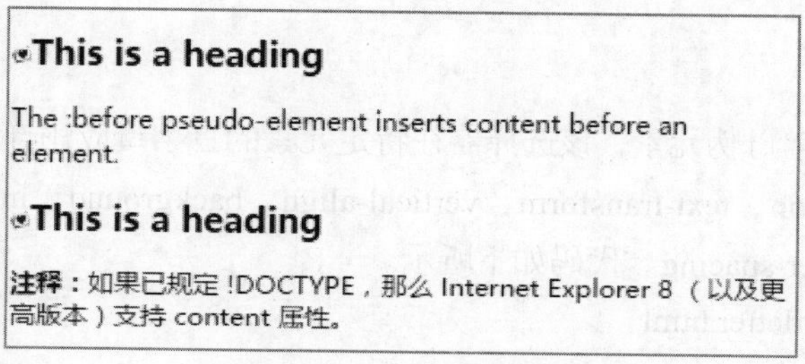

This is a heading

The :before pseudo-element inserts content before an element.

This is a heading

注释：如果已规定 !DOCTYPE，那么 Internet Explorer 8 （以及更高版本）支持 content 属性。

图 4-4　:before 选择器效果图

（4）:after

:after 伪元素选择器用于在某个元素之后插入一些内容，其使用方法与:before 选择器相同。ch4/示例/after.html 在 h1 标签后插入心形图片，代码如下所示。

【示例】ch4/示例/after.html

```
<!DOCTYPE html>
<html>
<head>
<title>伪元素选择器 after</title>
<style>
  h1:after {  content:url(images/heart.png)}
</style>
</head>
<body>
  <h1>This is a heading</h1>
  <p>The :after pseudo-element inserts content after  an element.</p>
  <h1>This is a heading</h1>
  <p><b>注释：</b>如果已规定 !DOCTYPE，那么 Internet Explorer 8 （以及更高版本）支持 content 属性。</p >
</body>
</html>
```

（5）:nth-child()选择器

:nth-child()选择器用来匹配属于其父元素的第 *n* 个子元素，*n* 可以是数字、关键字或公式。

【示例】ch4/示例/child1.html

```
<!DOCTYPE html>
<html>
<head>
<style>
 p:nth-child(2){  background:#ff0000;  }
</style>
</head>
<body>
  <h1>这是标题</h1>
  <p>第一个段落。</p>
  <p>第二个段落。</p>
  <div>
    <p>div 中的第一个段落。</p>
    <p>div 中的第二个段落。</p>
  </div>
 <p><b>注释：</b>Internet Explorer 不支持 :nth-child() 选择器。</p>
</body>
</html>
```

本例是设置属于其父元素的第二个子元素的每个 p 的背景色。有两个 p 元素都满足条件，一个是父元素 body 中的第二个元素 p，另一个是父元素 div 中的第二个元素 p。代码的运行效果如图 4-5 所示。

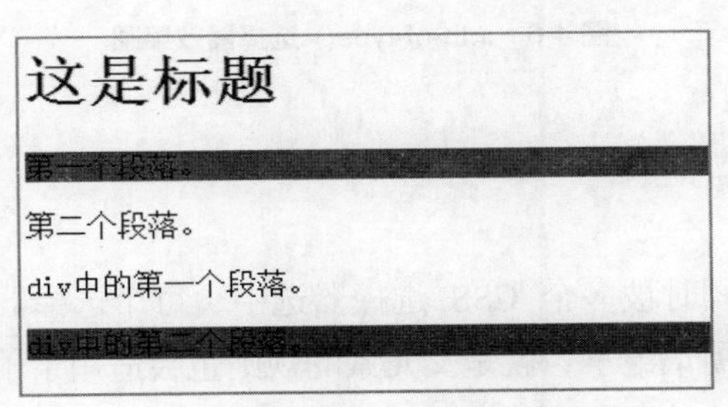

图 4-5　:nth-child() 选择器效果图

:nth-child() 选择器还可以使用 odd 和 even 两个关键字，它们可用于匹配下标是奇数或偶数的子元素的关键词（第一个子元素的下标是 1）。

```
p:nth-child(odd)  {  background:#ff0000;  }
p:nth-child(even)  {  background:#00ff00;  }
```

上面代码分别设置了奇数 p 元素背景色为红色，偶数 p 元素背景色为绿色。

（6）:nth-of-type() 选择器

:nth-of-type() 选择器匹配属于父元素的特定类型的第 ***n*** 个子元素的每个元素，***n*** 可以是数字、关键字或公式。

```
<!DOCTYPE html>
<html>
<head>
<style>
  p:nth-of-type(2)
    {  background:#ff0000; }
</style>
</head>
```

```
  <body>
    <h1>这是标题</h1>
    <p>第一个段落。</p>
    <p>第二个段落。</p>
    <div>
      <p>div 中的第一个段落。</p>
      <p>div 中的第二个段落。</p>
    </div>
  </body>
  </html>
```

本例的功能是设置其父元素的第二个 p 元素的每个 p 的背景色。有两个 p 元素都满足条件，一个是父元素 body 中的第二个 p 元素，另一个是父元素 div 中的第二个 p 元素。代码的运行效果如图 4-6 所示。

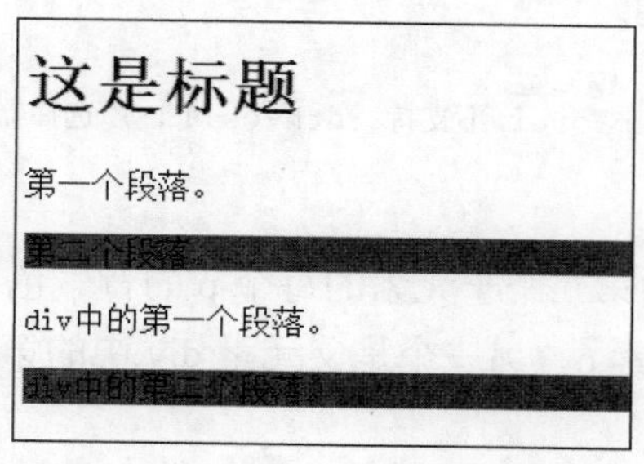

图 4-6　:nth-of-type() 选择器效果图

4.2　优先级

文档中的一个元素可能同时被多个 CSS 选择器选中，每个选择器都有一些 CSS 规则，这就是层叠；而所谓继承，就是父元素的规则也会适用于子元素。当多个选择器选中同一个标签，并且给同一个标签设置相同属性时就会产生冲突，如何应用最终的样式就由优先级来确定。

4.2.1　继承

CSS 的一个主要特征就是继承，它是依赖于祖先—后代的关系的，包含在指定元素中的所有元素都被称为后代。

继承是一种机制，它允许样式不仅可以应用于某个特定的元素，还可以应用于它的后代。要想了解 CSS 样式表的继承，先从文档树（HTML DOM）开始讲解。文档树由 HTML 元素组成。各个元素之间呈现“树”形关系，处于最上端的<html>标签被称为“根”，它是所有标签的源头，往下层层包含。在每一个分支中，上层标签为其下层标签的“父”标签，相应的下层标签为上层标签的“子”标签。如图 4-7 所示，<p>标签是<body>标签的子标签，同时它也是<em>的父标签。

文档树和家族树类似，也有祖先、后代、父亲、孩子和兄弟。CSS 样式表继承就是指特定的 CSS 属性向下传递到子孙后代元素。

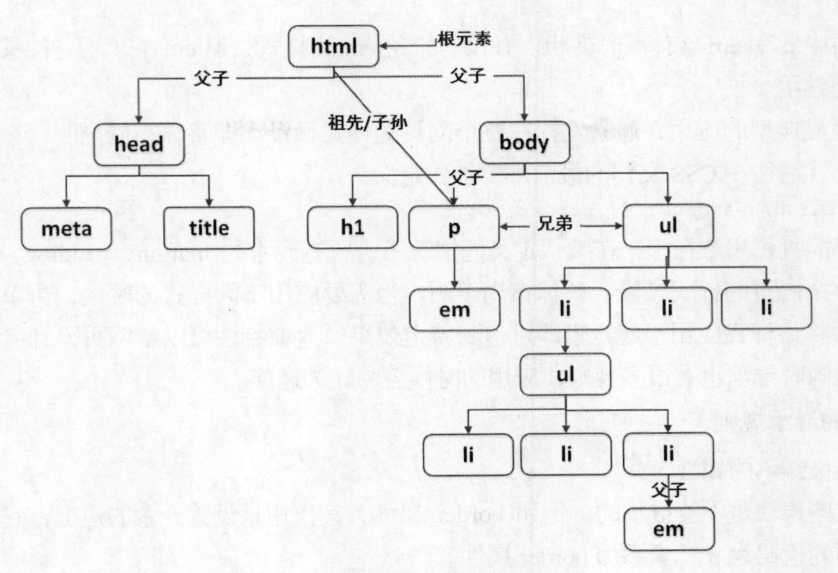

图 4-7　文档树

【示例】ch4/示例/inherit-1.html

```
<p>
  CSS 样式表<em>继承特性</em>的示例代码
</p>
```

em 是包含在 p 之内的。p、em 关系如图 4-8 所示。

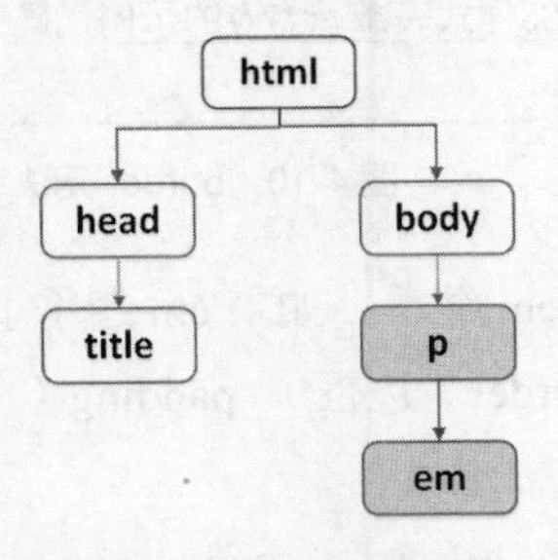

图 4-8　p 和 em 关系图

当给 p 指定了 CSS 样式时，em 会有什么变化呢？

```
<style>
  p { font-weight : bold; }
</style>
```

效果如图 4-9 所示。

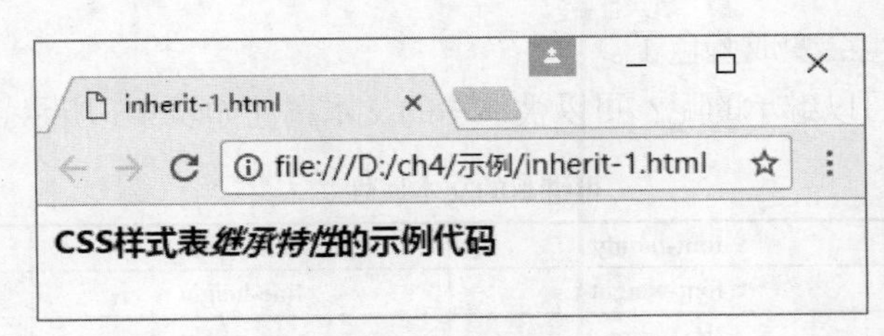

图 4-9　继承

在浏览器中 p 和 em 字体同时变粗。并没有指定 em 的样式，但 em 继承了它的父元素 p 的样式特性，这就是继承。

继承特性最典型的应用，通常发挥在整个网页的样式预设，即整体布局声明。在实际工作中，人们编写代码，往往在 CSS 文档的最前部，首先定义：

```
*{  margin: 0; padding: 0; border: 0; }
```

这些代码的真正用意在于，在默认定义的情况下，所有元素的 margin、padding、border 的值都为零，这是整个网页的样式预设、整体布局声明。当需要应用不同样式的时候，再单独对某元素进行定义，然后将该样式应用于此元素即可达到特定效果。这项特性可以给网页设计者提供更理想的发挥空间。但同时继承也有很多规则，应用的时候容易让人迷惑。

1. 属性的继承规则

（1）不能被继承的属性

首先，有些属性是不能继承的。例如 border 属性，其作用是设置元素的边框，它是没有继承性的。例如下面的代码为 p 元素添加 border 属性。

【示例】ch4/示例/inherit-2.html

```
p {  border: 1px solid red; }
```

效果如图 4-10 所示。

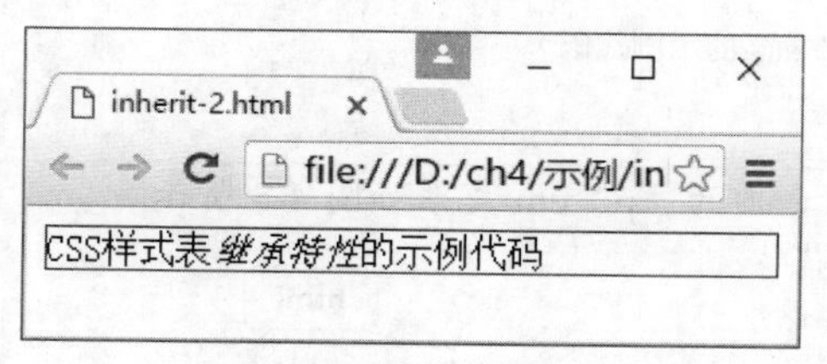

图 4-10 border 无法继承

p 元素的 border 属性没有被 em 继承，如果 em 继承了边框属性，那么文档看起来就会很奇怪。

多数边框类的属性，例如 border（边框）、padding（内边距）、margin（外边距）、背景等，都是没有继承性的。

（2）可以被继承的属性

在某些时候继承也会带来一些错误，例如下面这条 CSS 规则：

```
body{  color:blue}
```

这个规则定义了 body 中的文本颜色为蓝色。如果 body 中含有表格，在有些浏览器中这个定义会使除表格之外的文本都变成蓝色，而表格内部的文本颜色并不是蓝色。从技术上来说，这是不正确的，但是它确实存在。所以经常需要借助于某些技巧，例如将 CSS 定义成这样：

```
body,table,th,td{  color:blue}
```

这样表格内的文字也会变成蓝色了。

那么，哪些属性是可以继承的呢？可以被继承的文本属性如表 4-1 所示。

表 4–1　可继承的文本属性

font-style	font-family	font-size	font-variant
texttransform	font-weight	line-height	word-spacing
letter-spacing	text-align	text-indent	font

可以被继承的列表相关属性包括：list-style-image、list-style-position、list-style-type 和 list-style。

（3）有选择性的被继承的属性

值得一提的是 font-size，很显然 font-size 是可以被继承的，但是它的方式有一些特别。font-size 的子类继承的不是实际值，而是计算后的值。示例代码如下所示。

【示例】ch4/示例/inherit-3.html

```
<p>
字体大小属性<em>继承特性</em>的示例代码
</p>
```

为 p 定义字体大小为默认字体的 80%。

```
p {  font-size : 80%; }
```

如果 font-size 继承的是相对值，那么结果会怎么样呢？依照这样的逻辑，em 的 font-size 为 80%×80%=64%，但实际情况却不是如此。em 内的文字并没有改变大小，而是和 p 保持一致，如图 4-11 所示。

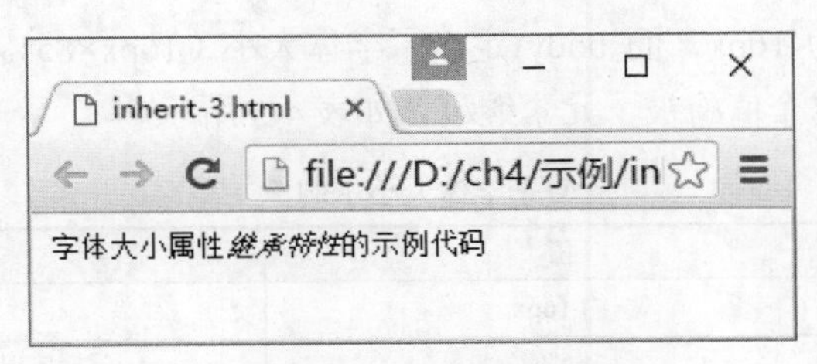

图 4-11　字体大小

2. 示例说明

（1）若有规则：p { font-size : 14px; }

由于浏览器默认字体大小是 16px，而 p 定义了字体 14px，所以 em 继承了 p 的字体大小属性，也是 14px，如表 4-2 所示。

表 4–2　字体大小示例 1

元素	值	计算后的值
默认字体大小	约 16px	
<body>	未指定	约 16px
<p>	14px	14px
<em>	未指定	继承值=14px

（2）若有规则：p { font-size : 85%; }

即将字号大小设为 font-size:85%，浏览器默认字体大小为 16px，而 p 定义了字体大小（16px×85%=13.6px），13.6px 这个值将被子元素 em 继承，如表 4-3 所示。

表 4–3　字体大小示例 2

元素	值	计算后的值
默认字体大小	约 16px	
<body>	未指定	约 16px
<p>	85%	16px×85%=13.6px
<em>	未指定	继承值=13.6px

（3）若有规则：p { font-size : 0.85em; }

浏览器默认字体大小 16px，而 p 定义了字体大小（16px×0.85em = 13.6px）. 13.6px 这个值将被子元素 em 继承，如表 4-4 所示。

表 4–4　　字体大小示例 3

元素	值	计算后的值
默认字体大小	约 16px	
<body>	未指定	约 16px
<p>	0.85em	16px×0.85em=13.6px
<em>	未指定	继承值=13.6px

上面的例子比较简单，再看个复杂一些的例子。

```
body {  font-size: 85%; }
h1 {  font-size: 200%; }
h2 {  font-size: 150%; }
```

浏览器默认字体大小为 16px，而 body 定义了字体大小（16px×85%=13.6px），如果子元素没有指定字体大小为 13.6px，这个值将被子元素继承，如表 4-5 所示。

表 4–5　　复杂字体大小示例

元素	值	计算后的值
默认字体大小	约 16px	
<body>	85%	16px×85%=13.6px
<h1>	200%	继承值=13.6px×200%=27.2px
<h2>	150%	继承值=13.6px×150%=20.4px
<p>	未指定	继承值=13.6px
<em>	未指定	继承值=13.6px

- 在 CSS 的继承中不仅仅是儿子可以继承，只要是后代都可以继承；
- 并不是所有的属性都可以继承，例如，a 标签的文字颜色和下划线是不能继承的，h 标签的文字大小是不能继承的。

4.2.2 层叠

我们知道文档中的一个元素可能同时被多个 CSS 选择器选中，每个选择器都有一些 CSS 规则，这就是 CSS 层叠。这些规则如果是不矛盾的，它们就会同时起作用，而有些规则是相互冲突的，来看下面这个示例。

【示例】ch4/示例/stackup.html

```
<!DOCTYPE html>
<html>
<head>
    <title>CSS 层叠</title>
    <style>
     h1 {  font-size : 12px; }
     body h1 {  font-size : 20px; }
    </style>
</head>
```

```
<body>
  <h1>层叠示例</h1>
</body>
</html>
```

效果如图 4-12 所示。

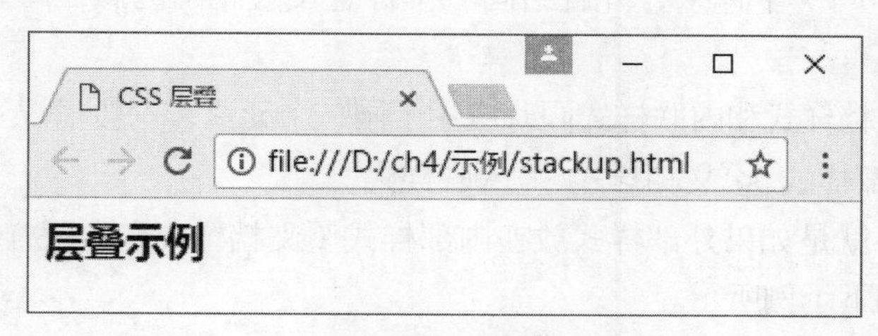

图 4-12　层叠

本例有两条样式规则都为 h1 设置了文本大小，最终显示大小为 20px。

因此需要为每条规则制定特殊性，当发生冲突的时候必须选出一条最高特殊性的规则来应用。CSS 规则的特殊性可以用 4 个整数来表示，例如 0，0，0，0，计算规则如下：

- 对于规则中的每个 ID 选择符，特殊性加 0，1，0，0；
- 对于规则中每个类选择符和属性选择符以及伪类，特殊性加 0，0，1，0；
- 对于规则中的每个元素名或者伪元素，特殊性加 0，0，0，1；
- 对于通配符，特殊性加 0，0，0，0；
- 对于内联规则，特殊性加 1，0，0，0。

最终得到的结果就是这个规则的特殊性。两个特殊性的比较类似字符串大小的比较，是从左往右依次比较，第一个数字大的规则的特殊性高。本例中两条规则的特殊性分别是 0，0，0，1 和 0，0，0，2，显然第二条胜出，因此最终字体大小是 20px。

CSS 还有一个!important 标签，用来改变 CSS 规则的特殊性。实际上，在解析 CSS 规则特殊性的时候，是将具有!important 的规则和没有此标签的规则利用上述方法分别计算特殊性，分别选出特殊性最高的规则。最终合并的时候，具有任何特殊性的带有!important 标记的规则胜出。

虽然有 4 个整数来表示一个特殊性，仍然有可能出现两条冲突的规则的特殊性完全一致的情况，此时就按照 CSS 规则出现的顺序来确定，在样式表中最后一个出现的规则胜出。一般不会出现这样的情况，只有一个情况例外，如下样式表：

```
:active {  color : red; }
:hover {  color : blue; }
:visited {  color : purple; }
:link {  color : green; }
```

这样页面中的链接永远也不会显示红色和蓝色，因为一个链接要么被访问过，要么没有被访问过。而这两条规则在最后，因此总会胜出。如果改成这样：

```
:link {  color : green; }
:visited {  color : purple; }
:hover {  color : blue; }
:active {  color : red; }
```

就能实现鼠标悬停和单击瞬间变色的效果。这样的顺序的首字母正好连成 “LvHa”，这样的顺序被约定俗成地叫作“Love Ha”规则。

特殊性规则从理论上讲比较抽象和难懂，但在实践中，只要样式表是设计良好的，并不会有太多这方面的困扰。

4.2.3 优先级特性

当多个选择器选中同一个标签，并且给同一个标签设置相同的属性时，如何层叠由优先级来确定。

如果外部样式、文档样式和内联样式同时应用于同一个元素，一般情况下，优先级如下：

浏览器默认 < 外部样式 < 文档样式 < 内联样式

有个例外的情况，就是如果外部样式放在内部样式（文档样式和内联样式）的后面，则外部样式将覆盖内部样式。如下示例所示。

【示例】ch4/示例/priority-1.html

```
<!DOCTYPE html>
<html>
<head>
    <style>
      h3 {  font-size : 12px; } /* 文档样式 */
    </style>
    <!-- 加入外部样式表 style.css ，用来设置 h3{  font-size:20px;} --->
    <link rel="stylesheet" type="text/css" href="css/style.css"/>
</head>
<body>
    <h3>优先级测试！</h3>
</body>
```

在本例中，先定义了文档样式规则 h3{font-size:12px;}，随后在外部样式表中又定义了规则 h3{font-size:20px;}，虽然文档样式规则的优先级高于外部样式表，但是由于外部样式表写在了文档样式的后面，所以呈现的效果如图 4-13 所示。

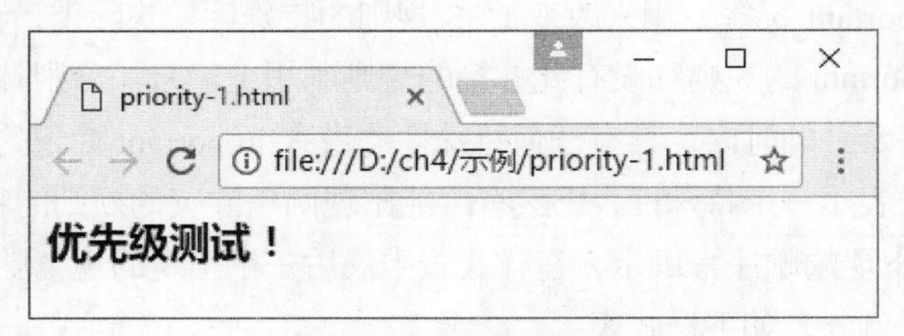

图 4-13 优先级测试 1

如果有多个选择器同时应用于一个元素，一般情况下，优先级如下：

类选择器 < 类派生选择器 < ID 选择器 < ID 派生选择器

完整的层叠优先级可以概括为：

浏览器默认 < 外部样式表< 外部样式表类选择器 < 外部样式表类派生选择器 < 外部样式表 ID 选择器 < 外部样式表 ID 派生选择器 < 文档样式表< 文档样式表类选择器 < 文档样式表类派生选择器 < 文档样式表 ID 选择器 < 文档样式表 ID 派生选择器 < 内联样式

如下示例代码所示。

【示例】ch4/示例/priority-2.html

```
<!DOCTYPE html>
<html>
```

```
<head>
    <style>
    #navigator{
       font-size:12px;
   }
   .current {
       font-size:20px;
   }
    </style>
</head>
<body>
    <div id="navigator" class="current">
   优先级测试!
   </div>
</body>
</html>
```

效果如图 4-14 所示。

图 4-14　优先级测试 2

font-size:20px;规则写在 font-size:12px;规则后面，但是最终显示效果却为 12px。这就涉及了 CSS 样式覆盖的问题，给出如下规则。

（1）样式表的元素选择器选择越精确，则其中的样式优先级越高。

本例中，#navigator 的样式优先级大于.current 的优先级，因此最终起作用的是#navigator 样式规则。

（2）对于相同类型选择器指定的样式，在样式表文件中，越靠后的优先级越高。

注意

这里是制定样式表规则中越靠后的优先级越高，而不是在指定元素使用样式规则时出现的顺序。

例如.class2 在样式表中出现在.class1 之后，如下示例所示。

【示例】ch4/示例/priority-3.html

```
<!DOCTYPE html>
<html>
<head>
  <style>
    .class1 {
       font-size:12px;
   }
   .class2 {
        font-size:20px;
   }
 </style>
```

```
</head>
<body>
    <div class="class2 class1">
   优先级测试!
   </div>
</body>
</html>
```

某个元素指定 class 时采用 class= “class2 class1” 这种方式指定，此时虽然 class1 在元素中指定时排在 class2 的后面，但因为在样式表文件中 class1 处于 class2 前面，此时仍然是 class2 的优先级更高，font-size 的属性为 20px，而非 12px。

（3）制作网页时，有些特殊的情况需要为某些样式设置具有最高权值，这时候可以使用!important 来解决。如下代码所示。

【示例】ch4/示例/priority-4.html

```
<!DOCTYPE html>
<html>
<head>
<style>
  p{  font-size:12px!important;}
  p{  font-size:20px;}
</style>
</head>
<body>
  <p>这里的文本尺寸是多少呢? </p>
</body>
</html>
```

!important 要写在分号的前面，效果如图 4-15 所示。

图 4-15　优先级测试 3

由于!important 优先级权值高于所有的样式，因此这时 p 段落中的文本大小会显示为 12px。

4.2.4　动手实践

学习完前面的内容，下面来动手实践一下吧。

结合给出的素材，运用前面所学的内容以及本章的 CSS 复杂选择器、优先级等知识点实现图 4-16 和图 4-17 所示的页面。

初始页面如图 4-16 所示。

当鼠标单击页面上的四个链接项时，分别出现不同内容。选择“作品原文”，效果如图 4-17（a）所示；选择“字词注释”，效果如图 4-17（b）所示。

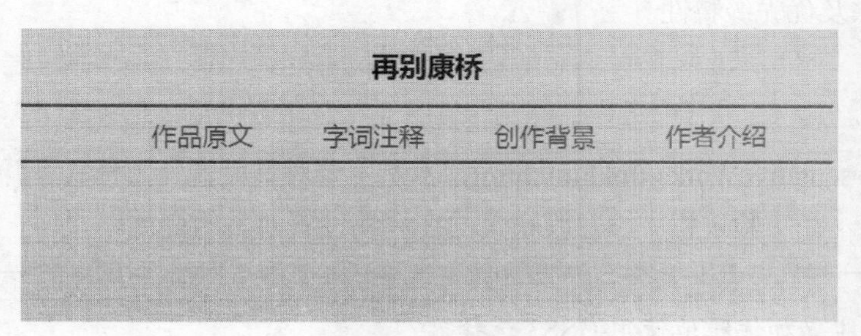

图 4-16　初始页面

（a）

（b）

图 4-17　单击链接后效果

难点分析：

- 基本选择器的灵活运用；
- 链接伪类的运用；
- 伪元素:target 和:before 的使用。

项目八　代表作品泰坦尼克号 1——复杂选择器和优先级

【项目目标】

- 灵活运用 CSS 复杂选择器。
- 掌握 CSS 文本、背景等常用属性的设置。
- 理解 CSS 继承概念，掌握样式优先级的设置。

【项目内容】

- 练习 CSS 的复杂样式。
- 练习 CSS 前景、背景、文字等效果的设置。

- 验证继承以及优先级特性。

【项目步骤】

打开文件 representativeWorks-ttnkhtml.html，本例主要对其设置外部样式，并将样式规则保存在 css/ttnk1.css 文件中。在实验过程中注意观察页面在属性设置前后的变化。

如何能更加优雅地使用 CSS3 选择器？

1. 全局（*）部分

字体：设置为微软雅黑（Microsoft Yahei）。

2. 全局 p 部分

文本首行缩进 2em。

3. 页脚（footer）部分

宽度为 100%，高度为 100px，背景色为#364261。

4. 标题（#titanic）部分

字体风格为斜体，字体大小为 2.25em，字体粗细（font-weight）为 300。

#xyz 与.xyz 的使用场景是什么？一个网页可不可以有多个相同 id 的标签？

效果如项目图 8-1 所示。

泰坦尼克号

《泰坦尼克号》是美国二十世纪福克斯电影公司、派拉蒙影业公司出品爱情片，由詹姆斯·卡梅隆执导，莱昂纳多·迪卡普里奥、凯特·温斯莱特领衔主演。影片以1912年泰坦尼克号邮轮在其处女航时撞上冰山而沉没的事件为背景，讲述了处于不同阶层的两个人——穷画家杰克和贵族女露丝抛弃世俗的偏见坠入爱河，最终杰克把生命的机会让给了露丝的感人故事。该片于1997年12月19日在美国上映，1998年4月3日在中国上映，2012年4月10日以3D版在中国重映。2017年12月，入选美国国会图书馆保护片目名单。

项目图 8-1　基础样式效果图

5. 主要演员列表（dl.majorActorList）部分

（1）选择主要演员列表内部所有的 a 标签，设置鼠标悬浮时的字体颜色为红色（red）。

（2）设置当鼠标指针悬浮在主要演员列表内的第二个演员项上时的样式（提示：dl.majorActorList > dd:nth-child(2):hover），设置背景色为#DDD。

（3）设置当鼠标单击主要演员列表内的第二个演员项时的样式，设置背景色为#999。

鼠标悬浮效果如项目图 8-2 所示，单击效果如项目图 8-3 所示。

6. 基本信息部分（.fundamental）

（1）同时选择导演（#director）、编剧（#scriptwriter）、制片人（#filmproducer），设置字体粗细（font-weight）为粗体。

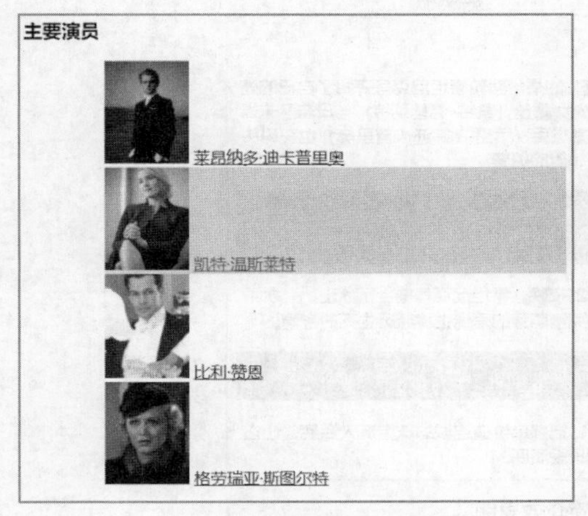

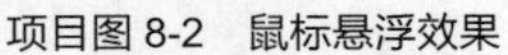
项目图 8-2　鼠标悬浮效果

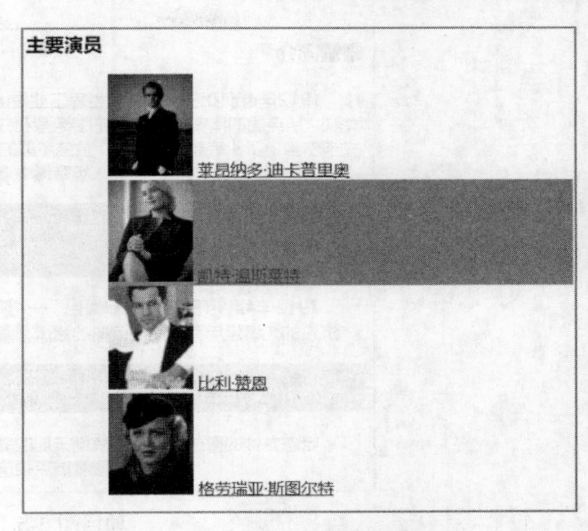

项目图 8-3　单击效果

（2）同时选择 id 属性值以“dt_”开头的所有 dt 元素（提示：dt[id^="dt_"]），设置字体颜色为 gray。

基本信息效果如项目图 8-4 所示。

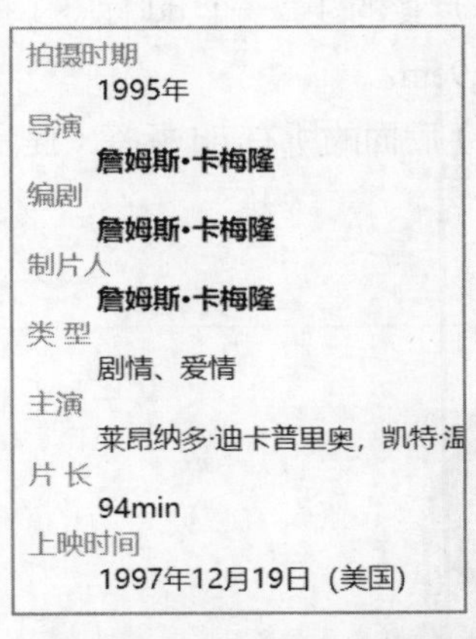

项目图 8-4　基本信息效果图

7. 剧情简介（.synopsis）部分

（1）选择以.synopsis 为父元素的所有 p 元素，设置文本对齐为居中，指针样式（cursor）为 pointer。

把鼠标放在相应的元素上鼠标指针会如何变化？

（2）选择以.synopsis 为父元素的每组 p 元素中的偶数个元素（提示：.synopsis > p:nth-of-type(2n)），设置背景色为 gray。

剧情简介部分效果如项目图 8-5 所示，截屏图示效果与网页全屏效果不尽相同。

8. 幕后花絮（.highlight）部分

选中幕后花絮（.highlight）中奇数段的第一个字符（提示：仿照上题偶数元素的选择器），设置字体大小为 2em。

剧情简介

1912年4月10日，号称 “世界工业史上的奇迹”的豪华客轮泰坦尼克号开始了自己的处女航，从英国的南安普顿出发驶往美国纽约。富家少女露丝（凯特•温丝莱特）与母亲及未婚夫卡尔坐上了头等舱；另一边，放荡不羁的少年画家杰克（莱昂纳多·迪卡普里奥）也在码头的一场赌博中赢得了下等舱的船票。

露丝厌倦了上流社会虚伪的生活，不愿嫁给卡尔，打算投海自尽，被杰克救起。很快，美丽活泼的露丝与英俊开朗的杰克相爱，杰克带露丝参加下等舱的舞会、为她画像，二人的感情逐渐升温。

1912年4月14日，星期天晚上，一个风平浪静的夜晚。泰坦尼克号撞上了冰山，“永不沉没的”泰坦尼克号面临沉船的命运，露丝和杰克刚萌芽的爱情也将经历生死的考验。

惨绝人寰的悲剧发生了，泰坦尼克号上一片混乱，在危急之中，人类本性中的善良与丑恶、高贵与卑劣更加分明。杰克把生存的机会让给了爱人露丝，自己则在冰海中被冻死。

老态龙钟的露丝讲完这段哀恸天地的爱情之后，把那串价值连城的珠宝沉入海底，让它陪着杰克和这段爱情长眠海底。

项目图 8-5　剧情简介效果图

9. 角色介绍（.actorList）部分

（1）选择角色介绍（.actorList）中的所有 dd 标签，设置字体样式为斜体，字体粗细为粗体。

（2）选中角色介绍中的角色名字（.actor_name），设置字体大小为 1.2em。

（3）选择角色名字（.actor_name）紧邻的第一个 dd 标签（提示：.actor_name +dd），设置字体颜色（前景色）为 gray，字体大小为 0.9em。

（4）选择角色名字（.actor_name）后面的所有 dd 标签（提示：.actor_name～dd），设置字体粗细（font-weight）为 lighter。

角色介绍效果如项目图 8-6 所示。

项目图 8-6　角色介绍效果图

CSS 中的优先级是怎样的？如何利用优先级与层叠更好地进行样式控制？

习题

1. 关于样式表的优先级说法不正确的是（　　）。

A. 直接定义在标签上的 CSS 样式级别最高

B. 内部样式表次之

C. 外部样式表级别最低

D. 当样式中属性重复时先设的属性起作用

2. 使用 CSS 设置格式时，p em{color:blue }表示（　　）。

A. p 元素内的 em 元素为蓝色　　B. p 元素内的元素为蓝色

C. em 元素内的 p 元素为蓝色　　D. em 元素内的元素为蓝色

3. 下列（　　）项不是超级链接的伪类。

A. a:hover　　B. a :link　　C. a:active　　D. a:span

4. 在 HTML 中，下面（　　）是已被访问过呈红色文字的样式。

A. a:link{color:red;}　　B. a:hover{color:red;}

C. a:visited{color:red;}　　D. a:active{color:red;}

5. 同一个 HTML 元素被不止一个样式定义时，会使用（　　）样式。

A. 浏览器默认设置

B. 外部样式表

C. 内部样式表（位于<head>标签内部）

D. 内联样式（在 HTML 元素内部）

6. 以下能正确表示后代选择器的是（　　）。

A. h1 , p　　B. h1　p　　C. h1 + p　　D. h1 > p

7. 有一个无序列表，里面有三项，若只把第二项和第三项的文字设置为蓝色，以下（　　）选项正确。

A. ul li{color:blue;}　　B. li li{color:blue;}

C. li>li{color:blue;}　　D. li+li{color:blue;}

8. 若要选取段落的第一行设置格式，以下选择器表示正确的是（　　）。

A. p:first-line　　B. p:first　　C. p:firstline　　D. p:first-letter

9. 若只对有 href 属性的锚（a 元素）应用样式，以下表示正确的是（　　）。

A. a:href　　B. a.href　　C. [href]　　D. a[href]

10. 以下选择器中，优先级最高的是（　　）。

A. 元素选择器　　B. ID 选择器　　C. 类选择器　　D. 后代选择器

05

第5章　盒模型与网页布局

学习要求

- 理解盒模型的概念，学会应用相关属性设置盒模型。
- 掌握表格样式和列表样式的使用。
- 了解元素框的类型，会使用 display 属性更改框类型。
- 掌握浮动、定位及页面布局的方法并能灵活运用。

动手实践

- 通过定位属性，确定父容器和子元素的位置关系。
- 灵活运用浮动及定位属性进行页面布局。
- 通过清除浮动解决页面布局的常见问题。

项目

- 项目九　个人简介 4——CSS 属性设置及 T 形布局：针对 5.1～5.3 节练习。
- 项目十　首页——定位及 T 形布局：针对 5.4～5.5 节练习。
- 项目十一　成长故事 3、影迷注册——CSS 属性综合练习：整章复习。

“盒模型”是使用 CSS 控制页面布局的一个非常重要的概念，网页页面布局的过程可以看作是在页面空间中摆放盒子的过程。通过调整盒子的边框、边界等参数控制各个盒子，从而实现对整个网页的布局。本章主要介绍盒模型、浮动与定位和布局等知识。

5.1　盒模型

页面上的所有元素，包括文本、图像、超链接、div 块等，都可以看作是盒子。由盒子将页面中的元素包含在一个矩形区域内，这个矩形区域就称为“盒模型”。

5.1.1　元素框的组成

CSS 假定所有的 HTML 文档元素都生成了一个描述该元素在 HTML 文档布局中所占空间的矩形框，这个矩形框称为元素框（element box）。CSS 盒模型（box model）

规定了元素框处理元素内容（content）、内边距（padding）、边框（border）和外边距（margin）的方式。

元素框如图 5-1 所示，该图由三个实线矩形和一个虚线矩形组成，其中最核心的矩形是内容区；中间的实线矩形是边框区，边框区和内容区之间的部分是内边距；最外层的虚线矩形是外边界，它和边框之间的区域是外边距。可以应用多种属性到这些元素框中，例如宽、高、颜色和样式。

完整的盒模型如图 5-2 所示，width 和 height 属性专指最内层的内容区的宽和高；盒模型中除了内容，其他每个属性（如内边距、边框和外边距）都包括四个部分：上、下、左、右。

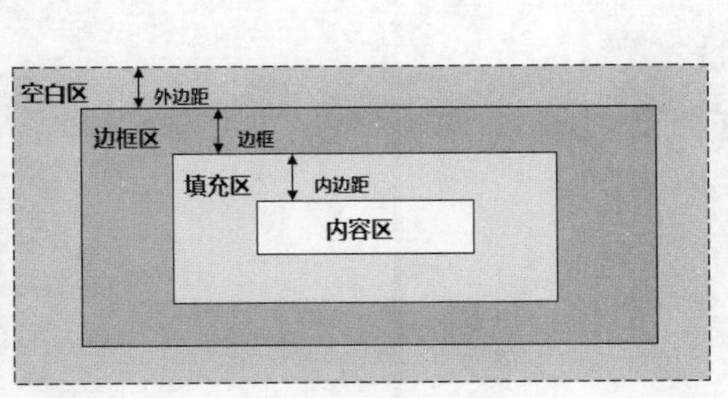

图 5-1　元素框的组成

上外边界
上外边距
上边框
上内边距
上内边界
width
height
下内边界
下内边距
下边框
下外边距
下外边界
左外边界
左外边距
左边框
左内边距
右内边距
右边框
右外边距
左外边界

图 5-2　完整的盒模型示意图

5.1.2 内容

盒模型中盒子里的“物品”即是内容（content），它可以是网页上的任何元素，如文本、图片、表格、表单元素等。内容的大小由宽度 width 和高度 height 定义，语法如下：

- width：auto 或长度计量值或百分比值
- height：auto 或长度计量值或百分比值

宽、高的默认值是 auto，表示未设置具体值时，内容区的宽度和高度由浏览器自动计算，它会跟浏览器窗口或它的父元素一样宽，高度正好能够容纳内容。也可以指定一个长度值，单位通常为 px 或 em。也可以指定一个百分比值，百分比值是基于包含它的块级对象的百分比宽度或高度。

ch5/示例/width-height.html 示例在页面中定义了两个盒子，分别用长度值和百分比值定义了宽高，为了清楚地看出内容区域，为两个盒子设置了背景颜色，完整的代码如下所示。

【示例】ch5/示例/width-height.html

```
<!DOCTYPE html>
<html>
 <head>
 <title> width&height </title>
 <style>
  p#A {  width: 400px;
         height:100px;
         background: #C2F670;
    }
  p#B {  width: 50%;
         height:100px;
         background: #C2F670;
      }
 </style>
 </head>
 <body>
```

```
  <p id="A">Special…… a new baby.</p>
  <p id="B">Special ……a new baby.</p>
 </body>
 </body>
</html>
```

浏览效果如图 5-3 所示。

width&height
file:///D:/ch5/示例/width-height.html
Special occasions call for special gifts. The Jenware line of housewares and clothing can be personalized for the ones you love... the happy couple celebrating their new life together... the recent graduate... or a new baby.
Special occasions call for special gifts. The Jenware line of housewares and clothing can be personalized for the ones you love... the happy couple celebrating their new life together... the recent graduate... or a new baby.

图 5-3　设置盒子宽高的效果图

当盒子里的信息过多，超出了宽高设置的大小时，盒子的高度会自动放大。如图 5-3 中的 id 为第二个盒子 B，背景区域标识出了盒子的高度，但内容超出了该高度，如果下面还有其他内容，多余部分就会被覆盖掉。出现这种情况时，通常是文本发生了溢出，此时可以用 overflow 属性来指定如何处理内容溢出的问题。

overflow 属性规定了当内容溢出元素框时处理的方式，语法格式如下：

```
overflow: visible 或 hidden 或 scroll 或 auto
```

- visible：默认取值，表示显示所有内容，不受盒子大小的限制；
- hidden 表示隐藏超出盒子范围的内容；
- scroll 表示始终显示滚动条；
- auto 表示根据内容自动调整是否显示滚动条。另外，也可以使用 overflow-x 或 overflow-y 单独设置水平方向或垂直方向的溢出属性。

文档结构与 ch5/示例/width-height.html 相同，此处不再列出，CSS 设置代码如下。

【示例】ch5/示例/overflow.html

```
<style>
 p#A{  width: 400px;
       height: 60px;
       background: #C2F670;
       overflow: hidden;
   }
 p#B{  width: 400px;
       height: 60px;
       background: #C2F670;
       overflow: auto;
   }
</style>
```

效果如图 5-4 所示。本例对两个内容和大小相同的盒子，通过设置不同的 overflow 属性值进行对比，第一个盒子隐藏了溢出内容，第二个盒子自动出现垂直滚动条。

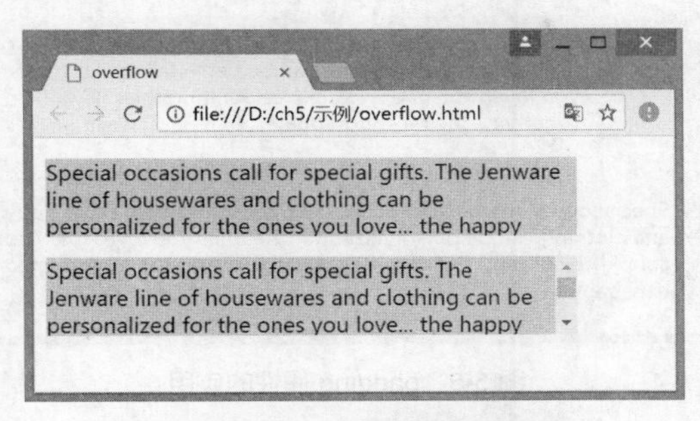

图 5-4　overflow 属性设置效果图

5.1.3　内边距

内边距（padding）是内容区和边框之间的空间，也称为填充，用 padding 属性设置。添加内边距很有用，它给内容一点空间，防止背景的边框或边缘与文本冲撞。padding 属性的基本语法如下：

```
padding：长度计量值或百分比值
```

百分比值是相对其父元素的 width 计算的，如果父元素的 width 改变，它们也会改变。

可以给 padding 属性指定 1～4 个值，指定 1 个值时表示元素的四个方向的内边距具有相同的数值。例如，下面的代码为 h1 元素的各边都添加了 10 个像素的内边距。

```
h1 {  padding: 10px;}
```

可以按照上下、左右的顺序同时设置上下内边距和左右内边距，例如：

```
h1 {  padding: 10px 5px;}
```

也可以按上、右、下、左的顺序同时为各边指定不同的内边距，例如：

```
h1 {  padding: 10px 5px 5px 20%;}
```

若只需指定单边的内边距，可以使用单边内边距属性 padding-top、padding-right、padding-bottom、padding-left，分别对应上、右、下、左内边距。

下面的代码演示了填充属性的应用。文档结构与 ch5/示例/width-height.html 相同，此处不再列出，CSS 设置代码如下。

【示例】ch5/示例/padding.html

```
<style>
  p#A{  padding: 10px 10px 10px 20%;
        background-color: #c2f670;
    }
  p#B{  padding-top: 20px;
        padding-left: 50px;
        background-color: #c2f670;
    }
 </style>
```

效果如图 5-5 所示。

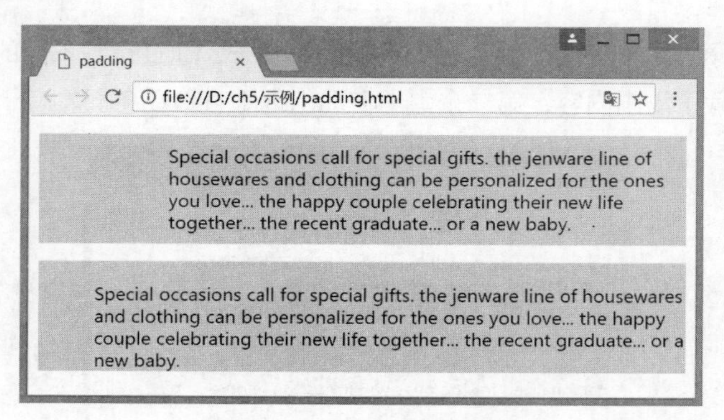

图 5-5　padding 属性的应用

5.1.4　边框

边框（border）是围绕元素内容区和内边距的一条或多条线。每个边框都有 3 种属性：边框样式（border-style）、边框宽度（border-width）和边框颜色（border-color）。我们既可以单独设置边框的每种属性，又可以在 border 属性中一次设置所有属性。其中，边框样式（border-style）是最重要的，不设置边框样式，边框将无法显示。

1. 边框样式

边框样式的属性是 border-style，可以取的值有：none（无边框、默认值）、dotted（点线边框）、dashed（虚线边框）、solid（实线边框）、double（双线边框）、groove（凹槽边框）、ridge（山脊状边框）、inset（内嵌效果边框）和 outset（外突效果的边框）等。

我们可以用 border-style 为四个边框同时设置不同的样式，顺序是上、右、下、左。例如，下面的示例代码就为段落定义了四种边框样式：实线上边框、点线右边框、虚线下边框和双线左边框。

```
p {  border-style: solid dotted dashed double ;}
```

也可以用单边样式属性为单个边框设置样式，它们是：border-top-style（上边框样式）、border-right-style（右边框样式）、border-bottom-style（下边框样式）和 border-left-style（左边框样式），取值同 border-style 属性。

2. 边框宽度

边框宽度的属性是 border-width，可以取长度值和关键字。关键字有 3 个：thin（细线）、medium（中等宽度、默认值）和 thick（粗线）。

和边框样式类似，我们既可以同时设置四个边的边框宽度，又可以通过单边宽度属性 border-top-width、border-right-width、border-bottom-width 和 border-left-width 进行单独设置。下面的示例代码为段落设置的边框宽度为：上下边框为 10px，左右边框为细边框。

```
p {  border-width: 10px thin ;}
```

3. 边框颜色

边框颜色的属性是 border-color，其取值同 color 属性，可以是颜色名称、RGB 值或带有#前缀的十六进制数。与边框样式和边框宽度类似，我们既可以用 border-color 同时设置 4 条边的颜色，又可以用单边颜色属性 border-top-color、border-right-color、border-bottom-color 和 border-left-color 分别设置各条边的颜色。

4. border 属性

边框的设置除了可以使用上面的 border-style、border-width 和 border-color 属性外，还可以使用复合属性 border 一次设置边框的样式、宽度和颜色。border 属性的语法如下：

```
brder: border-width border-style border-color
```

下面的代码为 div 设置了一个 2 像素的蓝色虚线框。

```
div {  border: 2px dashed blue; }
```

border 属性有 4 个子属性 border-top、border-right、border-bottom 和 border-left，分别表示上、右、下、左边框，可以对单个边框设置样式、宽度和颜色。

下面的代码演示了边框属性的使用，由于文档结构与 ch5/示例/width-height.html 相同，此处不再列出，CSS 设置代码如下。

【示例】ch5/示例/border.html

```
<style>
 p#A{  padding: 1em 3em;
       border: 2px solid red;
       background: #D098D4;
      }
 p#B{  width: 400px;
       height: 100px;
       background: #C2F670;
       border-color: maroon aqua;
       border-style: solid;
       border-width:  6px;
      }
</style>
```

效果如图 5-6 所示。设置 A 段落为 2px 的红色实线边框线，设置 B 段落为 6px 的实线边框线，其中上下边线为褐红色（maroon），左右线为青色（aqua）。

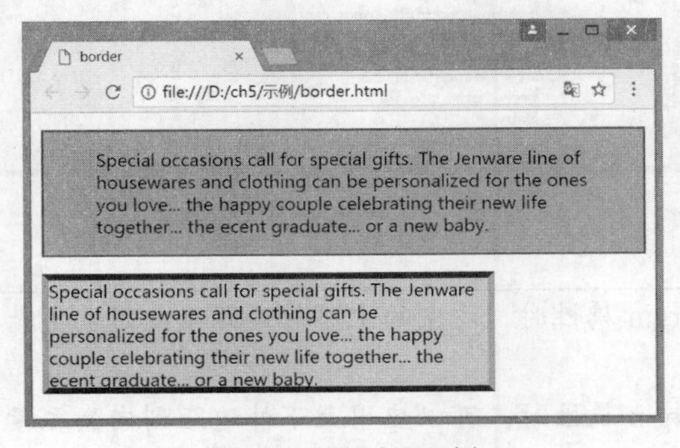

图 5-6 边框应用示例

5.1.5 外边距

外边距（margin）是指围绕元素边框的空白区域，也称为边界或者空白边。外边距保证了元素间互不冲撞或不冲撞浏览器窗口的边线。

margin 属性可用来设置外边距，它可以取 auto、长度值和百分比值。我们可以依照上、右、下、左的顺序，使用 margin 属性同时设置 4 个方向的外边距。若需要单独设置某一边的外边距，可以使用子属性 margin-top、margin-right、margin-bottom 和 margin-left。

为了方便查看示例中 margin 属性的应用效果，为页面和两个段落分别加了边框，文档结构与 ch5/示例/width-height.html 相同，此处不再列出，CSS 设置代码如下。

【示例】ch5/示例/margin.html

```
<style>
 body{  margin: 0 10%;
        border: 1px solid red;
        background: #bbe09f;

 p#A{  margin: 2em;
       border: 1px solid red;
       background: #fcf2be;
     }
 p#B{  margin-top: 2em;
       margin-right: 250px;
       margin-bottom: 1em;
       margin-left: 4em;
       border: 1px solid red;
       background: #fcf2be;
     }
</style>
```

浏览效果如图 5-7 所示，与图 5-6 相比，段落 A、B 的外边距明显增大。

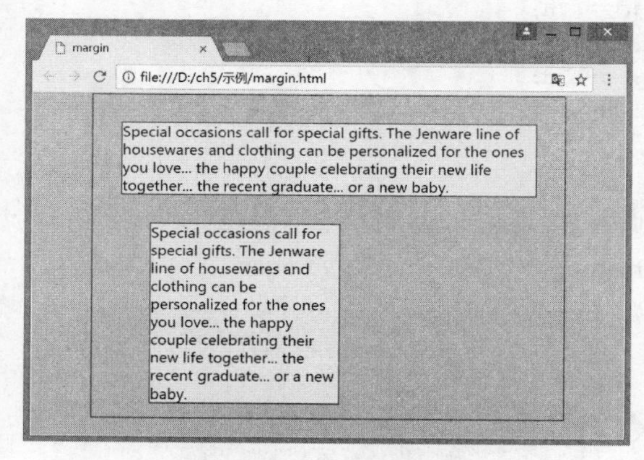

图 5-7　margin 属性示例

注意

（1）设置 margin 属性时，元素的上下外边距重叠时，不是简单的重叠，而是应用最大的指定值。

（2）设置 margin 属性时，可以应用上下外边距到内嵌元素，但它不会在元素上下添加垂直空间，也不会改变行高。

（3）设置 margin 属性时，可以为 margin 属性指定负值，当应用负外边距时，内容、填充和边框都将向相反的方向移动。

5.2　表格与列表样式

表格与列表是网页上最常见的元素，表格除了显示数据外，还常常被用来排版，列表在导航栏中更是被频频使用。用 CSS 能够方便地设计出变化多样的表格

和列表样式。

5.2.1　表格样式

CSS 表格属性可以极大地改善表格的外观。

1. 表格边框

在 CSS 中，可使用 border 属性设置表格边框。下面的代码为 table、th 以及 td 设置了蓝色边框：

```
table, th, td  {  border: 1px solid blue;  }
```

上面代码中的表格具有双线条边框。这是由于 table、th 以及 td 元素都有独立的边框。如果需要把表格显示为单线条边框，可以使用 border-collapse 属性。

2. 折叠边框

表格的边框有分散和折叠两种类型，默认是分散的，即表格和单元格分别显示各自的边框。要想将表格边框折叠显示为单一边框，可以用 border-collapse 属性更改设置。border-collapse 属性的语法如下：

```
border-collapse: separate | collapse
```

下面的代码为表格设置了单线条的蓝色单线框。

```
table  {  border-collapse: collapse;  }
table, th, td  {  border: 1px solid blue;  }
```

下面的代码为表格设置了单线条的蓝色双线框。

```
table  {  border-collapse: separate;  }
table, th, td  {  border: 1px solid blue;  }
```

3. 表格的宽度和高度

通过 width 和 height 属性可以定义表格的宽度和高度。

下面的代码将表格宽度设置为 500 像素，同时将行的高度设置为 50 像素。

```
table  {  width: 500px ;  }
tr  {  height: 50px;  }
```

4. 表格文本对齐

text-align 和 vertical-align 属性可以设置表格中文本的对齐方式。

（1）text-align 属性

text-align 属性设置水平对齐方式，可以取值为 left、center 和 right，分别表示左对齐、居中对齐和右对齐。下面的代码将单元格中的文本设置为右对齐。

```
td  {  text-align: right ;  }
```

（2）vertical-align 属性

vertical-align 属性设置垂直对齐方式，它支持 10 种属性及继承属性。常见用法可以取值为 top、middle 和 bottom，分别表示顶部对齐、居中对齐和底部对齐。下面的代码将单元格的高度设置为 50 像素，单元格中的文本设置为垂直居中对齐。

```
td  {  height: 50px ;  vertical-align: middle ;  }
```

5. 表格内边距

如需控制表格中内容与边框的距离，可以为 td 和 th 元素设置 padding 属性。下面的代码为单元格设置了 10 个像素的填充。

```
td { padding: 10px ; }
```

6. 表格颜色

可以使用 color、background-color、border-color 等属性为表格中的文本、背景和边框线设置颜色。下面的代码为表格设置了绿色的边框线，表头的背景颜色是绿色，文字是白色。

```
table, td, th { border: 1px solid green ; }
th { background-color: green ; color: white ; }
```

表格样式的综合应用示例完整代码如下。

【示例】ch5/示例/table.html

```
<!DOCTYPE html>
<html>
  <head>
    <title>表格样式</title>
<style>
table#test { font-family:"Trebuchet MS", Arial;
    width:100%;
    border-collapse:collapse;
  }
#test th, #test td { font-size:1em;
    border:1px solid #98bf21;
    padding:3px 7px 2px 7px;
  }
#test th { font-size:1.1em;
    text-align:left;
    padding-top:5px;
    padding-bottom:4px;
    background-color:#A7C942;
    color:#ffffff;
  }
#test tr.even td { color:#000fff;
    background-color:#EAF2D3;
  }
</style>
 </head>
 <body>
<table id="test">
<tr>
    <th>时间</th><th>培训内容</th>
</tr>
<tr>
    <td>周一</td><td>HTML 基础</td>
</tr>
<tr class="even">
    <td>周二</td><td>HTML5</td>
</tr>
<tr>
    <td>周三</td><td>CSS 基础</td>
</tr>
<tr class="even">
    <td>周四</td><td>CSS3</td>
</tr>
```

```
<tr>
    <td>周五</td><td>HTML 和 CSS 综合应用</td>
</tr>
</table>
</body>
</html>
```

效果如图 5-8 所示。

时间	培训内容
周一	HTML基础
周二	HTML5
周三	CSS基础
周四	CSS3
周五	HTML和CSS综合应用

图 5-8　表格样式应用

5.2.2　列表样式

HTML 中常用的列表有无序列表和有序列表，CSS 提供了一些属性，允许设置列表标志符号的类型和位置，或者用自定义图像替换列表符号。

1. 列表标志类型

在一个无序列表中，列表项的标志（marker）指的是出现在各列表项旁边的圆点或其他符号。在有序列表中，标志可能是字母、数字或另外某种计数体系中的一个符号。要修改用于列表项的标志类型，可以使用属性 list-style-type。

list-style-type 属性可以取的值如下所示。

```
none|disc|circle|square|decimal|decimal-leading-zero|lower-alpha|upper-alpha|lower-latin|upper-latin|lower-roman|upper-roman
```

取 none 值时，列表项前不显示列表符号，这在将列表作为导航栏时非常有用；默认值是 disc 实心圆；其他各项分别表示空心圆、实心方块、数字、0 开头的数字标记、小写英文字母、大写英文字母、小写拉丁字母、大写拉丁字母、小写罗马数字、大写罗马数字。

下面的代码分别设置了 4 种列表的样式，前两组是无序列表，列表标志分别是空心圆和实心方块；后两组是有序列表，列表标志分别是大写罗马数字和小写英文字母。

```
ul.circle {  list-style-type:circle;}                 //空心圆
ul.square {  list-style-type:square;}                 //实心方块
ol.upper-roman {  list-style-type:upper-roman;}  //大写罗马数字
ol.lower-alpha {  list-style-type:lower-alpha;}  //小写英文字母
```

2. 列表标志位置

list-style-position 属性用来规定列表中列表项目标志的位置，语法如下：

```
list-style-position: inside | outside
```

默认取 outside。取 inside 时，列表标志被拉回内容区域，也就是标志符号进入列表内容中。

3. 列表项图像

列表标志不仅可以是常规符号，也可以是自定义图像。利用 list-style-image 属性可以将自己设置的图像作为列表符号，语法如下：

```
list-style-image: url(图像文件);
```

下面的代码将当前目录下的图像文件 coffee.gif 作为列表符号显示：

```
ul {  list-style-image: url(images/coffee.jpg);}
```

列表样式的综合应用示例完整代码如下。

【示例】ch5/示例/list.html

```
<!DOCTYPE html>
<html>
<head>
<title>列表样式</title>
<style>
ul#square{  list-style-type: square;  }
ol#inside{  list-style-position: inside; }
ul#image {  list-style-image: url(images/coffee.gif);     }
</style>
</head>
<body>
<ul id="square">
     <li>苹果</li><li>橘子</li><li>芒果</li>
</ul>
<ol id="inside">
     <li>菊花</li><li>牡丹</li><li>茉莉</li>
</ol>
<ul id="image">
     <li>咖啡</li><li>绿茶</li><li>果汁</li>
</ul>
</body>
</html>
```

效果如图 5-9 所示。

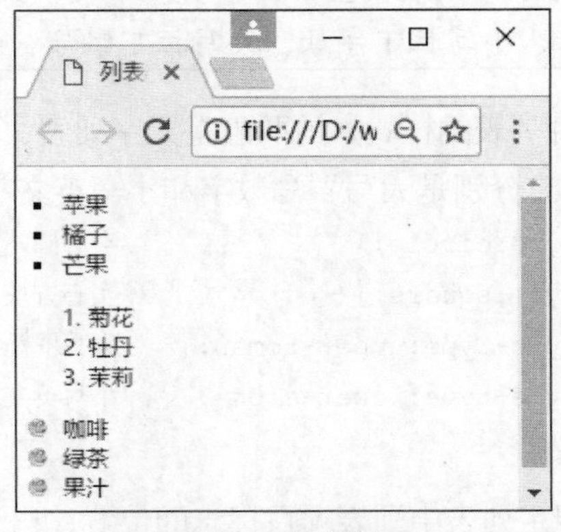

图 5-9　列表样式应用

5.3 Display

本书在第 2 章中，介绍了 HTML 的元素类型中的块级元素和行内元素。

可以使用 display 属性改变元素的类型。display 属性有以下几个常用的值：

- none：此元素不被显示；
- block：此元素按块级元素显示；
- inline：此元素按行内元素显示；
- inline-block：此元素按行内块元素显示。

通过将 display 属性设置为 block，可以让行内元素（例如<a>元素）表现得像块级元素一样。还可以把 display 设置为 none，该内容就不再显示，也不再占用文档中的空间。

5.3.1 隐藏元素

隐藏一个元素可以通过把 display 属性设置为“none”，或把 visibility 属性设置为“hidden”来实现。但是请注意，这两种方法会产生不同的结果。

visibility:hidden 可以隐藏某个元素，但隐藏的元素仍需占用与未隐藏之前一样的空间。也就是说，该元素虽然被隐藏了，但仍然会影响布局。下面通过示例来进行演示。

【示例】ch5/示例/hidden1.html（效果如图 5-10 所示）

```
<!DOCTYPE html>
<html>
<head>
  <title>隐藏元素</title>
<style>
  h1.hidden {  visibility:hidden;}
</style>
</head>
<body>
  <h1>这是一个可见标题</h1>
  <h1 class="hidden">这是一个隐藏标题</h1>
  <p>注意，实例中的隐藏标题仍然占用空间。</p>
</body>
</html>
```

display:none 可以隐藏某个元素，且隐藏的元素不会占用任何空间。也就是说，该元素不但被隐藏了，而且该元素原本占用的空间也会从页面布局中消失。请看下面的代码。

【示例】ch5/示例/hidden2.html（效果如图 5-11 所示）

```
<!DOCTYPE html>
<html>
<head>
  <title>隐藏元素</title>
<style>
  h1.hidden {  display:none;}
</style>
</head>
<body>
  <h1>这是一个可见标题</h1>
```

```
  <h1 class="hidden">这是一个隐藏标题</h1>
  <p>注意，实例中的隐藏标题不占用空间。</p>
</body>
```

将图 5-10 与图 5-11 进行对比，被设为 visibility:hidden 的元素和被设为 display:none 的元素虽然都被隐藏，但前者依然占据空间，后者则好像完全不存在一样。

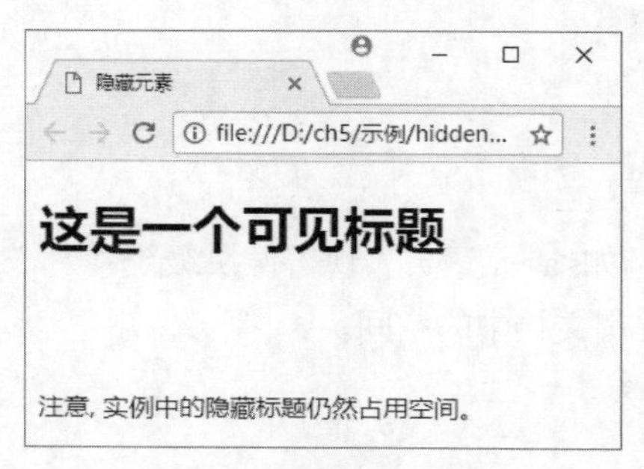

图 5-10 visibility:hidden

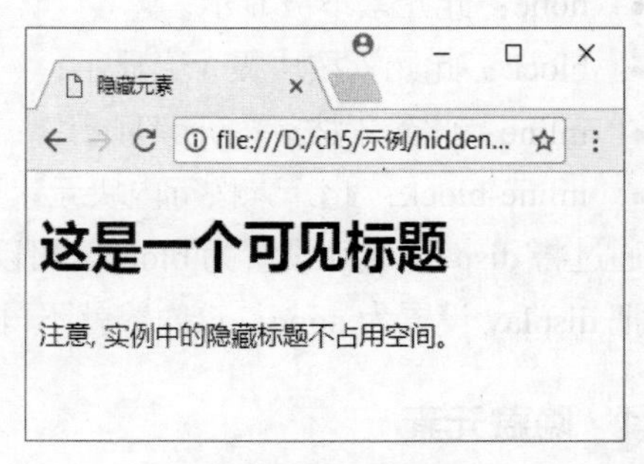

图 5-11 display:none

5.3.2 改变元素显示

使用 display 属性可以更改目标元素的类型。

下面的代码把块元素列表项 li 显示为行内元素：

```
li {  display:inline;}
```

下面的代码把行内元素 span 显示为块元素：

```
span {  display:block;}
```

下面通过示例来演示 display 如何改变元素的显示。

【示例】ch5/示例/display.html

```
<!DOCTYPE html>
<html>
<head>
<title>inline</title>
<style>
 li{  display:inline;}
 span{  display:block;}
</style>
</head>
<body>
  <p>li 作为行内元素水平显示：</p>
  <ul>
    <li><a href="html.html" target="_blank">HTML</a></li>
    <li><a href="css.html" target="_blank">CSS</a></li>
    <li><a href="js.html" target="_blank">JavaScript</a></li>
    <li><a href="xml.html" target="_blank">XML</a></li>
  </ul>
  <p>span 作为块元素显示：</p>
  <h2>Nirvana</h2>
  <span>Record: MTV Unplugged in New York</span>
  <span>Year: 1993</span>
  <h2>Radiohead</h2>
```

```
  <span>Record: OK Computer</span>
  <span>Year: 1997</span>
</body>
</html>
```

效果如图 5-12 所示。

图 5-12　display 改变元素显示

5.4　浮动与定位

CSS 有三种基本的定位机制：普通流、浮动和绝对定位。

普通流中的元素位置由元素在 HTML 标签中出现的先后顺序决定。块级元素从上到下，一个接一个地竖直排列。行内元素则在一行中水平排列。

如果想灵活地设计各种元素的位置，就需要用到浮动和布局。

5.4.1　浮动与清除浮动

CSS 的 float（浮动）属性会使元素向左或向右移动，直到它的外边缘碰到包含框或另一个浮动框的边框为止。浮动元素之后的元素将围绕它，之前的元素不会受到影响。

1. float 属性

float 属性常用于图文混排和页面布局，基本语法如下。

```
float : left | right;
```

下面通过示例来演示图像使用浮动的效果。

【示例】ch5/示例/imgfloat.html

```
<!DOCTYPE HTML>
<html>
<head>
<style>
  div{  float:left; /*去掉这一句，可变为不浮动*/
        width:120px;
        margin:15px 20px 0 0 ;
        padding:15px;
```

```
        border:1px solid black;
        text-align:center;
  }
</style>
</head>
<body>
  <div>
    <img src="./images/flower.jpg" /><br />
    beautiful!
  </div>
  <p>
    轻轻的我走了，……。
  </p>
</body>
</html>
```

增加 float:left 使图像左浮动效果如图 5-13 所示，去掉 float:left 图像不浮动效果如图 5-14 所示。

图 5-13　增加 float:left 使图像左浮动

图 5-14　图像不浮动

在图 5-13 所示的页面中，div 元素的宽度是 120 像素，它其中包含图像，div 元素浮动到左侧。向 div 元素添加了外边距后，使得 div 与文本保持一定距离。同时，还向 div 添加了边框和内边距。

图像向左浮动后，浮动框旁边的行框被缩短，从而给浮动框留出空间，行框围绕浮动框。因此，创建浮动框可以使文本围绕图像。

2. clear 属性

要阻止行框围绕浮动框，需要对该框应用 clear 属性。clear 属性的值可以是 left、right、both 或 none，它表示框的哪些边不应该挨着浮动框。

基本语法如下：

```
clear : none | left | right | both
```

取值如下。

- none：默认值，允许两边都可以有浮动对象。
- left：不允许左边有浮动对象。
- right：不允许右边有浮动对象。
- both：不允许有浮动对象。

针对 ch5/示例/imgfloat.html 示例，段落设置清理属性 p {clear:left; }后，使文本不再环绕图像。

假设希望让一个图片浮动到文本块的左边，并且希望这幅图片和文本包含在另一个具有背景颜色和边框的元素中，代码如下所示。

【示例】ch5/示例/imgfloat2.html

```
<!DOCTYPE HTML>
<html>
<head>
<style>
#include{  background-color:gray;
   border:1px solid black;
}
#include img {  float:left;  }
#include p {  float:right;  }
</style>
</head>
<body>
  <div id="include">
    <img src="./images/flower.jpg" /><br />
    <p>轻轻的我走了，正如我轻轻的来……</p>
  </div>
</body>
</html>
```

效果如图 5-15 所示。

图 5-15　图像和段落浮动

此时会出现一个奇怪的问题，因为图像和段落设置为浮动，浮动元素脱离了文档流，所以包围图片和文本的 div 不占据空间，如图 5-16 所示。

那么，如何让外层父元素在视觉上包围浮动元素呢？可以通过下面两种方法来解决。

（1）添加空元素进行清理

由于没有现有的元素可以应用清理，所以可以添加一个空元素并且清理它，示意图如图 5-17 所示，具体代码如下。

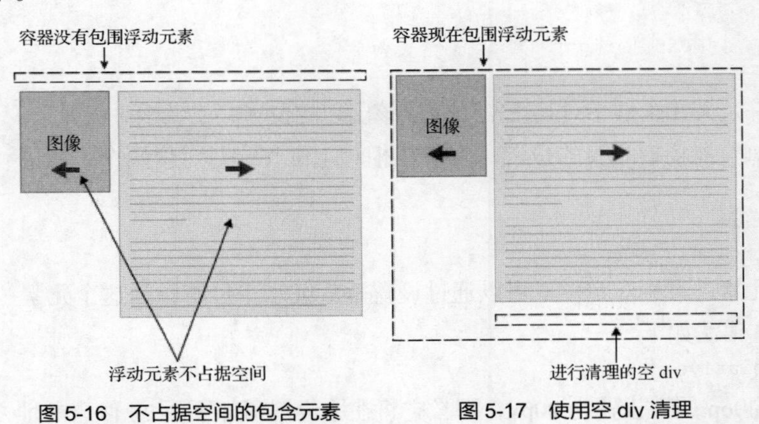

图 5-16　不占据空间的包含元素　　图 5-17　使用空 div 清理

【示例】ch5/示例/clear.html

```
<!DOCTYPE HTML>
<html>
<head>
<style>
#include{  background-color:lightgray;
           border:1px solid black;
        }
#include img{  float:left;  }
#include p{  float:right; }
.clear {  clear: both;  }
</style>
</head>
<body>
  <div id="include">
  <img src="./images/flower.jpg" /><br />
  <p>
    轻轻的我走了，正如我轻轻的来
  </p>
<div class="clear"></div>
</div>
</body>
</html>
```

（2）容器浮动

上面的方法需要添加多余的代码，除此之外还有一种方法可以达到同样的效果，就是对容器 div 进行浮动。

```
...
<style>
#include{  background-color:lightgray;
    border:1px solid black;
    float:left;
}
...
</style>
```

这种方法会使下一个元素受到这个浮动元素的影响。为了解决这个问题，有人选择对布局中的所有元素进行浮动，然后使用适当的有意义的元素（常常是网页的页脚）对这些浮动进行清理，这有助于减少或消除不必要的标记。

5.4.2 定位

定位是指允许定义元素框相对其正常位置应该出现的位置，或者相对父元素、另一个元素甚至浏览器窗口本身的位置。本节从相对定位和绝对定位两个方面进行介绍。

1. 相对定位

如果对一个元素进行相对定位，可以通过设置垂直或水平位置，让这个元素“相对于”它的起点进行移动，基本语法如下。

```
position: relative;
```

如果将元素的 top 属性设置为 20px，那么它将在原位置顶部下面 20 像素的地方。如果将 left 属性设置为 30 px，则会在元素左边创建 30 像素的空间，也就是将元素向右移动。效果如图 5-18 中的框 2 所示。

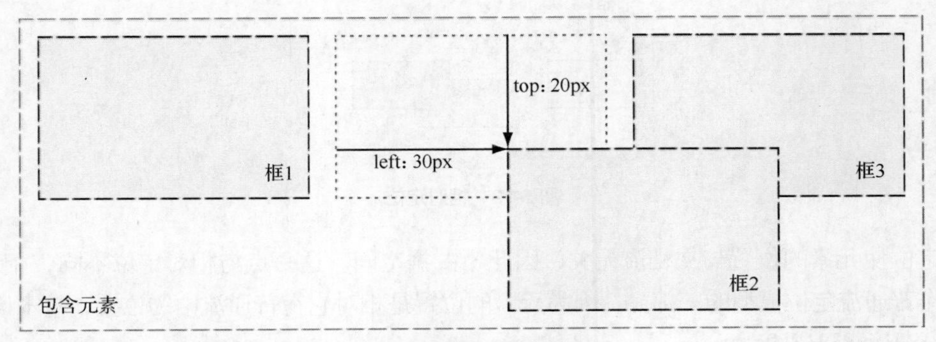

图 5-18　相对定位示意图

下面通过示例来演示相对定位。

【示例】ch5/示例/relative.html

```
<!DOCTYPE HTML>
<html>
<head>
<style>
#div1{  width:100px;
  height:50px;
  background-color:#cceeaa;
  float:left;
}
#div2{  width:100px;
  height:50px;
  background-color:#aabbcc;
  float:left;
}
#box_relative {  width:100px;
  height:50px;
  background-color:#ffaabb;
  float:left;
  position: relative;
  left: 30px;
  top: 20px;
}
</style>
</head>
<body>
  <div id="div1">div1</div>
  <div id="box_relative">相对定位框</div>
  <div id="div2">div2</div>
</body>
</html>
```

效果如图 5-19 所示。

2. 绝对定位

设置为绝对定位的元素框会从文档流完全删除，并相对其包含块定位，包含块可能是文档中的另一个元素或者是初始包含块。元素原先在正常文档流中所占的空间会关闭，就好像该元素原来不存在一样。元素定位后生成一个块级框，而不论原来它在正常流中生成何种类型的框。

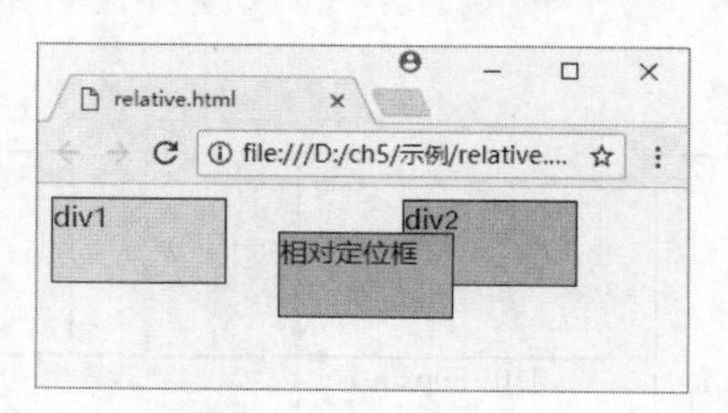

图 5-19　相对定位

绝对定位使元素的位置与文档流无关，因此不占据空间。这一点与相对定位不同，相对定位实际上被看作普通流定位模型的一部分，因为元素的位置是相对它在普通流中的位置，基本语法如下。

```
position: absolute;
```

如果将 top 设置为 20px，那么框将在包含块顶部下面 20px 的地方。如果 left 设置为 30px，那么会距离其包含块左边创建 30px 的空间，也就是将元素相对其包含块向右移动，如图 5-20 所示。

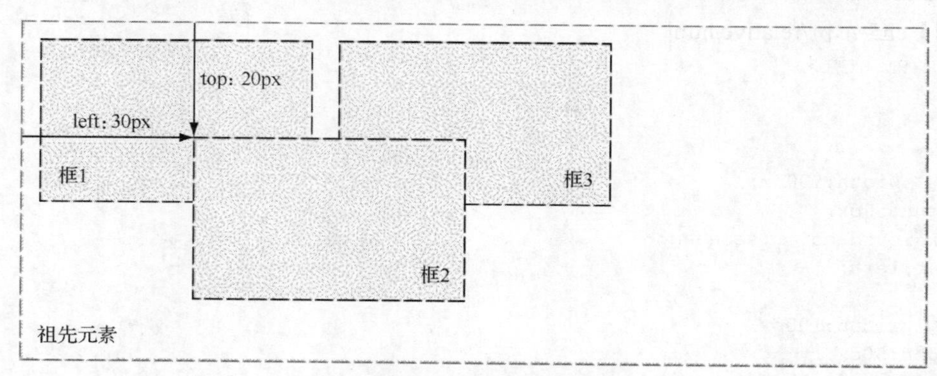

图 5-20　绝对定位示意图

将示例 ch5/示例/relative.html 中设置定位的语句改为绝对定位 position: absolute; 即为 ch5/示例/absolute.html，效果如图 5-21 所示。

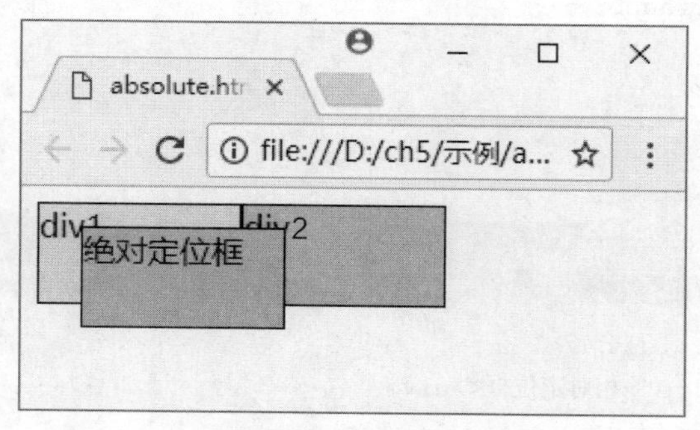

图 5-21　绝对定位

5.4.3　层叠顺序

网页中有很多元素，页面中的元素有层叠上下文关系。

当元素发生层叠的时候，其覆盖关系遵循下面两条层叠领域的黄金准则。

（1）谁大谁上：当具有明显的层叠水平标示的时候，如识别的 z-index 值，在同一个层叠上下文领域，层叠水平值大的覆盖小的。

（2）后来居上：当元素的层叠水平一致、层叠顺序相同的时候，处于后面的元素会覆盖前面的元素。

在 CSS 和 HTML 领域，只要元素发生了层叠问题，都离不开上面这两个准则。

层叠依赖于 z-index 这个属性来实现，z-index 属性设置元素的层叠顺序，拥有更高层叠顺序的元素总是会处于层叠顺序较低的元素的前面。

【示例】ch5/示例/z-index.html

```
<!DOCTYPE HTML>
<html>
 <head>
  <title>z-index</title>
  <style>
   img.x{  position:absolute;
        left:0px;
        top:0px;
        z-index:-1;
        width:800px;
        height:200px;
   }
  p,h1{  color:white;
        font-weight:700;
        width:750px;
   }
  </style>
 </head>
 <body>
   <h1>这是一个标题</h1>
  <hr width="750px" align="left"/>
   <img class="x" src="./images/image1.jpg" />
   <p>默认 z-index 的值为 0。此处设置图片的 z-index : -1 拥有更低的优先级，因此显示在文字下方。</p>
 </body>
</html>
```

效果如图 5-22 所示。

图 5-22　设置图片 z-index：-1 效果图

默认 z-index 的值为 0。此处设置图片的 z-index 为-1 拥有更低的优先级，因此显示在文字下方。

注意

z-index 仅能在定位元素上起作用（例如 position:absolute;）。

5.4.4 动手实践

学习完前面的内容，下面来动手实践一下吧。

结合给出的素材，运用本章所学的浮动定位等知识点实现图 5-23 所示的页面。

难点分析：

- 仔细观察，图中一共有几个块元素？它们的关系如何？
- 如何让“夕阳”“夜半”“星辉”三个 div 呈现横排效果？有几种方法？你更喜欢哪一种？使用浮动该如何实现？
- 根据之前所学知识，合理调整内外边距，使网页达到理想效果。

图 5-23 再别康桥效果

5.5 布局

网页设计中，页面布局是重要的环节，不同的应用场景需要不同的展现形式。布局最终的目的是为了让内容能够更加灵活和便捷地呈现在最终用户的眼前。

由于页面尺寸和显示器大小及分辨率有关系。一般分辨率在 800×600 的情况下，页面的显示尺寸为 780×428；分辨率在 640×480 的情况下，页面的显示尺寸为 620×311；分辨率在 1024×768 的情况下，页面的显示尺寸为 1007×600。从以上数据可以看出，分辨率越高，页面尺寸越大。

网页布局策略主要有液态布局、固定布局和弹性布局。液态布局中的各个区域能够随着浏览器窗口按比例缩放；固定布局将内容放在一个保持指定元素宽度的网页区域内，而不管浏览器窗口是多大；弹性布局是指当文本缩放时，其中的区域会放大或缩小。

5.5.1 液态布局

液态布局也称流动布局，是指在不同分辨率/浏览器宽度下，页面内容保持满屏，就像液体一样充满了屏幕。通常采用百分比的方式自适应不同的分辨率。

【示例】ch5/示例/liquid1.html

```
<div id="main">荷塘月色……</div>
```

```
<div id="extras">朱自清简介……</div>
<style>
div#main {  width: 70%;
        margin-right: 2%;
        float: left;
       background-color: #FFF799;
        border: 2px solid #6C4788;
    }
   div#extras {  width: 25%;
        float: left;
        background: orange;
        border: 2px solid #6C4788;
    }
</style>
```

执行效果如图 5-24 所示。

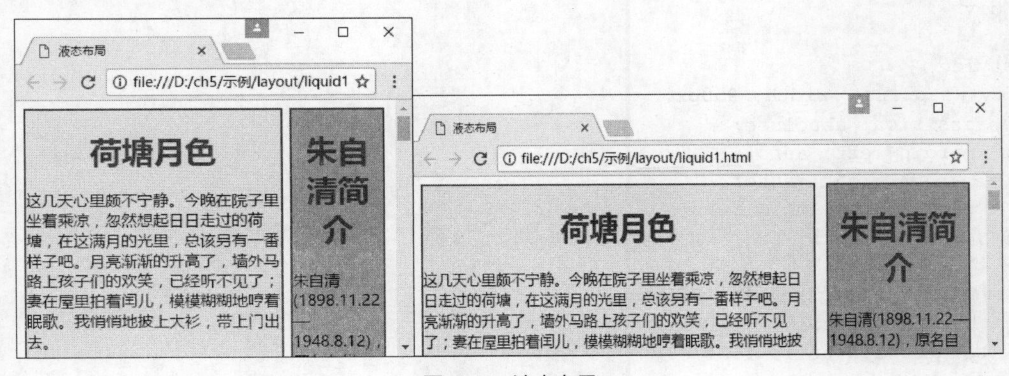

图 5-24　液态布局

在本例中，设置荷塘月色（#main）部分占其父容器 body 的 70%，朱自清简介（#extras）部分占 25%。随着浏览器窗口大小的变化，网页区域根据比例变宽或变窄，从而填充浏览器窗口的可用空间。文本则根据新的区域宽度重新流动。

【示例】ch5/示例/liquid2.html

```
<style>
    div#main{  width: auto;
      position: absolute;
      top: 0;
      left: 225px;
     background-color: #FFF799;
      border: 2px solid #6C4788;
   }
   div#extras{  width: 200px;
      position: absolute;
      top: 0;
      left: 0;
      background: orange;
      border: 2px solid #6C4788;
   }
</style>
```

在本例中，将朱自清简介（#extras）部分通过定位固定在浏览器右上角，宽度为 200px，此部分属于固定布局。设置荷塘月色（#main）部分定位在浏览器的（225,0）位置，宽度为 auto，此部分属于液态布局。随着浏览器窗口大小的变化，#extras 部分位置固定，宽度不变，而#main 部分位置固定，宽度随之改变。混合式布局方式更为灵活。

5.5.2 固定布局

固定布局相对简单，有一个设置了固定宽度的容器，里面的各个区域也是固定宽度而非百分比。选择固定布局需要决定两件事：一是选择网页宽度，一般应适应主流的分辨率，假设分辨率为 1024px，那么可将容器的宽度设置为固定宽度 950px；二是决定固定宽度布局将处于浏览器窗口的什么位置。

【示例】 ch5/示例/fixed1.html

```
<div  id="wrapper">
   <div id="main">荷塘月色……</div>
   <div id="extras">朱自清简介……</div>
</div>

<style>
 div#wrapper {  width: 950px;
     position: absolute;
     margin-left: auto;
     margin-right: auto;
     border: 1px solid black;
     padding: 0px;
      }
 div#main {  margin-left: 225px;
     background-color: #FFF799;
    border: 2px solid #6C4788;
 }
 div#extras {  width: 200px;
     position: absolute;
     top: 0;
    left: 0;
    background: orange;
     border: 2px solid #6C4788;
      }
</style>
```

在本例中，容器（#wrapper）的宽度固定为 950px。内部分为两个区域，其中#extras 区域定位为（0,0），宽度固定为 200px；#main 区域定位为（225,0），宽度没有指定，应为容器剩余的部分。页面布局如图 5-25 所示，代码运行后效果如图 5-26 所示。

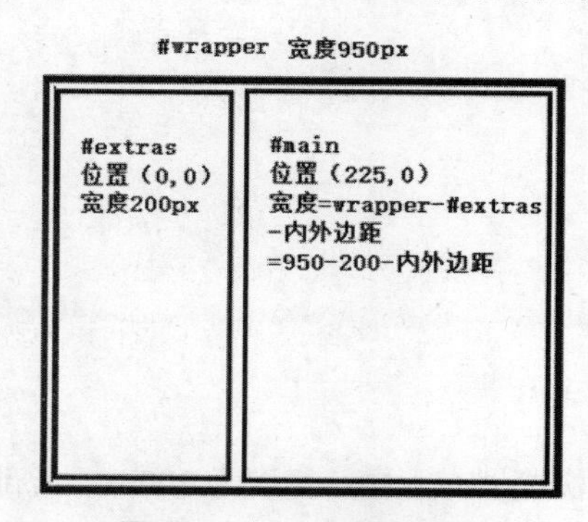

图 5-25 fixed1 页面布局图

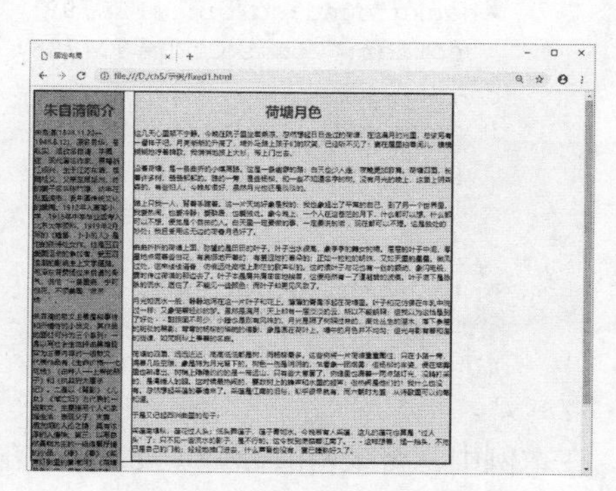

图 5-26 fixed1 的运行效果

在显示器越来越大的趋势下，1024×768 固定布局越来越不合时宜。对大屏幕的用户而言，大面积的留白给人第一眼的印象是严重浪费了屏幕空间。

【示例】ch5/示例/fixed2.html

fixed2 实现了容器在页面的居中效果。与 fixed1 相比，仅有一句代码不同。

```
div#wrapper {  width: 750px;
        position: relative;
        margin-left: auto;
        margin-right: auto;
        border: 1px solid black;
        padding: 0px;
    }
```

固定布局是目前常用的布局方法，优点是布局简便，开发人员对布局和定位有更大的控制能力。但是，因为它的宽度是固定的，无论窗口尺寸有多大，它的尺寸总是不变，所以无法充分利用可用空间。

最后一种布局方式是弹性布局，本书不再赘述。

5.5.3　动手实践

本节介绍几种常用的网页布局模板，包括：使用浮动元素的多栏布局、使用定位元素的多栏布局和居中的固定宽度网页。由于源码较长，本节不再附源码和所有的效果图，请读者自行阅读学习。

1. 使用浮动元素的多栏布局

创建栏的一种方法是将一个元素浮动到一边，让其他部分的内容环绕它；宽的外边距用来保持浮动栏周围的区域清晰。其优势是可以轻易地在网页的分栏区域下面摆放网页元素；劣势是界面依赖于元素在源码中的出现顺序。

【示例】ch5/示例/fdyt.html，实现浮动液态布局效果，如图 5-27 所示。

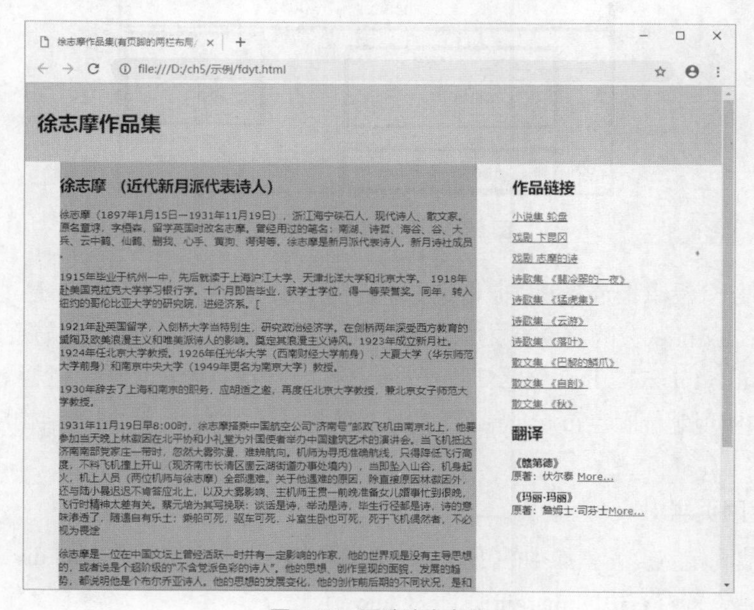

图 5-27　浮动液态布局

液态结构布局如图 5-28 所示。

在本例中 main 部分宽度占 60%，左右外边距 5%；extra 部分的右外边距 5%，剩余 25%即为 extra 部分的宽度。每个部分的宽度都会随着页面总体宽度的变化而变化。

【示例】ch5/示例/ fdgd.html，实现浮动固定布局效果。浮动固定结构布局如图 5-29 所示。

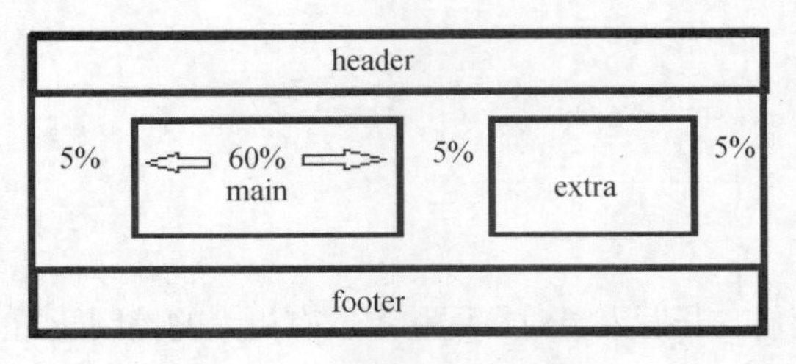

图 5-28 浮动液态结构图

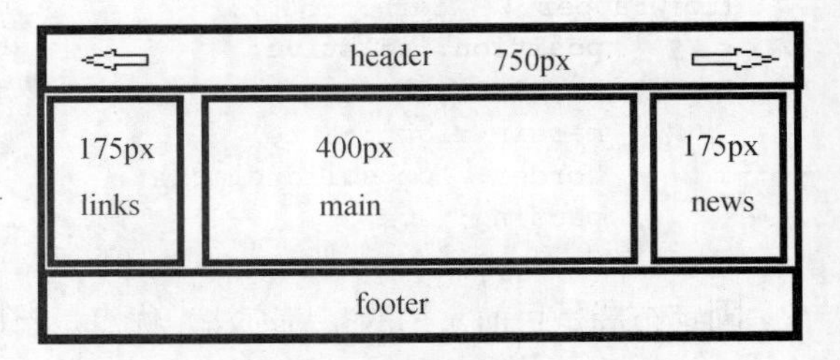

图 5-29 浮动固定结构图

在本例中，为“同”字布局，所有部分的宽度都是固定，总宽度为 750px，左右两侧 links 和 news 部分的宽度均为 175px，中间的 main 部分宽度为 400px。页面宽度的变化不会影响其他的部分。

2. 使用绝对定位布局

使用绝对定位布局的优势是源码文档中的顺序不那么重要，因为元素盒子可以摆放在任何位置；劣势是要承担元素重叠和内容模糊的风险。

在栏下面要慎重地应用全宽元素，因为定位栏太长，就会重叠。

【示例】ch5/示例/dwytbj-zyj-ll.html，实现定位液态布局，界面为窄页脚、两栏效果。结构图如图 5-30 所示。

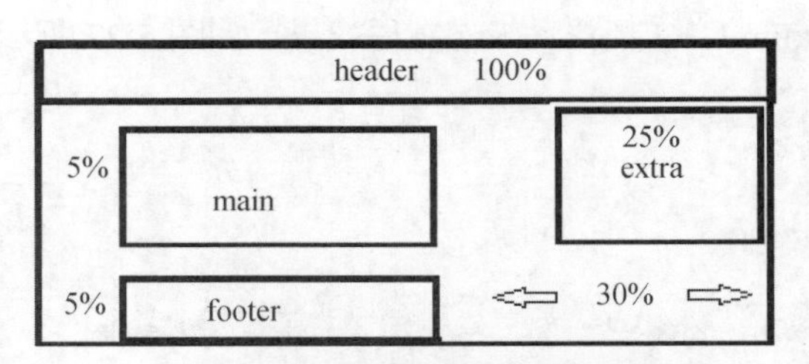

图 5-30 定位液态布局结构图

本例中 main 部分没有指定宽度，但指定了左外边距 5%，右外边距 30%，通过计算得到 main 部分的宽度是 65%；Extra 部分的宽度是 25%，绝对定位到右上角；header 部分与页面同宽。

在 ch5/示例/dwytbj-zyj-s.html 中实现定位液态布局，界面为窄页脚、三栏效果；在 ch5/示例/dwgdbj-sl.html 中实现定位固定布局，界面为栏间边界线、三栏效果。代码及结构此外不再赘述。

3. 固定宽度网页居中

在 CSS 中，使固定宽度元素居中的正确方法是：指定包含整个网页内容的 div 元素的宽度，然后设置左右边的 margin 属性为 auto 值。

【示例】ch5/示例/dwwyj.html，实现定位布局，无页脚效果，如图 5-31 所示。

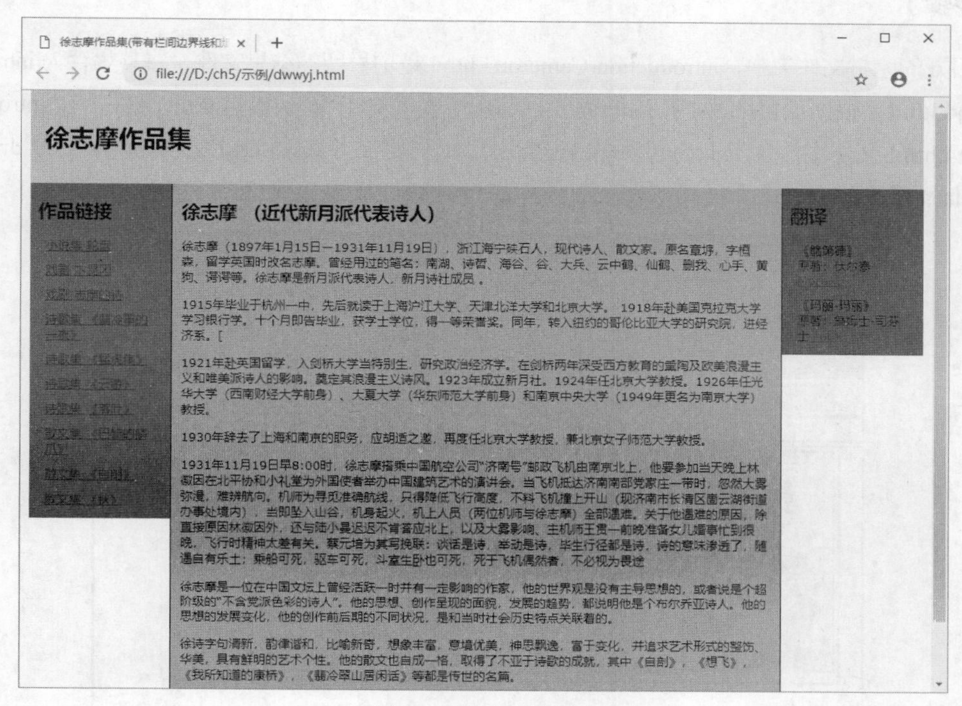

图 5-31　居中定位布局

在 ch5/示例/fdyyj.html 中，实现浮动布局，有页脚效果。需要说明的是，可以用负的 margin 属性值来有效地将网页中窗口块居中对齐。

在 ch5/示例/dwwyj-margin.html 中，实现定位布局，无页脚效果。

在 ch5/示例/fdyyj-magin.html 中，实现浮动布局，有页脚效果。

项目九　个人简介 4——CSS 属性设置及 T 形布局

本项目的目的是为了加强读者对 5.1～5.3 节知识点的理解和巩固。

【项目目标】

- 灵活运用 CSS 选择器。
- 深入理解继承的意义。
- 熟练掌握 CSS 的文本、背景等常用属性的设置。
- 理解盒模型的概念。

【项目内容】

- 练习 CSS 的复杂样式。
- 练习 CSS 字体、前景、背景的设置。
- 练习盒模型的定义，内外边距的设置。

【项目步骤】

项目九的素材文件夹中，introduction-Cameron3.html 是项目四的结果文件，将其另存为 introduction-Cameron4.html。根据项目图 9-1 布局的需要，利用个人简介卡梅隆-素材 4.txt 文件，在 introduction-Cameron4.html 文件里添加 top、nav 和 pos 三部分，适当定义并修改 html 文档结构，划分 div 并设置其 id、class 属性。

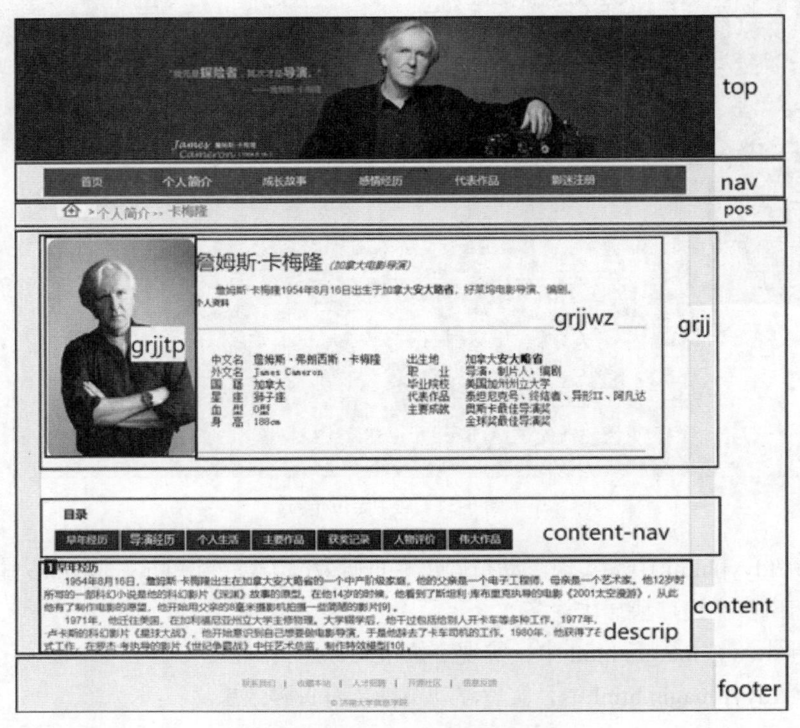

项目图 9-1　个人简介页面分层图

1. main.css 部分的设置

将本项目中所有网页会用到的通用样式规则均保存在 css/main.css 文件中，包括 body 的部分样式，及 nav、pos、footer、content 区域。

请回忆 CSS 的三种附加方式，本次使用的是外部样式表。

将个人简介卡梅隆-素材 4.txt 中的代码，粘贴到 introduction-Cameron4.html 的<body>标签的开始位置处。打开素材目录中的 main.css 样式文件，将以下样式规则写入。

（1）清除所有区域内外边距

各个浏览器都有自带的默认内外边距，为了让后续的设置更准确，先将浏览器的默认边距清除。

```
*{  margin:0;  Padding:0;  }
```

（2）body 部分

字体：设置为通用字体族 arial，helvetica，sans-serif；字号为 16px；高度为自动；背景色为#f0f0f0。

（3）nav 部分

① nav。

宽度：1000px；高度：45px；外边距：margin:0 auto；背景色：#D40B07；字体大小：17px。

② navli 部分。

宽度：150px；高度：45px；文本对齐方式：居中；浮动方式：left；行高：45px；列表样式：无。

③ navli 链接及 visited 链接。

前景色：白色；文本修饰：无。

④ navli 鼠标悬浮。

文本修饰：下划线。

（4）pos 部分

① pos。

宽度：960px；外边距：0 auto；内边距均为 10px；字号：1.3em；字体：微软雅黑；字色：#4f4f4f。

② pos img 部分。

左浮动。

③ pos p 部分。

前景色：白色；字号：16px。

④ pos span 部分。

字号：12px。

（5）content 部分

宽度：1000px；背景色：白色；内边距：5px；外边距：margin:10px auto；边框：1px solid rgb(197,207,245)。

（6）footer 部分

① footer。

- 在 introduction-Cameron4.html 文档中对“联系我们|收藏本站|人才招聘……”定义类选择器.info。“©济南大学信息学院”定义类选择器.copy。
- 浮动：清除所有浮动；对齐方式：居中；上内边距：35px；字号：13px。

② .info 超链接及 visited 链接。

前景色：#999；文本修饰：无下划线。

③ .info 鼠标悬浮。

字色：黑色；文本修饰：下划线。

④ .copy。

上外边距：15px；下外边距：35px；前景色：#999。

2. introduction.css 部分的设置

将当前页面独特的 CSS 样式规则保存在 css/introduction.css 文件中。素材文件夹中已建立空文件 css/introduction.css。注意，在当前网页中要引入 introduction.css。打开该文件并将以下样式规则写入。

（1）页面顶部 top 部分

设置图片样式（#top>img），如项目图 9-2 所示。

项目图 9-2　顶部图片

外边距 margin：0 auto；宽度：100%，高度：自动；对齐方式：居中。

（2）body 部分

利用标签选择器，将 h1、h3、hr 的外边距设为 15px。

h1：微软雅黑，正常粗细 normal。

（3）grjj 部分

由 grjjtp 和 grjjwz 两部分组成，如项目图 9-3 所示。

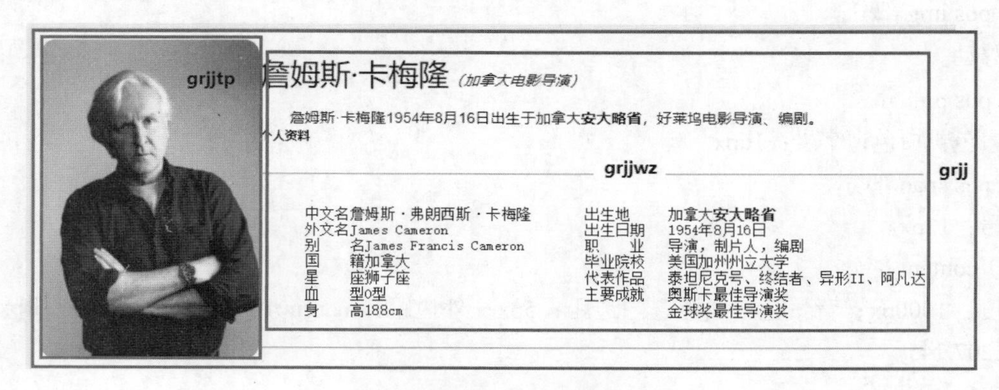

项目图 9-3　grjj 部分

① grjj。

外边距 3px，内边距 3px，宽度 940px，背景色白色。

② grjjtp 部分。

浮动：左浮动；圆角矩形中 border-radius：15px；宽度：230px；高度自动。

③ grjjwz 部分。

将第一段文字标题，“(加拿大电影导演)”部分，采用行内 style 样式并设置字号为 16px，斜体。

（4）content-nav 部分

设置效果如项目图 9-4 所示。

早年经历	导演经历	个人生活	主要作品	获奖记录	人物评价	伟大作品

项目图 9-4　content-nav 效果

① content-nav。

高度：25px；宽度：960px；字号：16px；外边距：5px，内边距：10px。

② #content-navli。

左浮动；列表样式 list-style-type：无。

③ #content-nav li a。

前景色：白色；文字修饰：无下划线；内边距：上下均为 4px；宽度：100px，高度：25px；文字：居中；背景色：rgb(28,28,28)；左外边距：2px；显示框类型：display:block。

④ 当鼠标经过时，前景色和背景色改变颜色。

前景色：黑色；背景色：rgb(106,106,106)，效果如项目图 9-5 所示。

早年经历　导演经历　个人生活　主要作品　获奖记录　人物评价　伟大作品

项目图 9-5　鼠标经过效果

⑤ 清除浮动。

在“1 早年经历”所在的<div id="descrip">之前，加入一个空 div 用来清除浮动，并设置高度为 30px。

```
<div style="clear:both;height:30px"></div>
```

⑥ 将文中所有<p>标签首行缩进两个字符。

⑦ 设置 ID 选择器样式 content-pic 使图片居右环绕，效果如项目图 9-6 所示。

浮动方式：右浮动；图片宽：200px；高：auto。

⑧ 设置“主要作品”中 li 的 list-style-type 样式为 none。

（5）设置序号

将文中“1”“2”“3”“4”“5”“6”使用同一个类选择器设置样式，类选择器名为 xh，效果如项目图 9-6 所示。

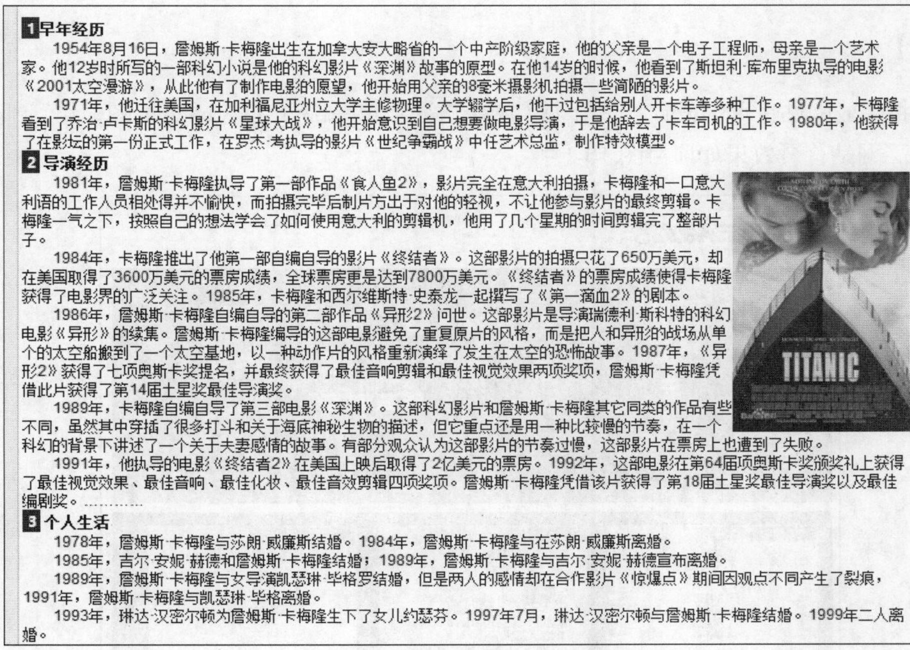

1 早年经历

1954年8月16日，詹姆斯·卡梅隆出生在加拿大安大略省的一个中产阶级家庭，他的父亲是一个电子工程师，母亲是一个艺术家。他12岁时所写的一部科幻小说是他的科幻影片《深渊》故事的原型。在他14岁的时候，他看到了斯坦利·库布里克执导的电影《2001太空漫游》，从此他有了制作电影的愿望，他开始用父亲的8毫米摄影机拍摄一些简陋的影片。

1971年，他迁往美国，在加利福尼亚州立大学主修物理。大学辍学后，他干过包括给别人开卡车等多种工作。1977年，卡梅隆看到了乔治·卢卡斯的科幻影片《星球大战》，他开始意识到自己想要做电影导演，于是他辞去了卡车司机的工作。1980年，他获得了在影坛的第一份正式工作，在罗杰·考执导的影片《世纪争霸战》中任艺术总监，制作特效模型。

2 导演经历

1981年，詹姆斯·卡梅隆执导了第一部作品《食人鱼2》，影片完全在意大利拍摄，卡梅隆和一口意大利语的工作人员相处得并不愉快，而拍摄完毕后制片方出于对他的轻视，不让他参与影片的最终剪辑。卡梅隆一气之下，按照自己的想法学会了如何使用意大利的剪辑机，他用了几个星期的时间剪辑完了整部片子。

1984年，卡梅隆推出了他第一部自编自导的影片《终结者》。这部影片的拍摄只花了650万美元，却在美国取得了3600万美元的票房成绩，全球票房更是达到7800万美元。《终结者》的票房成绩使得卡梅隆获得了电影界的广泛关注。1985年，卡梅隆和西尔维斯特·史泰龙一起撰写了《第一滴血2》的剧本。

1986年，詹姆斯·卡梅隆自编自导的第二部作品《异形2》问世。这部影片是导演瑞德利·斯科特的科幻电影《异形》的续集。詹姆斯·卡梅隆编导的这部电影避免了重复原片的风格，而是把人和异形的战场从单个的太空船搬到了一个太空基地，以一种动作片的风格重新演绎了发生在太空的恐怖故事。1987年，《异形2》获得了七项奥斯卡奖提名，并最终获得了最佳音响剪辑和最佳视觉效果两项奖项，詹姆斯·卡梅隆凭借此片获得了第14届土星奖最佳导演奖。

1989年，卡梅隆自编自导了第三部电影《深渊》。这部科幻影片和詹姆斯·卡梅隆其它同类的作品有些不同，虽然其中穿插了很多打斗和关于海底神秘生物的描述，但它重点还是用一种比较慢的节奏，在一个科幻的背景下讲述了一个关于夫妻感情的故事。有部分观众认为这部影片的节奏过慢，这部影片在票房上也遭到了失败。

1991年，他执导的电影《终结者2》在美国上映后取得了2亿美元的票房。1992年，这部电影在第64届项奥斯卡奖颁奖礼上获得了最佳视觉效果、最佳音响、最佳化妆、最佳音效剪辑四项奖项。詹姆斯·卡梅隆凭借该片获得了第18届土星奖最佳导演奖以及最佳编剧奖。…………

TITANIC

3 个人生活

1978年，詹姆斯·卡梅隆与莎朗·威廉斯结婚。1984年，詹姆斯·卡梅隆与在莎朗·威廉斯离婚。

1985年，吉尔·安妮·赫德和詹姆斯·卡梅隆结婚；1989年，詹姆斯·卡梅隆与吉尔·安妮·赫德宣布离婚。

1989年，詹姆斯·卡梅隆与女导演凯瑟琳·毕格罗结婚，但是两人的感情却在合作影片《惊爆点》期间因观点不同产生了裂痕，1991年，詹姆斯·卡梅隆与凯瑟琳·毕格离婚。

1993年，琳达·汉密尔顿为詹姆斯·卡梅隆生下了女儿约瑟芬。1997年7月，琳达·汉密尔顿与詹姆斯·卡梅隆结婚。1999年二人离婚。

项目图 9-6　图片环绕效果

内边距：1px 5px；字号：17px；字色：白色；背景：rgb(28,28,28)。

字体："Microsoft yahei"；显示框类型：display:inline-block。

高度：25px；宽度：12px。

本题将元素类型由行内元素改变为行内块级元素，作用是什么？

项目十　首页——定位及 T 形布局

本项目的目的是为了加深读者对 5.4 节和 5.5 节知识点的理解。

【项目目标】

- 掌握利用网页元素精确定位的方法。
- 掌握控制堆叠次序的方法。
- 掌握简单的 T 形页面布局方法。

【项目内容】

- 练习元素的浮动方法。
- 练习相对定位、绝对定位和固定定位的属性。
- 练习层叠属性 z-index。
- 练习页面布局。

【项目步骤】

本项目将完成网站首页的设计，设计分为两个部分：第一部分完成 banner 图，第二部分完成首页 T 形布局。网站首页效果如项目图 10-1 所示。

项目图 10-1　网站首页效果

整个页面盒子的嵌套关系如项目图 10-2 所示。

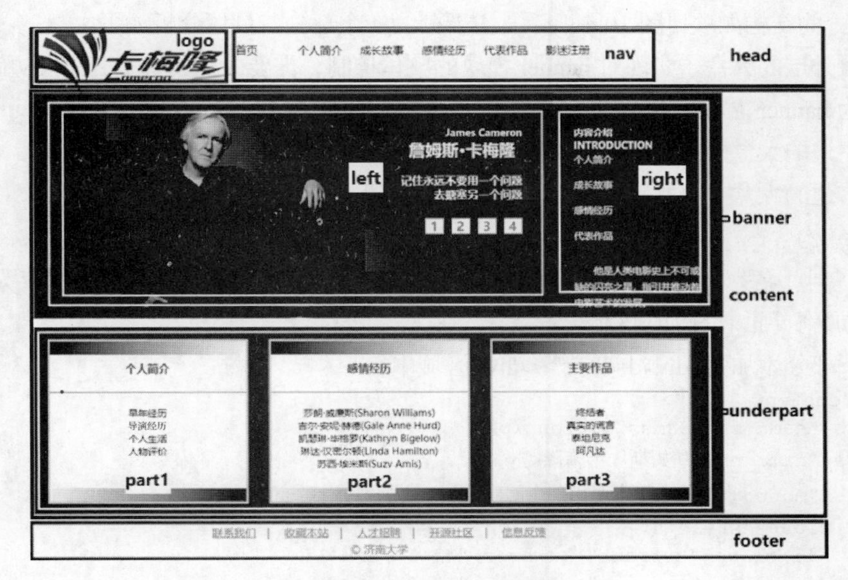

项目图 10-2　首页结构图

1. banner 图的设计

（1）结构分析

项目图 10-3 所示为 banner 图界面，其设计的难度在于如何让文字、图片准确定位。

项目图 10-3　banner 效果图

整个 banner 图可以分为左右两部分，其中左边为座右铭，右边为内容介绍。座右铭部分由背景图片、网站标题、座右铭和切换数字构成，内容介绍部分由背景色、小标题和总结构成，banner 图的结构分析如项目图 10-4 所示。

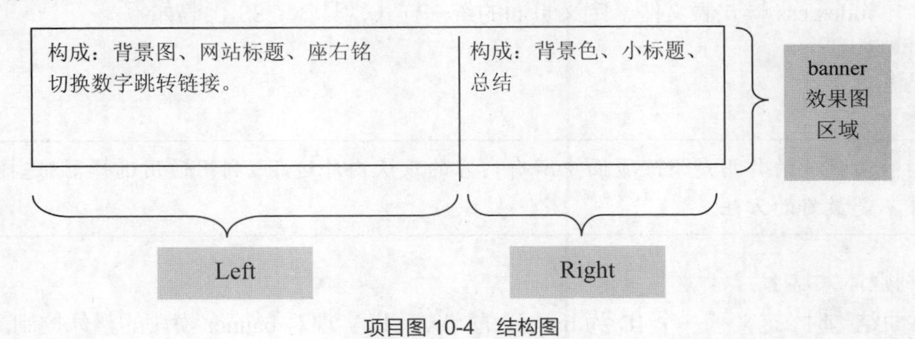

项目图 10-4　结构图

（2）样式分析

banner 部分的结构如项目图 10-4 所示，主要分为 4 个部分，具体分析如下。

① 通过最外层的大盒子实现对 banner 模块的整体控制，需要为其设置宽、高及边距样式。

② 通过为 banner 左右的两个盒子设置浮动，实现 banner 左右布局的效果。

③ 控制左边的大盒子，并定义内部网站标题、座右铭和切换数字等的样式。

④ 控制右边的大盒子，并定义内部小标题、总结等的样式。

（3）页面结构

素材文件夹中，名为“index-html 素材.html”的文件给出了网页基本结构，将其另存为 index.html，将下列内容添加到页面中的相应区域。

① 将以下部分添加到<div id="left"></div>区域中。

```
<div id="content_left">
  <p class="name_en">JamesCameron</p>
  <p class="name_ch">詹姆斯·卡梅隆</p>
  <p class="motto">记住永远不要用一个问题<br/>去搪塞另一个问题</p>
      <ul class="style_a">
           <li class="current"><a href="#">1</a></li>
           <li class="current"><a href="#">2</a></li>
           <li class="current"><a href="#">3</a></li>
           <li class="current"><a href="#">4</a></li>
      </ul>
</div>
```

② 将以下部分添加到<div id="right"></div>区域中。

```
<div id="content_right">
       <h4>内容介绍<br/>INTRODUCTION</h4>
       <ul class="style_icon">
            <li><a href="#">个人简介</a></li>
            <li><br/></li>
            <li><a href="#">感情经历</a></li>
            <li><br/></li>
            <li><a href="#">代表作品</a></li>
       </ul>
   <p class="c1">他是人类电影史上不可或缺的闪亮之星，指引并推动着电影艺术的发展。</p>
</div>
```

（4）定义 CSS 样式

① 定义基础样式。

以下所有样式都写在 css/index.css 文件中。

首先打开 index.css 样式表文件，定义页面的统一样式，具体 CSS 代码如下：

```
*{  padding:0px;
    margin:0px;
}
```

注意

此代码的作用是清除页面中所有内容的默认内外边距，利用通用选择器*选择所有元素并不是最好的方法。

② 控制整体大盒子。

制作页面结构时，定义了一个 ID 为 banner 的<div>，以实现对 banner 模块的整体控制。通过 CSS

样式设置其宽度和高度，并设置“overflow:hidden”以防止溢出内容出现在元素框外。此外，为了使页面在浏览器中居中，可以对其应用外边距属性 margin。具体的 CSS 代码如下：

```
#banner{
        font-family:"微软雅黑";
        font-size:14px;
        color:#fff;
        width:1000px;
        height:335px;
        overflow:hidden;
        margin:auto;
}
```

③ 控制左边的大盒子。

由于 banner 整体由左右两部分构成，可以通过浮动实现左右两个盒子在一行中排列显示的效果。下面定义一个 ID 选择器 left，控制左边的盒子，确定其宽高及定位样式，并加相应的背景图片。

设置#left 部分：相对定位，宽度为 755px，高度为 335px，文字加粗，背景图片为 images 目录下的 img_left.jpg，左浮动。

④ 定义左边大盒子里整体内容的样式。

对于左边盒子的内容，定义 ID 选择器为 content_left，采用绝对定位方式，以控制元素的显示位置。此外，还要设置文字对齐方式为右对齐。

设置#content_left 部分：绝对定位，top 为 50px，right 为 45px，文字居右对齐。

⑤ 定义左边大盒子里各内容的样式。

对于网站标题、座右铭、切换数字等各部分内容，主要定义它们的字体、字号、边距、文本颜色、背景图像及浮动样式。

- 设置.name_en 部分。

字体大小 14px。

- 设置.name_ch 部分。

字体大小 24px；黑体；右内边距 10px。

- 设置.motto 部分。

字体大小 16px；黑体；上外边距 20px。

- 设置 ul.style_a 部分。

上外边距：25px；左外边距：120px；列表项 list-style 设置为 none；溢出部分隐藏 overflow:hidden。

- 设置 ul.style_a li 部分。

左浮动；左外边距：10px。

- 设置 ul.style_a li a 部分。

白色背景；边框为 1px solid #ff7202；宽度：26px；高度：22px；文本居中对齐；行高：22px；垂直居中对齐；块级显示；字体颜色：#ff7202；字体大小：18px；文本修饰：无。

- 设置 ul.style_a li.current a:hover 部分。

相对定位；宽度 30px；高度 26px；行高 26px；背景色为#ff7202；前景色为白色；上外边距-2px。

⑥ 控制右边大盒子及整体内容样式。

首先，对右边大盒子定义 ID 为 right 的选择器，定位右浮动属性，对其内容部分 content_right

同样可以运用绝对定位到相应的位置，同时对父元素 right 设置相对定位。

- 设置#right 部分。

相对定位；宽度 245px；高度 335px；背景色#4b4642；右浮动。

- 设置#content_right。

绝对定位；top:50px；left:30px。

⑦ 分别定义右边大盒子里各内容的样式。

接下来需要定义右边大盒子里各部分内容的样式。值得注意的是，由于需要定义<li>的浮动属性，下面的元素会受其影响，所以需要对类名为 cl 的文本内容设置清除浮动属性。

- 设置 ul.style_icon li a:visited 部分。

字体颜色：白色；文本修饰：无。

- 设置 ul.style_icon li a:hover 部分。

字体颜色：#ff7202；文本修饰：下划线。

- 设置 ul.style_icon li a:link 部分。

字体颜色：白色；文本修饰：无。

- 设置 ul.style_icon 部分。

上外边距 10px。

- 设置 ul.style_icon li 部分。

列表项 list_style 设置为 none。

- 设置.c1 部分。

清除所有浮动；上外边距 30px；右外边距 30px；首行缩进两个字符；行高 24px。

至此，完成了 banner 效果。

通过本项目，思考如何控制父容器和子元素的相对位置。

2. 网站首页的设计

打开素材文件夹中的 css/index.css 文件，将样式规则存放在该文件中。

① head 区域。

- 定义 id 选择器#head。

上外边距为 15px；宽度 1000px；高度 75px；在页面居中显示（通过使用 margin:0px auto;）。

② nav 区域。

- 定义 id 选择器#nav。

宽 850px；高 73px；左外边距 20px；上外边距 20px；字体：微软雅黑；字体大小 16px。

- 选择父元素 nav 包含的所有 ul（#nav ul）。

列表项 list-style 设置为 none。

- 选择父元素 nav 包含的 ul 下的所有 li（#nav ul li）。

上外边距 25px；左浮动；宽 90px。

- 选择父元素 nav 包含的 ul 下的所有 li 下的链接（#nav ul li a:link）。

链接字体：黑色；无下划线。

- 选择父元素 nav 包含的 ul 下的所有 li 下的悬浮链接（#nav ul li a:hover）。

当鼠标悬浮字体变为绿色；粗体；有下划线。

- 设置父元素 nav 包含的 ul 下的所有 li 下的访问后链接（#nav ul li a:visited）。

字体变为黑色；粗体；无下划线。

③ logo 区域。

- 设置 id 选择器# logo 部分。

设置背景为 images/logo.png；设置宽度 295px；高度 100px；no-repeat；左浮动。

④ underpart 区域。

underpart 部分包括三个小盒子 part1、part2、part3（见项目图 10-2）。

- 定义 id 选择器#underpart。

宽度 1000px；高度 280px；外边距：13px auto 15px auto；背景色：#3c3c3c；overflow：hidden；文本居中。

- 定义三个 id 选择器#part1、#part2、#part3。

宽度 285px；高度 240px；背景图片：images/bj.jpg；边框样式：solid；边框宽度 3px；边框颜色#ccc；外边距：18px 15px 15px 15px；字体大小 16px；字体颜色#000；左浮动；overflow：hidden。

- 单独设置#part1 的样式。

左外边距 20px。

- 设置#part1、#part2、#part3 三部分的鼠标悬浮样式（#part1:hover、#part2:hover、#part3:hover）。

当鼠标悬浮，边框颜色#ff7202。

- 设置#part1、#part2、#part3 三部分内的子元素 h4 标题样式（#part1>h4、#part2>h4、#part3>h4）。

字体：微软雅黑；字体大小 16px；字体颜色#ce0000；上外边距 30px；下内边距 25px；下边框：1px 直线 颜色#777。

- 设置#part1、#part2、#part3 三部分内的后代元素 li 样式（#part1 li、#part2 li、#part3 li）。

字体：微软雅黑；字体大小 14px；字体颜色#000。

⑤ footer 部分。

- 选择 id 选择器#footer 。

宽度 1000px；高度 50px；叠放次序（z-index）：100；前景色#777；行高 25px；外边距：auto；footer 内的超链接颜色（#footer a:link）：#777。

项目十一　成长故事 3、影迷注册——CSS 属性综合练习

本项目的目的是为了加深读者对 CSS 常用属性的灵活运用，对常用网页布局的实践。

【项目目标】

- 灵活运用 CSS 属性进行页面布局。
- 掌握常用的页面布局。
- 熟练掌握表单元素的使用。

【项目内容】

- 熟悉各种页面布局的方法。
- 练习 CSS 各种属性的使用。

【项目步骤】

素材文件夹中 growthStory2.html 是项目七的效果文件，将其另存为 growthStory3.html。css/growthStory.css 样式文件是原 growthStory2.html 页面样式设置，根据下面的描述添加其他的样式规则，最终完成项目图 11-1 所示的页面。

growthStory.css 是由项目七中所有样式汇总组成，本次项目实验中的素材中已经提供。

项目图 11-1　成长故事页面效果图

1. 添加通用内容

（1）文档结构化

在<body>标签后面添加 logo、nav、pos 三部分内容。

```
<body>
<!--logobegin>
<div id="logo">
    <img src="images/logo.png" />
</div>
<!--logoend-->
<!--navbegin-->
<ul id="nav">
    <li><a href="#">首页</a></li>
    <li><a href="#">个人简介</a></li>
    <li><a href="#">成长故事</a></li>
```

```
        <li><a href="#">感情经历</a></li>
        <li><a href="#">代表作品</a></li>
        <li><a href="#">影迷注册</a></li>
    </ul>
    <!--navend-->
    <!--posbegin-->
    <div id="pos">
        <img src="images/location.png">个人简介<span>&gt;&gt;</span>卡梅隆
    </div>
    <!--posend-->
```

保存，在浏览器中打开网页以查看效果，如项目图 11-2 所示。

项目图 11-2　添加 HTML 标签后的效果

（2）添加通用样式

main.css 文件是网站中所有网页的共有样式，在 growthStory3.html 文件中可直接使用。我们可在页面的<head>部分加入对 main.css 样式表的引用：

```
<link rel="stylesheet" type="text/css" href="css/main.css">
```

保存，并在浏览器中打开网页以查看效果，如项目图 11-3 所示。

项目图 11-3　引用 main.css 后的效果

main.css 在前几次实验中已经对各网页的相同部分（包括 nav、content、pos、footer）定义好了样式规则。

（3）设置 logo 部分样式

打开 css/growthStory.css 文件，将下面的样式规则写入该文件中。

宽度：1000px；背景色：白色；外边距：margin：0px auto。

2. content 部分

总体思路：成长故事页面的“content”由“news”和“aside”左右两部分组成，左边部分“news”包含着 growthStory3.html 页面中的原有内容，右边部分“aside”是新添加的内容。先添加好“aside”内容后，再设置浮动，实现项目图 11-1 效果。

（1）改造 news 内容

将 growthStory3.html 页面中原有内容从第一部分到第六部分包含在<div id="news">中，结构如下所示：

```
<div id="news">
    <!--第一部分-->
    <div id="header">
    …
    <!--第六部分-->
    <div id="note">……
</div><!--news end-->
```

（2）添加 aside 内容

接下来，利用成长故事 3 素材.txt 文件的内容，在 growthStory3.html 文件中添加“aside”的 html 部分。因为有多条新闻内容，将每一条新闻定义在一个 div 中，所有的新闻包裹在 aside 的 div 中。整个<div id="aside">紧跟在<div id="news">后面。

```
<!--asidebegin-->
<div id="aside">
<!--listbegin-->
<div class="list">
    <h1>卡梅隆新闻</h1><img src="images/tubiao.png">
    <h2>News about JamesCameron</h2>
    <img src="images/products1.jpg" height="90" width="90"><h3>卡梅隆的无人机设想</h3>
    <p>著名导演詹姆斯·卡梅隆也开始关注无人机拍摄技术了。...</p>
    <ul>
       <li>《阿凡达》导演卡梅隆助《终结者 5》暑期争霸</li>
       <li>奥斯卡名导卡梅隆举办无人机大赛为新片选机</li>
       <li>卡梅隆想用无人机拍电影无人机影视要再火一把?</li>
   </ul>
</div>
<!--listend-->
<!--listbegin-->
<div class="list">
<h1>盘点卡梅隆的感情世界</h1><img src="images/tubiao.png">
<h2>Emotional World</h2>
<img src="images/products2.jpg" height="90" width="90"><h3>卡梅隆与他的五任妻子</h3>
<p>好莱坞顶尖大导演詹姆斯·卡梅隆是个在好莱坞却是个名声最坏异类...</p>
```

```
    <ul>
        <li>第一任妻子莎朗·威廉斯（服务员）</li>
        <li>第二任妻子吉尔·安妮·赫德（制片人）</li>
        <li>第三任妻子凯瑟琳·毕格罗（导演）</li>
        <li>第四任妻子琳达·汉密尔顿（演员）</li>
        <li>现任妻子苏茜·埃米斯（演员）</li>
    </ul>
</div>
<!--listend-->
<!--listbegin-->
<div class="list">
    <h1>优秀作品</h1><img src="images/tubiao.png">
    <h2>Excellent works  </h2>
    <img src="images/products3.jpg" height="90" width="90"><h3>历年优秀作品赏析</h3>
    <p>1954 年 8 月 16 日生于加拿大的著名电影导演，擅长拍摄动作片以及科幻电影...</p>
    <ul>
        <li>阿凡达</li>
        <li>深海异形</li>
        <li>食人鱼</li>
        <li>深渊幽灵</li>
        <li>泰坦尼克</li>
        <li>真实的谎言</li>
    </ul>
</div>
<!--listend-->
</div><!--aside end-->
```

保存，在浏览器中打开网页以查看效果，如项目图 11-4 所示。

注：文章转载自网络

回响：从卡车司机到阿凡达导演，卡梅隆给我们带来的不仅仅是一部部伟大的电影作品，更值得让我们学习的是他那为了实现长达32年之久梦想的精神。其实，我们每个人都可以创造出属于自己心中的那个“阿凡达”。

卡梅隆新闻

News about James Cameron

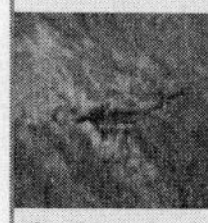

卡梅隆的无人机设想

著名导演詹姆斯·卡梅隆也开始关注无人机拍摄技术了。...
《阿凡达》导演卡梅隆助《终结者5》暑期争霸
奥斯卡名导卡梅隆举办无人机大赛为新片选机
卡梅隆想用无人机拍电影无人机影视要再火一把?

盘点卡梅隆的感情世界

Emotional World

项目图 11-4　添加 aside 内容后效果

（3）content 部分结构化

aside 部分顺序排列在 news 部分的下面，要实现项目图 11-5 所示 content 部分的布局，需要进行 div 的设置。

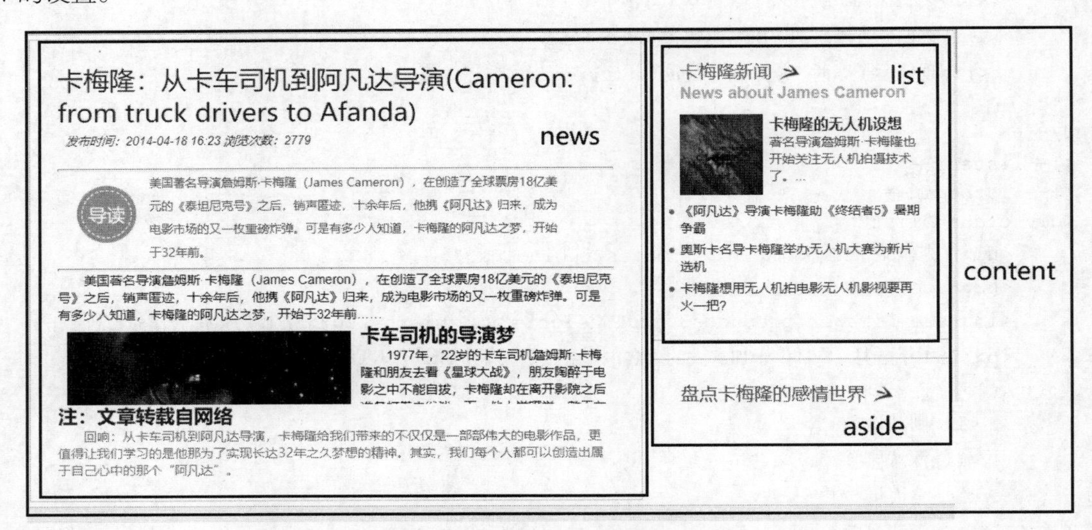

卡梅隆：从卡车司机到阿凡达导演(Cameron: from truck drivers to Afanda)
发布时间：2014-04-18 16:23 浏览次数：2779
news
导读
美国著名导演詹姆斯·卡梅隆（James Cameron），在创造了全球票房18亿美元的《泰坦尼克号》之后，销声匿迹，十余年后，他携《阿凡达》归来，成为电影市场的又一枚重磅炸弹。可是有多少人知道，卡梅隆的阿凡达之梦，开始于32年前。
美国著名导演詹姆斯·卡梅隆（James Cameron），在创造了全球票房18亿美元的《泰坦尼克号》之后，销声匿迹，十余年后，他携《阿凡达》归来，成为电影市场的又一枚重磅炸弹。可是有多少人知道，卡梅隆的阿凡达之梦，开始于32年前……
卡车司机的导演梦
1977年，22岁的卡车司机詹姆斯·卡梅隆和朋友去看《星球大战》，朋友陶醉于电影之中不能自拔，卡梅隆却在离开影院之后
注：文章转载自网络
回响：从卡车司机到阿凡达导演，卡梅隆给我们带来的不仅仅是一部部伟大的电影作品，更值得让我们学习的是他那为了实现长达32年之久梦想的精神。其实，我们每个人都可以创造出属于自己心中的那个“阿凡达”。
卡梅隆新闻
News about James Cameron
list
卡梅隆的无人机设想
著名导演詹姆斯·卡梅隆也开始关注无人机拍摄技术了。...
《阿凡达》导演卡梅隆助《终结者5》暑期争霸
奥斯卡名导卡梅隆举办无人机大赛为新片选机
卡梅隆想用无人机拍电影无人机影视要再火一把？
content
盘点卡梅隆的感情世界
aside

项目图 11-5　content 部分布局效果

需要将 news 和 aside 部分包裹在一个 content 层里。

层次结构代码如下所示。

```
<div id="content">
<div id="news">
    <!--第一部分-->
    <div id="header"><h1>卡梅隆：从卡车…</h1></div>
    <!--第二部分-->
    <div id="subhead" >
        ...
    </div>
    …
  </div><!--news end-->
 <div id="aside">
      <div class="list">
           ...
       </div>
       ……
 </div><!--aside end-->
</div><!--content end-->
```

至此，页面的内容部分添加完毕，开始进行样式设定。

（4）content 部分样式设置

打开 growthStory.css 文件，将样式添加在此文件中。

① 定义#news,#aside。

左浮动。

② news 部分。

- #news。

设置边框：1px solid #e0d4af；宽度：602px；内边距 padding：25px 30px；背景色：白色。

- .afanda。

宽度自动；高度：200px；左浮动；外边距：10px。

③ aside 部分。

- #aside。

左外边距：10px；高度自动。

- 定义.list。

设置边框：1px solid #e0d4af；内边距：24px 30px；宽度：264px；下外边距：20px；背景色：白色。

- 定义.list h1。

左浮动；行高：26px；字号：20px；前景色：#6d6d6d；右外边距：8px。

- 定义.list h2。

行高：18px；字号：18px；前景色：#bcbcbc；上外边距：7px；下外边距：15px；清除所有浮动。

- 定义.list h3。

字号：16px；前景色：#d40b07。

- 定义.list img。

左浮动；右外边距：7px。

- 定义.list p。

字号：14px；前景色：#666。

- 定义.list ul。

上外边距：20px；清除所有浮动。

- 定义.list li。

列表项图片 list-style-image: url(../images/icon.png)；前景色：#444；字号：14px；下外边距：5px。

此时页面设置基本完成，保存，在浏览器中打开网页以查看效果，如项目图 11-6 所示。

卡梅隆：从卡车司机到阿凡达导演(Cameron: from truck drivers to Afanda)

卡梅隆新闻 →
News about James Cameron

项目图 11-6　content 无法撑开

项目图 11-6 中 id 为 content 的 div 为什么没有被内容撑开？

3. 清除浮动

观察 content 层并没有包裹住 news 和 aside 部分，需要在 aside 层的后面增加一个 div，来清理浮动造成的影响。

在 growthStory.css 样式文件中定义样式规则：

```
.clear {  clear:both; }
```

在 growthStory3.html 文件中 aside 层的后面增加一个 div 应用该样式。

```
<!--aside end-->
<div class="clear"></div>
```

保存并在浏览器中查看效果，如项目图 11-7 所示。

项目图 11-7 content 被撑开

注意

项目图 11-6 和项目图 11-7 为了让读者看清效果，将边框颜色改为深色显示，在实验中不必做此改动。

4. 表单页面

新建文件 fanRegister.html，仿照成长故事页面完成项目图 11-8 所示的布局，html 部分可使用项目五的效果文件，注意 main.css 的使用。设置单击“提交”按钮跳转到 ok.html（已在素材文件夹中提供）。

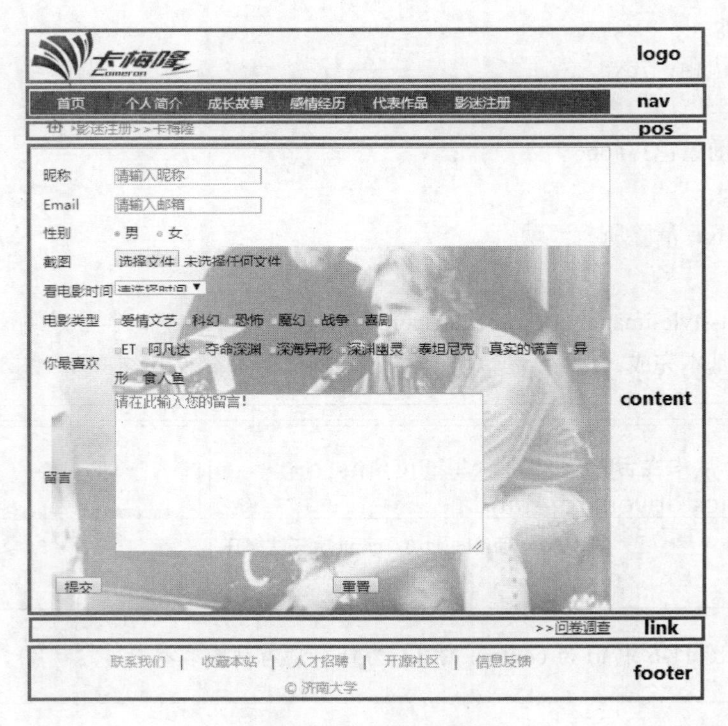

项目图 11-8 表单效果图

习题

1. 给边框添加 1px 蓝色实线的代码是（　　）。

A. border:1px dashed blue

B. padding:1px solid blue

C. border: 1px solid blue

D. padding: 1px dashed blue

2. 在 CSS 中，下面不属于盒子模型属性的是（　　）。

A. font　　B. margin　　C. padding　　D. border

3. 以下（　　）布局模型会导致元素塌陷。

A. 浮动模型　　B. 层模型　　C. 盒子模型　　D. 流动模型

4. 以下选项中，不属于页面布局模型的是（　　）。

A. 浮动模型　　B. 盒子模型　　C. 流动模型　　D. 层模型

5. 有关 z-index 属性的叙述正确的一项是（　　）。

A. 此属性必须与 position 属性一起使用才能起作用，此时 position 取任何值都可以

B. 此值越大，层的顺序越往下

C. 一般后添加的元素，其 z-index 值越大

D. 即使上面的层没有任何内容也会挡住下面的层，使下面的层显示不出来

6. 以下（　　）元素定位方式将会脱离标准文档流。

A. 绝对定位　　B. 相对定位　　C. 浮动定位　　D. 静态定位

7. 以下不能实现清除浮动的是（　　）。

A. overflow 属性　　B. hover 伪类选择器

C. clear 属性　　D. 以上说法都不对

8. （　　）可以改变元素的左外边距。

A. text-indent　　B. margin-left　　C. margin　　D. indent

9. 下列属性（　　）能够实现层的隐藏。

A. display:false　　B. display:hidden　　C. display:none　　D. display:""

10. 下列不属于浮动元素特征的是（　　）。

A. 浮动元素会被自动地设置为块状元素显示

B. 浮动元素在垂直方向上它与未被定义为浮动时的位置一样

C. 浮动元素在水平方向上，它将最大程度地靠近其父元素边缘

D. 浮动元素有可能会脱离包含元素之外

06 第6章　CSS3新增属性

学习要求

- 掌握 CSS3 新增的边框属性和文本属性并能简单应用。
- 掌握 Filter（滤镜）属性，用于调整图像的渲染、背景或边框显示效果。
- 掌握过渡、转换、动画等 CSS3 常用属性。
- 理解 Flex 弹性布局，能够应用其属性灵活布局。

动手实践

- 灵活运用 Flex 属性进行页面布局。
- 掌握 Transition、Animation 和 Transform 等属性，并能实现淡入淡出、图片缩小切换等效果。
- 灵活运用边框、文本特效等属性，制作特效。

项目

- 项目十二　代表作品泰坦尼克号 2——CSS3 新增属性练习

完成泰坦尼克页面的部分工作，灵活使用列表与表格样式属性制作导航条等，灵活运用 Transition、Animation 和 Transform 属性，制作过渡、动画和转换等特效。

为了提高用户体验和程序性能，CSS3 提供了更加丰富、实用的属性，例如边框、文字特效、动画和多栏布局等，尽管目前有部分低版本的浏览器对 CSS3 不支持，但并没有影响其快速的发展，相信在不久的将来 CSS3 会慢慢替代 CSS2。本章将重点介绍一些 CSS3 的新属性，以及浏览器对新属性的支持。

6.1 Border 边框

CSS3 针对边框新增了圆角边框、阴影边框和图片边框等属性。

1. 圆角边框

在 CSS2 中制作圆角矩形，需要使用多张图片拼出来；而在 CSS3 中，则只需设置 border-radius 等属性即可。其属性包括：

- border-radius：圆角半径属性，包括 4 个角的半径的设置。
- border-bottom-left-radius：左下角半径属性。
- border-bottom-right-radius：右下角半径属性。
- border-top-left-radius：左上角半径属性。
- border-top-right-radius：右上角半径属性。

【示例】ch6/示例/border-radius.html

```
div {
  width:270px;
  text-align:center;
  padding:10px 40px;
  background:#ccc;
  border:2px solid #222;
  border-radius:15px;
 }
```

将圆角半径设为 15px，上述代码的运行效果如图 6-1 所示。

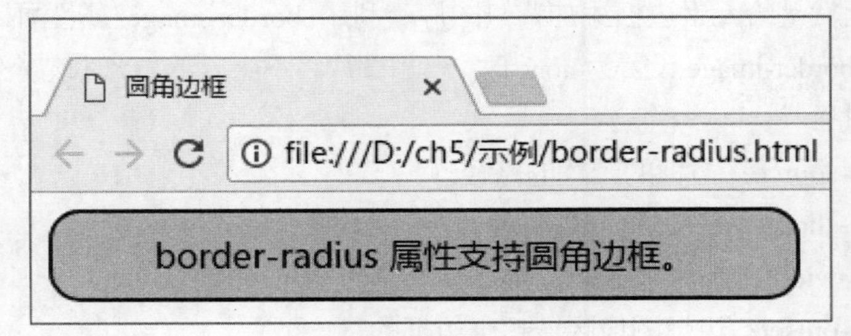

图 6-1　圆角边框

Internet Explorer 9+、Firefox、Chrome 以及 Safari 均支持圆角边框属性。

2. 阴影边框

为 div 元素添加一个或多个阴影的边框，可以使用 box-shadow 属性，其属性值分别包括水平阴影、垂直阴影、模糊距离和阴影颜色，如表 6-1 所示。

表 6-1　阴影边框属性值

值	描述
h-shadow	（必需）设置水平阴影的位置，允许负值
v-shadow	（必需）设置垂直阴影的位置，允许负值
blur	（可选）设置模糊距离
color	（可选）设置颜色，默认为黑色

【示例】ch6/示例/box-shadow.html

```
div{
width:200px;
height:80px;
background-color:#999900;
```

```
    margin:10px;
    box-shadow: -10px -10px 5px #888;
}
```

在示例中将水平阴影和垂直阴影分别设置为-10px，阴影在上左方向。若将阴影值设置为正值，则阴影位置应在下右方向。上述代码的运行效果如图 6-2 所示。

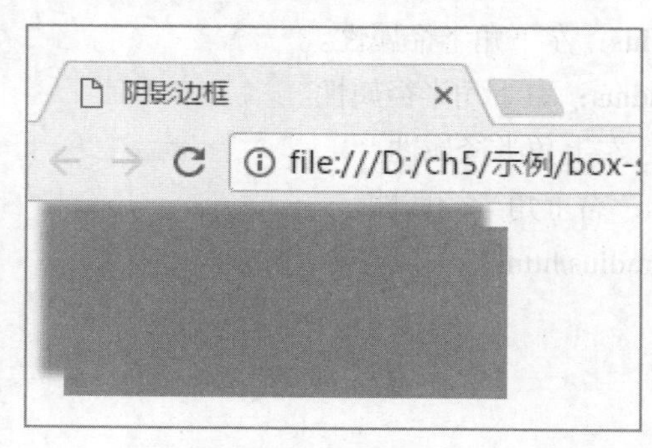

图 6-2 阴影边框

Internet Explorer 9+、Firefox、Chrome 以及 Safari 均支持阴影边框属性。

3. 图片边框

图片边框实际上就是给元素边框添加背景图片。利用 border-image 属性可以设置边框图像的重复、拉伸等效果。当 border-image 设置为 none 时，背景图片将不会显示，此时该属性等同于 border-style。border-image 属性包括：

- border-image-source：边框的图片的路径。
- border-image-slice：图片边框向内偏移。
- border-image-width：图片边框的宽度。
- border-image-outset：边框图像区域超出边框的量。
- border-image-repeat：指定边框图片的覆盖方式，stretched 表示拉伸覆盖方式，repeated 表示平铺覆盖方式，round 表示铺满覆盖方式。

border-image-slice 属性比较复杂，其作用类似剪裁工具，4 个参数分别控制图形上右下左的剪裁宽度。

其语法格式为：

```
border-image-slice: [ <number> | <percentage>]{1,4}&&fill?
```

其中，number 是没有单位的，注意使用时不要在数字的后面加任何单位，加上单位反而是一种错误的写法，默认的单位专指像素（px）。另外，还可以使用百分比来表示，这是相对边框背景而言的。最后一个值是 fill，从字面上说是填充，如果使用这个关键字，图片边界的中间部分会保留。默认情况下是空的。例如：

```
border-image:url(border.png) 30 30 30 30 repeat;
```

该语句表示上、右、下、左分别裁剪 30 像素，图片边框采取平铺覆盖方式，如图 6-3 所示，总共对图片进行了“四刀切”，形成了九个分离的区域，这就是“九宫格”。

如图 6-4 所示的边框图片，图中每个正方形的对角线均为 30px，故图片被切割为左上、上中、右上、右中、右下、下中、左下、左中等独立的小切片，每个切片均为一个完整的正方形。

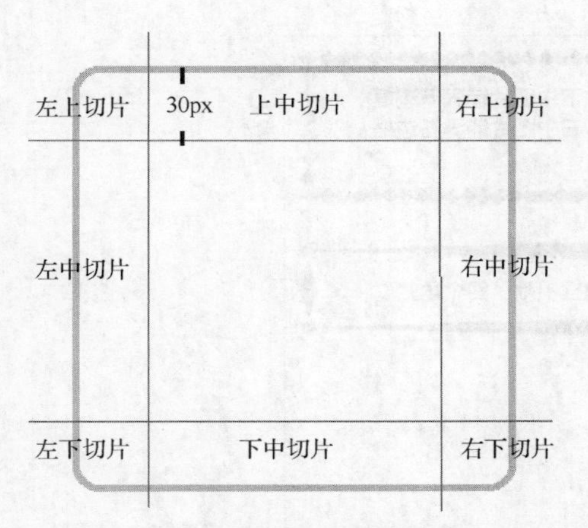

图 6-3　border-image 切割的九宫格

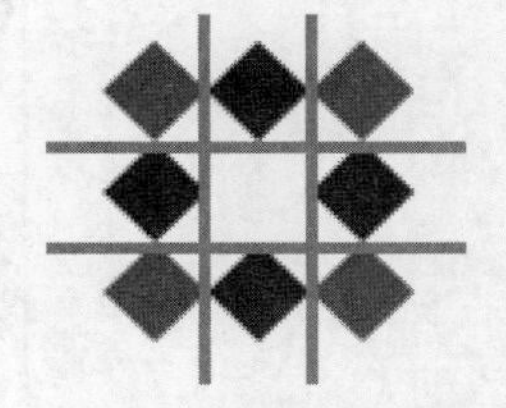

图 6-4　边框图片切割实例

【示例】ch6/示例/border-image.html

```
<!DOCTYPE html>
<html>
<head>
<title>图片边框</title>
<style>
div{
border:15px solid transparent;
width:320px;
padding:10px 20px;
}
#round{
-moz-border-image:url(images/border.png) 30 30 round;    /* Old Firefox */
-webkit-border-image:url(images/border.png) 30 30 round; /* Safari and Chrome */
-o-border-image:url(images/border.png) 30 30 round; /* Opera */
border-image:url(images/border.png) 30 30 round;
}
#stretch{
-moz-border-image:url(images/border.png) 30 30 stretch;  /* Old Firefox */
-webkit-border-image:url(images/border.png) 30 30 stretch;/* Safari and Chrome */
-o-border-image:url(images/border.png) 30 30 stretch;     /*Opera */
border-image:url(images/border.png) 30 30 stretch;
}
</style>
</head>
<body>
<div id="round">上中图片铺满上边框，下中图片铺满下边框，<br />左中图片铺满左边框，右中图片铺满右边框，<br />除了四个角。</div>
<br>
<div id="stretch">图片被拉伸填充整个边框，除了四个角。</div>
<p>这是我们使用的图片：</p>
<img src="images/border.png">
</body>
</html>
```

为了让低版本的浏览器支持图片边框，在 border-image 属性前加上-moz-前缀支持 Firefox 浏览器，-webkit-前缀支持 Safari 和 Chrome 浏览器、-o-前缀支持 Opera 浏览器。浏览效果如图 6-5 所示。

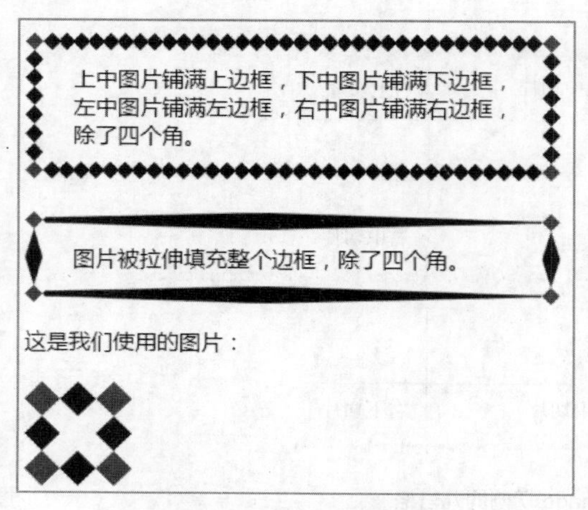

图 6-5　图片边框效果图

在铺满效果中，上边框显示的是上中切片的铺满效果，右边框显示的是右中切片的铺满效果，右上角显示右上切片。在拉伸效果中，上边框显示的是上中切片的拉伸效果。

Internet Explorer 11 以上版本、Firefox 3.5、Chrome 浏览器和 Safari 3 以上版本支持 border-image。

6.2　文本相关属性

1. 文本溢出处理

（1）white-space：规定段落中的文本是否进行换行，属性值如表 6-2 所示。

表 6-2　white-space 属性值

值	描述
normal	（默认值）空白会被浏览器忽略
pre	空白会被浏览器保留，其行为方式类似 HTML 中的<pre>标签
nowrap	文本不会换行，文本会在同一行上继续，直到遇到 标签为止
pre-wrap	保留空白符序列，但会正常地进行换行
pre-line	合并空白符序列，但会保留换行符

【示例】ch6/示例/white-space.html

```
p {  white-space: nowrap;  }
```

（2）text-overflow 用来设置是否使用一个省略标记（...）标示对象内文本的溢出，属性值如表 6-3 所示。

表 6-3　text-overflow 属性值

值	描述
clip	修剪文本
ellipsis	使用省略符号来代替被修剪的文本
string	使用给定的字符串来代替被修剪的文本

【示例】ch6/示例/text-overflow.html

```
<!DOCTYPE html>
<html>
```

```
<title>文本溢出，修剪方式</title>
<meta charset="utf-8">
<head>
<style>
  div{
      white-space:nowrap;
      width:250px;
      overflow:hidden; //设置此属性是产生文本不换行的关键
      border:1px solid #000000;
  }
  .test1{  text-overflow:ellipsis; }
  .test2{  text-overflow:clip;  }
</style>
</head>
<body>
<p>文本的不同修剪方式：</p>
<p>text-overflow 取 ellipsis 值：</p>
<div class="test1" >long long long text long long long long long long</div>
<p>text-overflow 取 clip 值：</p>
<div class="test2" >long long long text long long long long long long</div>
</body>
</html>
```

在本例中分别显示了两种文本修剪方式，对不同的 text-overflow 值进行了对比，如图 6-6 所示。

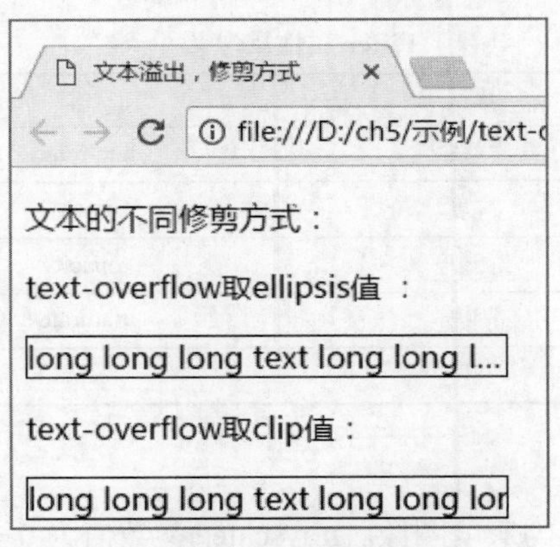

图 6-6　文本修剪方式

2. 文本阴影

text-shadow 可以用来设置文本的阴影效果，属性值如表 6-4 所示。

表 6-4　text-shadow 属性值

值	描述
h-shadow	（必需）设置水平阴影的位置，允许负值
v-shadow	（必需）设置垂直阴影的位置，允许负值
blur	（可选）设置模糊的距离
color	（可选）设置阴影的颜色

【示例】ch6/示例/text-shadow.html

```
h1{  text-shadow: 10px 10px 5px #777;  }
```

代码设置的文字阴影是：水平阴影 10px，垂直阴影 10px，模糊距离 5px，颜色#777。效果如图 6-7 所示。

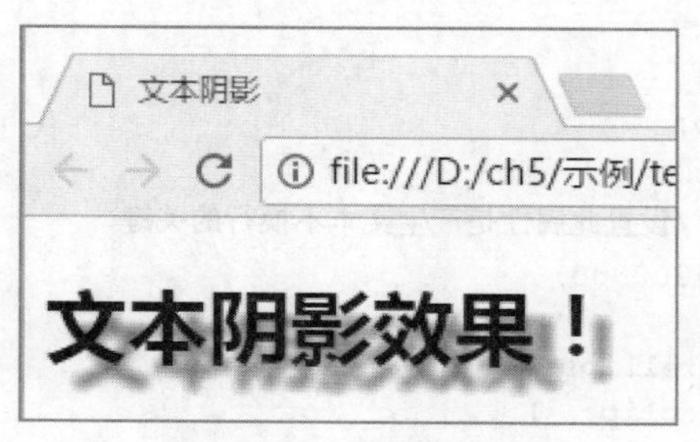

图 6-7　文本阴影

6.3　滤镜

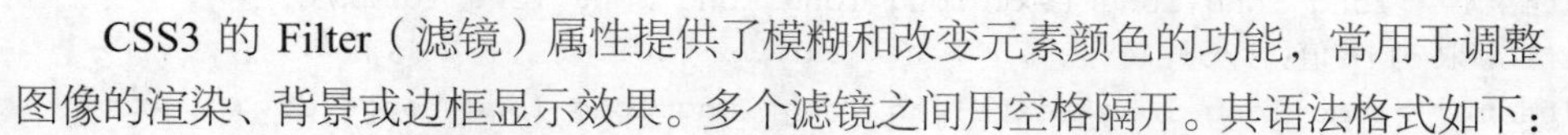

CSS3 的 Filter（滤镜）属性提供了模糊和改变元素颜色的功能，常用于调整图像的渲染、背景或边框显示效果。多个滤镜之间用空格隔开。其语法格式如下：

```
filter: none | blur() | brightness() | contrast() | drop-shadow() | grayscale() |
hue-rotate() | invert() | opacity() | saturate() | sepia() | url();
```

参数含义如表 6-5 所示。

表 6-5　Filter 属性及含义

值	描述	值	描述
blur	模糊	hue-rotate	色相旋转
brightness	亮度	invert	反相
contrast	对比度	opacity	透明度
drop-shadow	阴影	saturate	饱和度
grayscale	灰度	sepia	褐色

1. grayscale 灰度

grayscale() 用于将图像转换为灰度图像。grayscale()参数值为 0～1 的小数，也支持 0%～100%百分比的形式。如果没有任何参数值，默认将以“100%”渲染。

【示例】ch6/示例/filter-grayscale.html

```
#gray {
  -webkit-filter: grayscale(100%); /* Chrome, Safari, Opera */
  filter: grayscale(100%);
}
```

灰度渲染效果如图 6-8 所示。

Internet Explorer 或 Safari 5.1（及更早版本）不支持该属性。

2. blur 模糊

blur() 用于给图像设置高斯模糊。参数值设定为高斯函数的标准差，或者是屏幕上以多少像素融在一起，所以值越大越模糊。

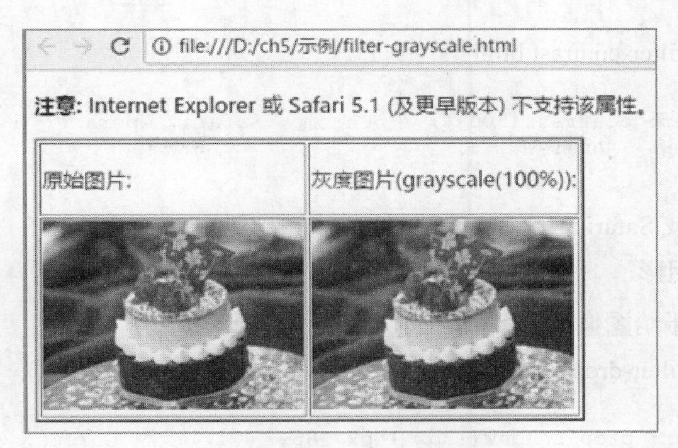

图 6-8　灰度 100%的渲染效果

【示例】ch6/示例/filter-blur.html

```
#romance{
    -webkit-filter: blur(5px); /* Chrome, Safari, Opera */
    filter: blur(5px);
}
```

执行效果如图 6-9 所示。

图 6-9　高斯模糊效果图

Internet Explorer 或 Safari 5.1（及更早版本）不支持该属性。

3. brightness 亮度

brightness() 用于调整图像的亮度，默认值为 100%或者 1。如果其值超过 100%，就意味着图片拥有更高的亮度。

【示例】ch6/示例/filter-brightness.html

```
#romance{
    -webkit-filter: brightness(200%); /* Chrome, Safari, Opera */
    filter: brightness(200%);
}
```

Internet Explorer 或 Safari 5.1（及更早版本）不支持该属性。

4. contrast 对比度

contrast() 用于调整图像的对比度，默认值为 100%或者 1。contrast 值越高，对比度也就越高。若其值超过 100%，就意味着会使用更高的对比度。

【示例】ch6/示例/filter-contrast.html

```
#romance {
    -webkit-filter: contrast(500%); /* Chrome, Safari, Opera */
    filter: contrast(500%);
}
```

Internet Explorer 或 Safari 5.1（及更早版本）不支持该属性。

5. drop–shadow 阴影

drop-shadow() 用于给图像设置一个阴影效果。

【示例】ch6/示例/filter-drop-shadow.html

```
#romance{
    -webkit-filter: drop-shadow(15px 15px 18px  #222); /* Chrome, Safari, Opera */
    filter: drop-shadow(15px 15px 18px #222);
}
```

drop-shadow() 有必选参数和可选参数。

<offset-x><offset-y>（必选）：<offset-x>可设定水平方向的距离，负值会使阴影出现在元素的左边。<offset-y>可设定垂直方向的距离，负值会使阴影出现在元素的上方。

<blur-radius>（可选）：值越大，越模糊，则阴影会变得更大更淡。不允许负值，若未设定，默认是 0（阴影的边界很锐利）。

<spread-radius>（可选）：正值会使阴影扩张或变大，负值会使阴影缩小。若未设定，默认是 0（阴影会与元素一样大小）。

Webkit 内核的浏览器如 Chrome、Safari 等不支持 spread-radius。

<color>（可选）：若未设定该属性，颜色值将根据浏览器的默认设置来进行显示。

6. hue–rotate 色相旋转

hue-rotate() 设置图像应用色相旋转。取值为 0deg，则图像无变化。若值未设置，默认是 0deg。该值没有最大值，超过 360deg 时相当于又绕一圈。

【示例】ch6/示例/filter-hue-rotate.html

```
#romance90{
    -webkit-filter: hue-rotate(90deg); /* Chrome, Safari */
    filter: hue-rotate(90deg);}
#romance180{
    -webkit-filter: hue-rotate(180deg); /* Chrome, Safari */
    filter: hue-rotate(180deg);}
#romance270{
    -webkit-filter: hue-rotate(270deg); /* Chrome, Safari */
    filter: hue-rotate(270deg);}
```

在本例中分别设置色相旋转 90°、180°、270°，对比其效果。

7. invert 反相

invert() 用于反转输入图像，参数值定义转换的比例，默认值为 0，值为 100%时完全反转。

【示例】ch6/示例/filter-invert.html

```
#romance{
    -webkit-filter: invert(100%); /* Chrome, Safari, Opera */
    filter: invert(100%);
}
```

8. opacity 透明度

opacity() 用于定义透明度，默认值为 1。值为 0%则图像完全透明，值为 100%则图像不透明。该函数与已有的 opacity 属性相似。

【示例】ch6/示例/filter-opacity.html

```
#romance{
    -webkit-filter: opacity(30%); /* Chrome, Safari */
    filter: opacity(30%);
}
```

9. saturate 饱和度

saturate 用于定义饱和度。值为 0%则图像完全不饱和，值为 100%则图像无变化。超过 100%的值是允许的，具有更高的饱和度。默认值是 1。

【示例】ch6/示例/filter-saturate.html

```
#romance{
    -webkit-filter: saturate(300%); /* Chrome, Safari */
    filter: saturate(300%);
}
```

10. sepia 褐色

sepia()可将图像转换为深褐色。参数值定义转换的比例为 0%～100%，值为 100%则图像是深褐色，值为 0%则图像无变化。默认值是 0。

【示例】ch6/示例/filter- seqia.html

```
#romance{
    -webkit-filter: sepia(100%); /* Chrome, Safari */
    filter: sepia(100%);
}
```

11. filter 复合函数

filter 可以整合多个滤镜，滤镜之间可使用空格分隔开。

【示例】ch6/示例/filter.html

```
#romance {
    -webkit-filter: contrast(200%) brightness(150%);  /* Chrome, Safari */
    filter: contrast(200%) brightness(150%);
}
```

滤镜属性使用的顺序是非常重要的，例如使用 grayscale( ) 后再使用 sepia( ) 将产生一个完整的灰度图片。

6.4 过渡

过渡（transition）属性可以代替 JavaScript 实现简单的动画交互效果。transition

是一个复合属性，它有 4 个子属性，如表 6-6 所示。

表 6-6　transition 属性值

值	描述
transition	简写属性，用于在一个属性中设置 4 个过渡属性
transition-property	规定应用过渡的 CSS 属性的名称
transition-duration	定义过渡效果花费的时间
transition-timing-function	规定过渡效果的速度曲线
transition-delay	规定过渡效果何时开始

虽然尚未讲解过渡效果子属性的用法，读者可先通过本例了解一下 transition 的基本用法。

【示例】ch6/示例/transition.html

```
div{
  width:100px;
  transition: width 2s;
  -moz-transition: width 2s; /* Firefox 4 */
  -webkit-transition: width 2s; /* Safari 和 Chrome */
  -o-transition: width 2s; /* Opera */  }
 div:hover  {  width:300px;  }
```

在本例中，当鼠标放在 div 上时，div 的宽度会在 2s 内由 100px 过渡到 300px。

下面分别介绍 transition 的 4 个子属性及复合属性 transition。

1. transition-property 属性

用于指定应用过渡效果的 CSS 属性的名称，其基本语法格式如下：

```
transition-property: none | all | property;
```

none 表示没有属性会获得过渡效果；all 表示所有属性都将获得过渡效果；property 定义应用过渡效果的 CSS 属性名称，多个名称之间以逗号分隔。源代码见 ch6/示例/transition-property.html。

2. transition-duration 属性

用于定义过渡效果花费的时间，其基本语法格式如下：

```
transition-duration:time;
```

默认值为 0，常用的单位是秒（s）或者毫秒（ms）。

【示例】ch6/示例/ transition-duration.html

```
div:hover{
background-color:red;
/*指定动画过渡的 CSS 属性*/
-webkit-transition-property:background-color;  /*Safari and Chrome 浏览器兼容代码*/
-moz-transition-property:background-color;      /*Firefox 浏览器兼容代码*/
-o-transition-property:background-color;        /*Opera 浏览器兼容代码*/
/*指定动画过渡的时间*/
-webkit-transition-duration:15s;                /*Safari and Chrome 浏览器兼容代码*/
```

```
-moz-transition-duration:15s;                          /*Firefox 浏览器兼容代码*/
-o-transition-duration:15s;                            /*Opera 浏览器兼容代码*/
```

3. transition–timing–function 属性

规定过渡效果的速度曲线，默认值为 ease，其基本语法格式如下：

```
transition-timing-function:linear|ease|ease-in|ease-out|ease-in-out|cubic-bezier(n,n,n,n);
```

- linear 指定以相同速度开始至结束的过渡效果，等同于 cubic-bezier(0,0,1,1)。
- ease 指定以慢速开始，然后加快，最后慢慢结束的过渡效果，等同于 cubic-bezier(0.25,0.1,0.25,1)。
- ease-in 指定以慢速开始，然后逐渐加快（淡入效果）的过渡效果，等同于 cubic-bezier(0.42,0,1,1)。
- ease-out 指定以慢速结束（淡出效果）的过渡效果，等同于 cubic-bezier(0,0,0.58,1)。
- ease-in-out 指定以慢速开始和结束的过渡效果，等同于 cubic-bezier(0.42,0,0.58,1)。
- cubic-bezier(n,n,n,n) 定义用于加速或者减速的贝塞尔曲线的形状，它们的值为 0～1。

【示例】ch6/示例/ transition-timing-function.html

本例中展示了 ease-in-out 函数的过渡效果，将矩形以慢速开始和结束的过渡效果变为圆形。

```
div:hover{
    border-radius:105px;
    /*指定动画过渡的 CSS 属性*/
    -webkit-transition-property:border-radius;  /*Safari and Chrome*/
    -moz-transition-property:border-radius;     /*Firefox*/
    -o-transition-property:border-radius;       /*Opera*/
    /*指定动画过渡的时间*/
    -webkit-transition-duration:5s;              /*Safari and Chrome*/
    -moz-transition-duration:5s;                 /*Firefox*/
    -o-transition-duration:5s;                   /*Opera*/
    /*指定动画以慢速开始和结束的过渡效果*/
    -webkit-transition-timing-function:ease-in-out;  /*Safari and Chrome*/
    -moz-transition-timing-function:ease-in-out;     /*Firefox*/
    -o-transition-timing-function:ease-in-out;       /*Opera*/
}
```

4. transition–delay 属性

transition-delay 属性规定过渡效果何时开始，默认值为 0，常用单位是秒（s）或者毫秒（ms）。transition-delay 的属性值可以为正整数、负整数和 0。其基本语法格式如下：

```
transition-delay:time;
```

【示例】ch6/示例/ transition-delay.html

transition-delay 属性用来指定动画延迟时间。

```
-webkit-transition-delay:-3s;  /*Safari and Chrome*/
-moz-transition-delay:-3s;     /*Firefox*/
-o-transition-delay:-3s;       /*Opera*/
```

当值为负数时，过渡动作会从该时间点开始，之前的动作被截断；当值为正数时，过渡动作会延迟触发。在本例中，过渡效果从第 3 秒开始。

5. transition 属性

transition 属性是一个复合属性，用于在一个属性中设置 transition-property、transition-duration、transition-timing-function、transition-delay 4 个过渡属性。其基本语法格式如下：

```
transition: property duration timing-function delay;
```

在使用 transition 属性设置多个过渡效果时，它的各个参数必须按照顺序进行定义，不能颠倒。

6.5 动画

CSS3 属性中能够实现动画的属性有：transform、transition 和 animation。本节主要讲述 animation 属性，通过设置 animation 的子属性，可以制作简单的动画。其子属性如表 6-7 所示。

表 6-7　animation 子属性

值	描述
@keyframes	规定动画
animation	所有动画属性的简写属性，除了 animation-play-state 属性
animation-name	规定@keyframes 动画的名称
animation-duration	规定动画完成一个周期所花费的秒或毫秒
animation-timing-function	规定动画的速度曲线
animation-delay	规定动画何时开始
animation-iteration-count	规定动画被播放的次数
animation-direction	规定动画是否在下一周期逆向地播放
animation-play-state	规定动画是否正在运行或暂停
animation-fill-mode	规定对象动画时间之外的状态

animation-duration、animation-timing-function、animation-delay 子属性与 transition 的相应子属性功能类似。下面分别介绍 animation 的 10 个子属性。

1. 关键帧@keyframes

关键帧是通过 from 定义动画的初始状态，to 定义动画的终止状态，声明一个关键帧的语法格式为：

```
@keyframes name{
  from{}
  to{}
}
```

- 可以直接使用 from-to 的写法；
- 可以设置 0%～100%的写法，但开头和结尾必须是 0%和 100%。

【示例】ch6/示例/animation-@keyframes-fromto.html

```
<!DOCTYPE html>
<html>
<head>
```

```
<title>@keyframes</title>
<meta charset="utf-8">
<style>
div{
   width:50px;
   height:50px;
   background:#777;
   position:relative;
   animation:mymove 5s infinite; //调用 mymove 动画
   -webkit-animation:mymove 5s infinite; /*Safari and Chrome*/
}
@keyframes mymove{  //定义 mymove 动画
  from {  top:0px;}
  to {  top:200px;}
}
@-webkit-keyframes mymove{  /*Safari and Chrome*/
  from {  top:0px;}
  to {  top:200px;}
}
</style>
</head>
<body>
<p><strong>@keyframes 示例</p>
<div></div>
</body>
</html>
```

本例中@keyframes 语句定义了动画 mymove，div 下降了 200px，利用 animation 语句设置 5 秒完成动画，且无限次重复播放。

IE 9 以及更早的版本不支持 animation 属性。

【示例】ch6/示例/animation-@keyframes-%.html

```
@keyframes mymove{
  0%{  margin-left:0px; radius:0px; height:0px;}
  100%{  margin-left:300px; radius:50%; height:200px;
}
```

本例中 0%定义动画起始状态，100%定义动画终止状态。

2. 动画名称 animation-name

因为动画名称是由@keyframes 定义的，因此动画名称必须与@keyframes 的名称相对应。语法如下：

```
animation-name:keyframename|none;
```

其中 keyframename 规定了需要绑定到选择器的 keyframe 名称，none 表示无动画效果。

3. 动画时间 animation-duration

定义动画完成一个周期所需要的时间，以秒或毫秒计。语法如下：

```
animation-duration:time;
```

time 值如果为 0，表示无动画效果。

【示例】ch6/示例/animation-duration.html

```
animation-duration:2s;
```

4. 动画的速度函数 animation-timing-function

规定动画的速度曲线。语法如下：

```
animation-timing-function: value;
```

value 取值如表 6-8 所示。

表 6-8 value 取值列表

值	描述
linear	动画从头到尾的速度是相同的
ease	（默认值）动画以低速开始，然后加快，在结束前变慢
ease-in	动画以低速开始
ease-out	动画以低速结束
ease-in-out	动画以低速开始和结束
cubic-bezier(n,n,n,n)	在 cubic-bezier（贝塞尔曲线）函数中定义自己的值，可能的值为 0~1

本例中分别将 5 个 div 设为不同的动画方式来进行效果比较。

【示例】ch6/示例/animation-timing-function.html

```
#div1 {  animation-timing-function:linear;}
#div2 {  animation-timing-function:ease;}
#div3 {  animation-timing-function:ease-in;}
#div4 {  animation-timing-function:ease-out;}
#div5 {  animation-timing-function:ease-in-out;}
```

5. 动画延迟时间 animation-delay

animation-delay 属性定义动画何时开始。语法如下：

```
animation-delay: time;
```

【示例】ch6/示例/animation-delay.html

```
div{  animation-delay:-2s;}
```

time 允许为负值，本例中，将动画延迟时间设为-2s，页面加载后的初始状态是跳过 2 秒后的动画效果。

6. 动画播放次数 animation-iteration-count

animation-iteration-count 属性定义动画的播放次数。语法如下：

```
animation-iteration-count: n|infinite;
```

其中 n 表示动画播放的次数，infinite 表示动画无限次播放。

7. 动画播放方向 animation-direction

animation-direction 属性定义是否轮流逆向播放动画。语法如下：

```
animation-direction: normal|alternate;
```

alternate 表示动画会在奇数次数（1、3、5 等）正常播放，而在偶数次数（2、4、6 等）反向播放。如果把动画设置为只播放一次，则该属性没有效果。

【示例】ch6/示例/animation-direction.html

```
<style>
div
{
width:100px;
height:100px;
```

```
background:red;
position:relative;
animation:myfirst 5s infinite;
animation-direction:alternate;
}
@keyframesmyfirst
{
0%   { background:red; left:0px; top:0px;}
25% { background:yellow; left:200px; top:0px;}
50% { background:blue; left:200px; top:200px;}
75% { background:green; left:0px; top:200px;}
100% { background:red; left:0px; top:0px;}
}
```

在本例中定义动画 myfirst，包括 5 个关键帧，分别是 0%、25%、50%、75%和 100%帧。5 秒正向反向无限循环播放。

8. 运行状态 animation-play-state

动画有两种状态：running 运动；paused 暂停。

【示例】ch6/示例/animation-play-state.html

```
div:hover
{  animation-play-state:paused;
-webkit-animation-play-state:paused; /* Safari 和 Chrome */
}
```

在本例中，当鼠标悬浮于 div 上时，动画暂停。

9. 结束后状态 animation-fill-mode

animation-fill-mode 属性定义动画结束后的状态，语法如下：

```
animation-fill-mode: none|forward|backward|both;
```

其取值含义如表 6-9 所示。

表 6-9　　animation-fill-mode 取值列表

值	描述
none	无
forward	动画结束（to 里面的所有样式）时的状态
backward	动画开始（from 里面的所有样式）时的状态
both	动画开始或者结束时的状态

在设置动画执行次数为无限循环时，该样式不会出现效果。

10. 复合属性 animation

animation 属性是一个复合属性，用于在一个属性中设置 animation-name、animation-duration、animation-timing-function、animation-delay、animation-iteration-count 和 animation-direction 这 6 个动画属性。

其基本语法格式如下：

```
animation: animation-name animation-duration animation-timing-function animation-delay
animation-iteration-count animation-direction;
```

使用 animation 属性时必须指定 animation-name 和 animation-duration 属性，否则持续的时间为 0，并且永远不会播放动画。

6.6 转换

transform 属性应用于元素的 2D 或 3D 转换。这个属性允许用户对元素进行旋转、缩放、移动、倾斜等。这些效果在 CSS3 之前都需要依赖图片、Flash 或 JavaScript 才能完成。现在，使用纯 CSS3 就可以实现这些变形效果，而无须加载额外的文件，这极大地提高了网页开发者的工作效率，提高了页面的执行速度。

transform 能够实现：旋转 rotate、扭曲 skew、缩放 scale 和移动 translate 以及矩阵变形 matrix 等。

【示例】ch6/示例/transform.html

```
transform:rotate(19deg);
-ms-transform:rotate(19deg); /* Internet Explorer */
-moz-transform:rotate(19deg); /* Firefox */
-webkit-transform:rotate(19deg); /* Safari 和 Chrome */
-o-transform:rotate(19deg); /* Opera */
```

在本例中，通过 transform 实现了 2D 旋转，虚框显示的是 div 原来的位置，灰色 div 沿中心点，顺时针旋转 19° 。变换效果如图 6-10 所示。

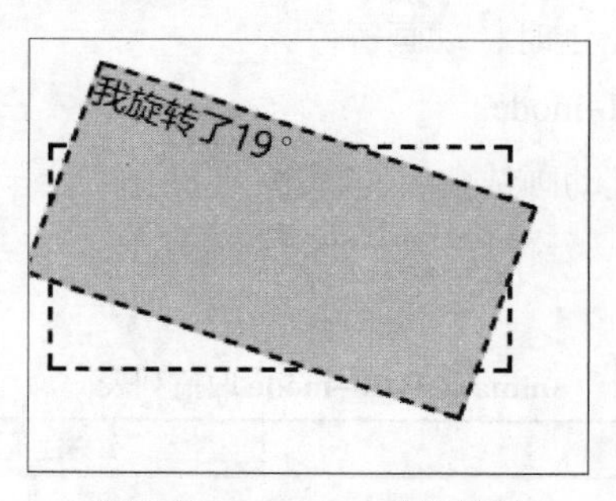

图 6-10　transform 变换效果

下面从 2D 转换和 3D 转换两个方面来介绍 transform 属性。

6.6.1 2D 转换

1. 坐标

CSS3 转换是以形成坐标系统的一组坐标轴来定义的，如图 6-11 所示。注意，Y 轴会向下延伸。

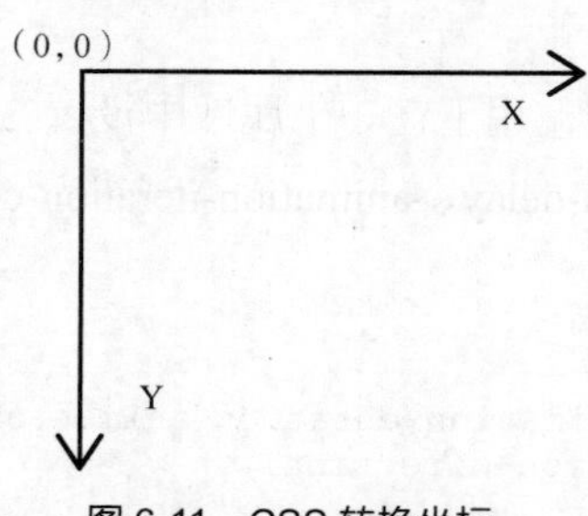

图 6-11　CSS 转换坐标

2. 平移

使用 translate 函数能够重新定义元素的坐标，实现平移的效果。该函数包含两个参数，分别用于定义 X 轴和 Y 轴的坐标，其基本语法格式如下：

```
transform:translate(x-value,y-value);
```

其中 x-value 是元素在水平方向上向右移动的距离；y-value 是元素在垂直方向上向下移动的距离；如果省略了第二个参数，则取默认值 0。当值为负数时，表示反方向移动元素。

【示例】ch6/示例/transform-translate.html

```
transform:translate(200px,100px);
-ms-transform:translate(200px,100px); /* IE 9 */
-moz-transform:translate(200px,100px); /* Firefox */
-webkit-transform:translate(200px,100px); /* Safari and Chrome */
-o-transform:translate(200px,100px); /* Opera */
```

在本例中，虚框是 div 的原位置，经过水平移动 200px，垂直移动 100px 后，灰色 div 表示移动到的新位置，如图 6-12 所示。

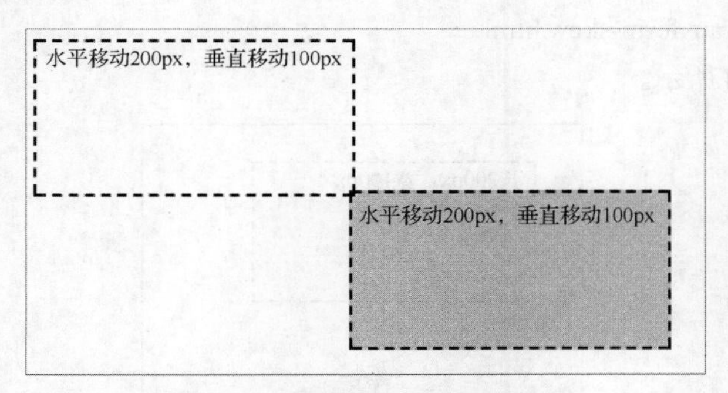

图 6-12　translate 实现 2D 平移效果

3. 缩放

scale 函数用于缩放元素，该函数包含两个参数，分别用来定义宽度和高度的缩放比例。其基本语法格式如下：

```
transform:scale(x-axis,y-axis);
```

x-axis 和 y-axis 参数值可以是正数或负数。正数值表示基于指定的宽度和高度缩放元素。负数值是先翻转元素、再缩放元素（如文字被翻转）。

【示例】ch6/示例/transform-scale.html

```
transform:scale(0.9,-2);
-ms-transform:scale(0.9,-2); /* IE 9 */
-moz-transform:scale(0.9,-2); /* Firefox */
-webkit-transform:scale(0.9,-2); /* Safari and Chrome */
-o-transform:scale(0.9,-2); /* Opera */
```

在本例中，虚框是 div 的原始大小，利用 scale 函数将 div 的长宽缩放为长 0.9 倍、宽 2 倍，−2 实现 div 在 Y 轴翻转，转换为灰色的 div。为了便于比较，设置灰色的 div 外边距为 100px。如图 6-13 所示，新的 div 变为宽度 180px、高度 200px 的翻转样式。

4. 倾斜

skew 函数能够让元素倾斜显示，该函数包含两个参数，分别用来定义 X 轴和 Y 轴坐标倾斜的角度。skew 函数可以将一个对象围绕着 X 轴和 Y 轴按照一定的角度倾斜，其基本语法格式如下：

```
transform:skew(x-angle,y-angle);
```

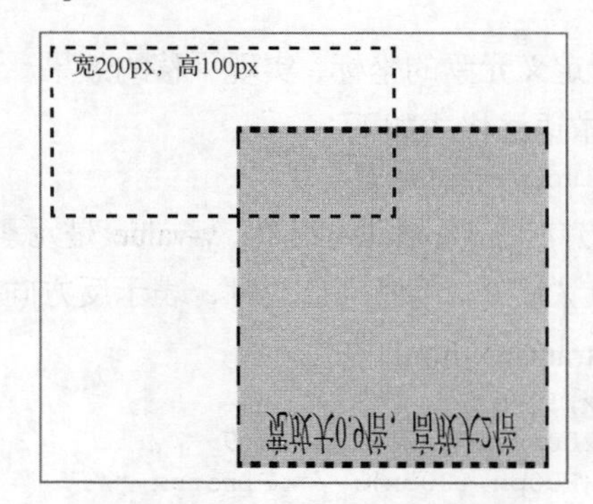

图 6-13　scale 实现缩放翻转效果

其中，参数 x-angle 表示相对于 X 轴倾斜的角度值，参数 y-angle 表示相对于 Y 轴倾斜的角度值，如果省略了第二个参数，则取默认值 0。

【示例】ch6/示例/transform-skew.html

执行效果如图 6-14 所示。

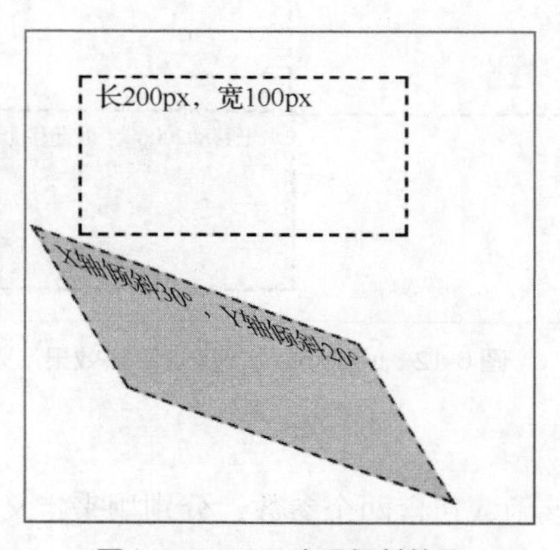

图 6-14　skew 实现倾斜效果

在本例中，通过 skew(30deg,20deg)语句，设置 div 在 X 轴倾斜 30°，在 Y 轴倾斜 20°。

5. 旋转

rotate 函数能够旋转指定的元素对象，主要在二维空间内进行操作。其基本语法格式如下：

```
transform:rotate(angle);
```

其中，参数 angle 表示要旋转的角度值。如果角度为正数值，则按照顺时针旋转；否则，按照逆时针旋转。

【示例】ch6/示例/transform-rotate.html

执行效果如图 6-15 所示。

在本例中利用 rotate(30deg)语句，实现 div 顺时针方向旋转 30°。

6. 更改变换的中心点

transform-origin 的功能是更改变换的中心点。本节前部分介绍的 transform 属性可以实现元素的平移、缩放、倾斜以及旋转等效果，这些变形操作都是以元素的中心点为基准进行的，如果需要改变这个中心点，可以使用 transform-origin 属性，其基本语法格式如下：

```
transform-origin: x-axis y-axis z-axis;
```

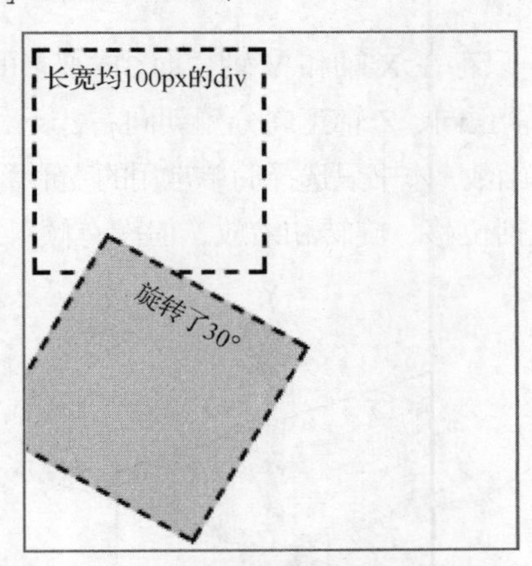

图 6-15　rotate 实现旋转效果

在上述语法中，transform-origin 属性包含 3 个参数，其默认值分别为 50%、50%、0%，各参数的具体含义如表 6-10 所示。

表 6-10　transform-origin 属性的参数列表

值	描述
x-axis	定义视图被置于 X 轴的何处。可能的值：left、center、right、length、%
y-axis	定义视图被置于 Y 轴的何处。可能的值：top、center、bottom、length、%
z-axis	定义视图被置于 Z 轴的何处。可能的值：length

【示例】ch6/示例/transform-origin.html

执行效果如图 6-16 所示。

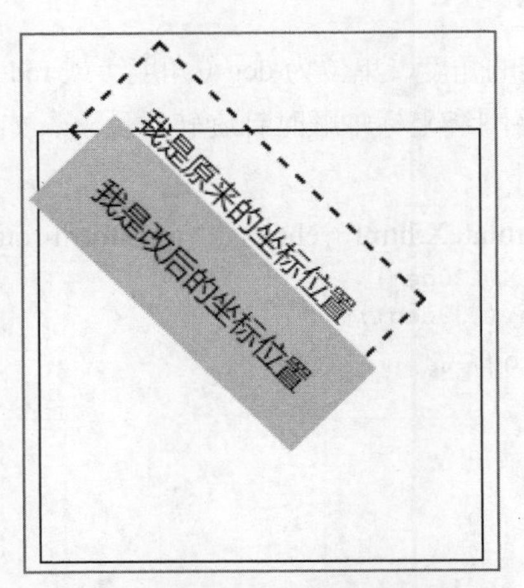

图 6-16　transform-origin 更改中心点位置

在本例中，语句“transform-origin:20% 40%;”将中心点位置向左向下移动。

6.6.2　3D 转换

本节以 transform2D 转换为基础，进一步介绍关于 transform3D 转换的知识。

1. 坐标

2D 变形的坐标轴是平面的，只存在 X 轴和 Y 轴，而 3D 变形的坐标轴则是由 X、Y、Z 三条轴组成的立体空间，X 轴正向、Y 轴正向、Z 轴正向分别朝向右、下和书的平面外，如图 6-17 所示。

3D 转换包括变形函数和透视函数，本书只选择简单常用的变形函数进行讲解，透视函数不多赘述。3D 与 2D 变形函数类似，包括位移、旋转和缩放，但没有倾斜。

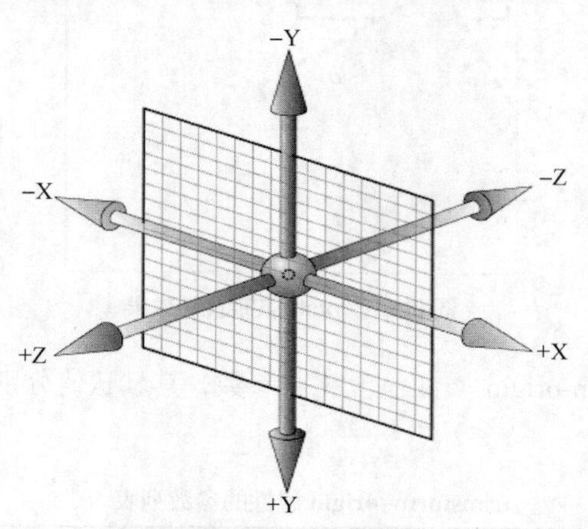

图 6-17　3D 坐标轴

2. 3D 旋转

3D 旋转函数包括 rotateX(a)、rotateY(a)和 rotateZ(a)，分别用于指定元素围绕 X 轴、Y 轴或者 Z 轴旋转。基本语法格式如下：

```
transform:rotateX(a);
transform:rotateY(a);
transform:rotateZ(a);
```

其中，参数 a 用于定义旋转的角度，单位为 deg（角度）或 rad（弧度），其值可以是正数也可以是负数。如果值为正数，元素将围绕坐标轴顺时针旋转；反之，如果值为负数，元素将围绕坐标轴逆时针旋转。

【示例】ch6/示例/transform-rotateX.html，ch6/示例/transform-rotateY.html

```
#trans{  transform:rotateX(120deg);}
#trans{  transform:rotateY(130deg);}
```

执行效果如图 6-18 和图 6-19 所示。

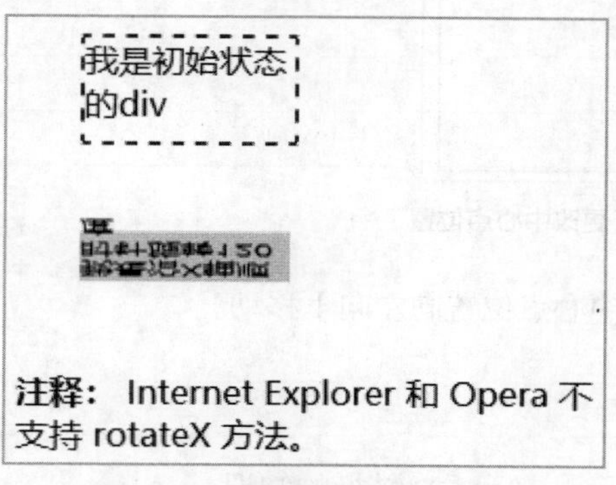

图 6-18　3D 旋转沿 X 轴旋转 120°

图 6-19　3D 旋转沿 Y 轴旋转 120°

另外还有 rotate3d(x,y,z,angle)，指定顺时针的 3D 旋转。其中，angle 是角度值，主要用来指定元素在 3D 空间旋转的角度，如果其值为正数，元素顺时针旋转，反之元素逆时针旋转。

3. 3D 位移

在三维空间里，支持 3D 位移的函数包括 translateZ()和 translate3d()。translate3d()函数使一个元素在三维空间移动。这种变形的特点是，可以使用三维向量的坐标定义元素在每个方向移动多少。其基本语法格式如下：

```
translate3d(x,y,z);
```

其中参数 z 表示以方框中心为原点变大。当 Z 轴值越大时，元素离观看者越近，从视觉上元素就变得更大；反之其值越小时，元素离观看者越远，从视觉上元素就变得更小。

4. 其他属性、方法列表

在 CSS3 中包含很多转换的属性，通过这些属性可以设置不同的转换效果，具体属性如表 6-11 所示。

表 6-11　　3D 转换属性列表

方法名称	描述
transform	向元素应用 2D 或 3D 转换
transform-style	规定被嵌套元素如何在 3D 空间中显示
perspective	规定 3D 元素的透视效果
perspective-origin	规定 3D 元素的底部位置
backface-visibility	定义元素在不面对屏幕时是否可见

另外，CSS3 中还包含很多转换的方法，运用这些方法可以实现不同的转换效果，汇总如表 6-12 所示。

表 6-12　　3D 转换方法列表

方法名称	描述
matrix3d(n,n,n,n,n,n,n,n,n,n,n,n,n,n,n,n)	定义 3D 转换，使用 16 个值的 4×4 矩阵
translate3d(x,y,z)	定义 3D 转换
translateX(x)	定义 3D 转换，仅使用用于 X 轴的值
translateY(y)	定义 3D 转换，仅使用用于 Y 轴的值
translateZ(z)	定义 3D 转换，仅使用用于 Z 轴的值
scale3d(x,y,z)	定义 3D 缩放转换
scaleX(x)	定义 3D 缩放转换，通过给定一个 X 轴的值
scaleY(y)	定义 3D 缩放转换，通过给定一个 Y 轴的值
scaleZ(z)	定义 3D 缩放转换，通过给定一个 Z 轴的值
rotate3d(x,y,z,angle)	定义 3D 旋转
rotateX(angle)	定义沿 X 轴的 3D 旋转
rotateY(angle)	定义沿 Y 轴的 3D 旋转
rotateZ(angle)	定义沿 Z 轴的 3D 旋转
perspective(n)	定义 3D 转换元素的透视视图

6.7 Flex

布局的传统解决方案是基于盒状模型，依赖 display 属性、position 属性和 float 属性，但对于那些特殊布局非常不方便，例如，垂直居中就不容易实现。Flex 布局可以更方便灵活地控制页面元素，本节主要介绍 Flex 布局。

6.7.1 布局

Flex 是 Flexible Box 的缩写，即为 CSS3 弹性盒子，是一种用于在页面上布置元素的布局模式，用来为盒状模型提供最大的灵活性。弹性盒子中的子元素可以在各个方向上进行布局，并且能以弹性尺寸来适应显示空间。由于元素的显示顺序可以与它们在源代码中的顺序无关，定位子元素将变得更容易，并且能够用更简单清晰的代码来完成复杂的布局。支持 Flex 布局的浏览器有 Chrome 21、Opera 12.1、Firefox 22、Safari 6.1 及其更高版本等。

任何一个容器都可以指定为 Flex 布局，其语法格式为：

```
.box{  display: flex; }
.box{  display: inline-flex; }  //行内元素也可以使用 Flex 布局
.box{
  display: -webkit-flex;  //Webkit 内核的浏览器，必须加上-webkit 前缀
  display: flex;
 }
```

设为 Flex 布局以后，子元素的 float、clear 和 vertical-align 属性将失效。

【示例】ch6/示例/flex1.html

```
<style>
#main{  width:320px;
height:200px;
border:1px solid #777;
display:flex;
}
#main div{  flex:1;
background-color:#ccc;
border:1px dashed #777;}
</style>
<body>
   <div id="main">
   <div>左边盒子</div>
   <div >中间盒子</div>
   <div>右边盒子</div>
   </div>
</body>
```

在本例中只用了“display:flex; flex:1;”语句就设置了水平布局的 3 个大小均等的盒子，由此可见 Flex 语句简单清晰。

下面介绍 Flex 容器（Flex Container）的概念和应用。

为了方便描述，弹性盒子模型需要有一套术语，如图 6-20 所示。

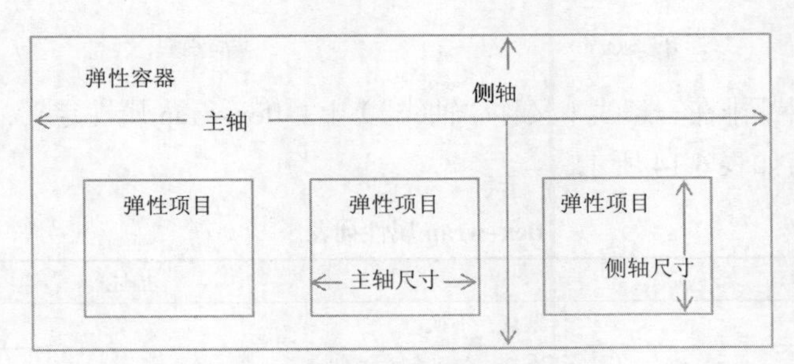

图 6-20 Flex 容器的相关术语

1. 弹性容器（Flex container）

包含弹性项目的父元素。通过设置 display 属性的值为 Flex 或 inline-Flex 来定义弹性容器。

2. 弹性项目（Flex item）

弹性容器的每个子元素都可称为弹性项目。弹性容器直接包含的文本将被包覆成匿名弹性单元。

3. 轴（Axis）

每个弹性框布局都包含两个轴。弹性项目沿其依次排列的那根轴称为主轴（main axis）；垂直于主轴的那根轴称为侧轴（cross axis），其属性包括以下内容。

（1）flex-direction

决定主轴的方向，即项目的排列方向。其属性值如表 6-13 所示。

表 6-13 flex-direction 属性列表

属性值	描述
row	水平方向，起点左端
row-reverse	水平方向，起点右端
column	垂直方向，起点上沿
column-reverse	垂直方向，起点下沿

【示例】ch6/示例/flex-direction.html

```
flex-direction:column-reverse;
```

在本例中，请分别测试 flex-direction 取值为 column 时的不同效果，如图 6-21 所示。

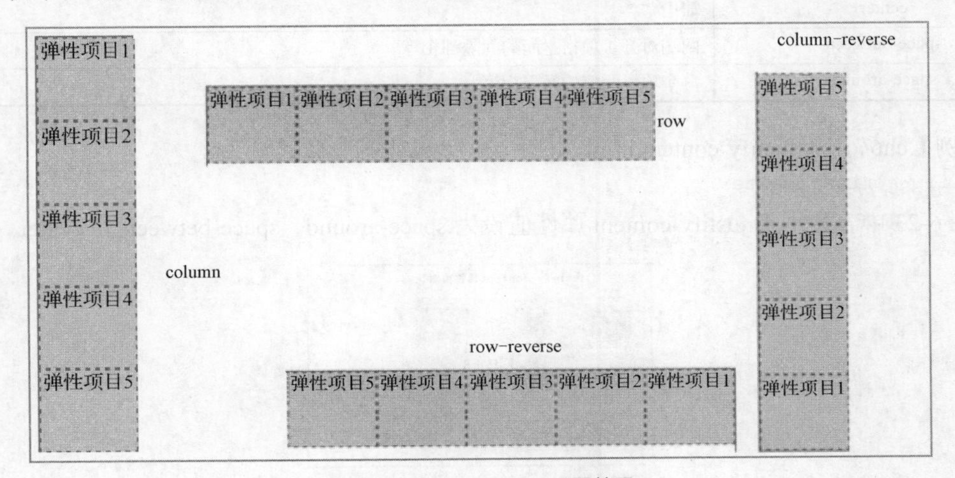

图 6-21 Flex-direction 设置效果

（2）flex-wrap

默认情况下，项目都排在一条线（又称“轴线”）上。flex-wrap 属性定义，如果一条轴线排不下该如何换行。其属性值如表 6-14 所示。

表 6-14　flex-wrap 属性列表

属性值	描述
nowrap	默认，不换行
wrap	换行，第一行在上方
wrap-reverse	换行，第一行在下方

【示例】ch6/示例/flex-wrap.html

```
flex-wrap:wrap-reverse;
```

在本例中，通过 flex-wrap 属性将项目布局为先将项目排列在下行，换行后往上排列。执行效果如图 6-22 所示。

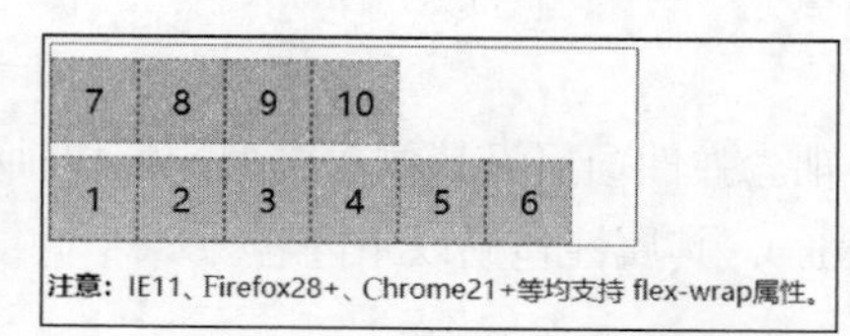

图 6-22　flex-wrap 排列项目

在本例 CSS 代码部分，语句“line-height: 50px; overflow:hidden;”的功能是将 div 中的数字设置为垂直居中。

（3）justify-content

justify-content 属性定义了项目在主轴上的对齐方式。其属性如表 6-15 所示。

表 6-15　justify-content 属性列表

属性值	描述
flex-start	左对齐
flex-end	右对齐
center	居中
space-between	两端对齐，项目之间的间隔都相等
space-around	每个项目两侧的间隔相等

【示例】ch6/示例/ justify-content.html

```
justify-content:center;
```

在图 6-23 中，分别将 justify-content 属性值设为 space-around、space-between 和 center。

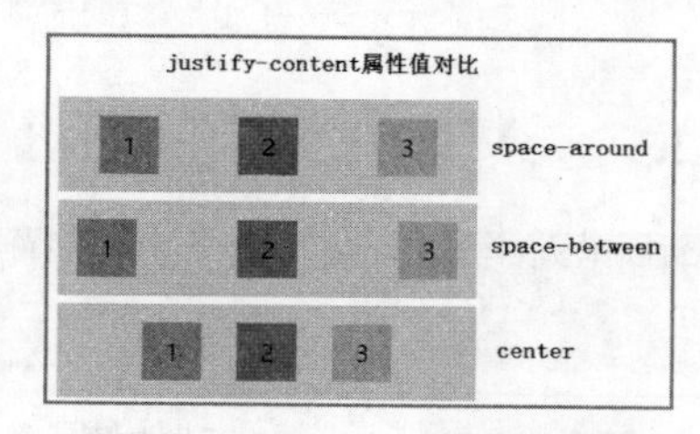

图 6-23　justify-content 属性值对比

（4）align-items

align-items 定义了项目在交叉轴上如何对齐。其属性值如表 6-16 所示。

表 6–16 align–itmes 属性列表

属性值	描述
flex-start	交叉轴的起点对齐
flex-end	交叉轴的终点对齐
center	交叉轴的中间点对齐
baseline	项目的第一行文字的基线对齐
stretch	默认值，如果项目未设置高度或设为 auto，将占满整个容器的高度

【示例】ch6/示例/align-items.html

```
align-items:flex-start ;//flex-start  flex-end  center  baseline
```

在图 6-24 中，align-items 属性分别取值 center、flex-start 和 flex-end。

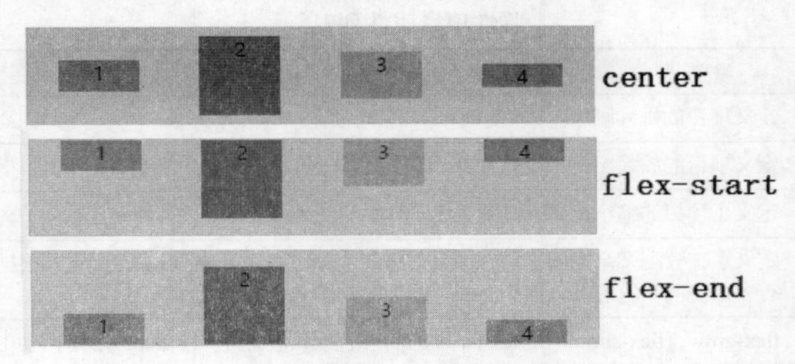

图 6-24 align-items 属性对比

（5）align-self

align-self 属性定义单独项目在侧轴方向上的对齐方式。属性值如表 6-17 所示。

表 6–17 align–self 属性列表

属性值	描述
flex-start	元素位于侧轴起始边界
flex-end	元素位于侧轴结束边界
center	元素位于侧轴的中心
baseline	元素位于容器的基线上
stretch	元素被拉伸以适应容器
auto	默认值，元素继承了它的父容器的 align-items 属性，如果没有父容器则为“stretch”

【示例】ch6/示例/align-self.html

```
.main li:nth-child(1){
    -webkit-align-self: center;
    align-self: center;
}
```

li:nth-child(1)是指第一个 li 项。效果如图 6-25 所示。

在图 6-25 中分别设置项目在侧轴对齐方式为 center、flex-end、flex-start、baseline、baseline、stretch、auto 和无设置。

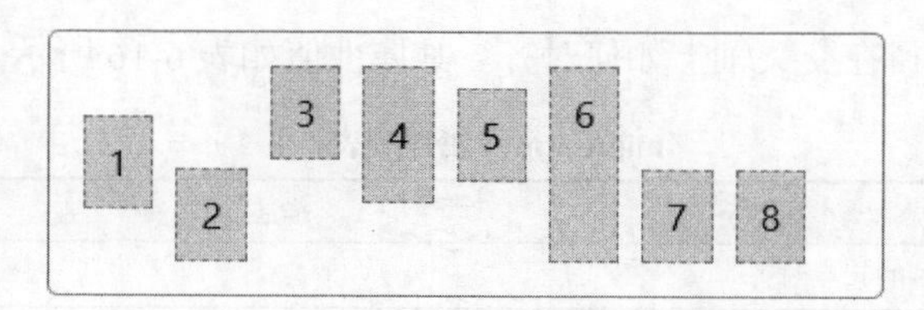

1:center;2:flex-end;3:flex-start;4:baseline;

5:baseline;6:stretch;7:auto;8:无设置;

图 6-25　align-self 示例

6.7.2　弹性项目

项目的属性包括 order、flex-grow、flex-shrink、justify-basis、flex。属性描述如表 6-18 所示。

表 6–18　　弹性项目属性列表

属性	描述
order	定义项目的排列顺序。数值越小，排序越靠前，默认为 0
flex-grow	定义项目的放大比例，默认为 0，即如果存在剩余空间，也不放大
flex-shrink	定义了项目的缩小比例，默认为 1，即如果空间不足，该项目将缩小
justify-basis	定义了在分配多余空间之前，项目占据的主轴空间（main size）。浏览器根据这个属性，计算主轴是否有多余空间。它的默认值为 auto，即项目的本来大小
flex	flex-grow，flex-shrink 和 flex-basis 的简写，默认值为 0、1、auto。后两个属性可选

1. order

order 属性用来设置或检索弹性项目出现的顺序。需要说明的是，对 order 属性的定义会影响 position 值为 static 元素的层叠级别，数值小的会被数值大的盖住。

【示例】ch6/示例/order1.html

```
.test {  display: flex;}
.item1 {  order: 1; margin:-10px; }
```

在本例中，如图 6-26 所示，左图将 item1 的 order 值设为 1，项目出现顺序为 item2、item1；右图将 item2 的 order 值设为 1，项目出现顺序为 item1、item2。

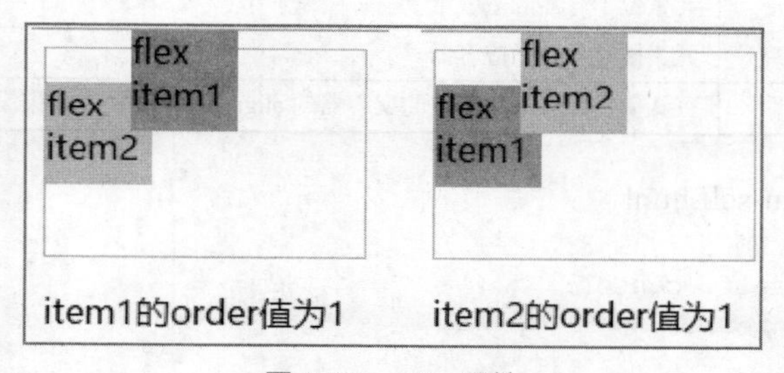

图 6-26　order 属性

2. flex–grow

flex-grow 属性设置或检索弹性项目的扩展比率，flex-grow 的默认值为 0，如果没有显示定义该属性，项目就不会拥有分配剩余空间的权利。

【示例】ch6/示例/flex-grow.html

```
.flex1{  display:flex;width:600px;margin:0;padding:0;
        list-style:none;}
.flex1 li:nth-child(1){  width:200px;}
.flex1 li:nth-child(2){  width:50px;}
.flex1 li:nth-child(3){  width:50px;}
<ul class="flex1">
    <li>项目 1</li><li>项目 2</li><li>项目 3</li>
</ul>
```

在本例中，将容器 flex1 的宽度设置为 600px，而子项目的宽度分别为 200px、50px 和 50px，子项目的总宽度为 300px，剩余宽度为 300px。由于没有对各个子项目设置 flex-grow 属性，项目没有分配剩余空间的权利。所以如图 6-27 上图所示，项目 1、2、3 的实际宽度与设置宽度一致。而容器 flex2 的 CSS 设置为：

```
.flex2{  display:flex;width:600px;margin:0;padding:0;
        list-style:none;}
.flex2 li:nth-child(1){  width:200px;}
.flex2 li:nth-child(2){  flex-grow:1;width:50px;}
.flex2 li:nth-child(3){  flex-grow:3;width:50px;}
```

项目 2 和 3 都显式定义了 flex-grow，那么 flex 容器的剩余空间分成了 1+3=4 份，其中项目 2 占 1 份，项目 3 占 3 份。

效果如图 6-27 下图所示，flex2 容器的剩余空间宽度为：600−200−50−50=300px，所以最终项目 1、2、3 的宽度分别为：

项目 1：因为没有设置 flex-grow，所以宽度依然为 200px；

项目 2：50+(300/4×1)=125px；

项目 3：50+(300/4×3)=275px。

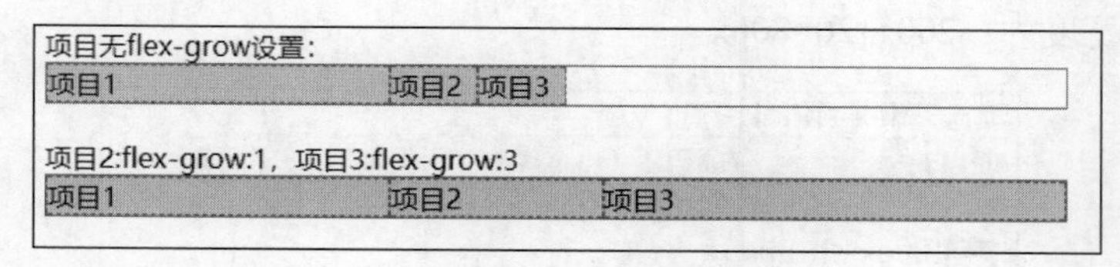

图 6-27　flex-grow 属性

3.　flex-shrink

flex-shrink 属性设置或检索弹性盒的收缩比率。可以根据弹性盒子元素所设置的收缩因子作为比率来收缩空间。

【示例】ch6/示例/flex-shrink.html

```
.flex1{  display:flex;
    width:400px;
    margin:0;
    padding:0;
    list-style:none;}
.flex1 li{  width:200px;}
ul li{  background:#ccc;
    border:1px dashed #777;}
.flex1,.flex2{
```

```
    border:1px solid #777;
    }
    <ul class="flex1">
        <li>项目 1</li>
        <li>项目 2</li>
        <li>项目 3</li>
    </ul>
```

在本例中，将容器 flex1 宽度设置为 400px，子项目的宽度均为 200px，故子项目的总宽度为 600px。flex 环境的容器的宽度不会变，flex-shrink 的默认值为 1，如果没有显示定义该属性，将会自动按照默认值 1 在所有因子相加之后计算比率来进行空间收缩。所以如图 6-28 上部所示，三个子项目均分 400px。为了比较不同效果，在 flex2 中做了如下设置：

```
.flex2{  display:flex;width:400px;margin:0;padding:0;
    list-style:none;}
.flex2 li{  width:200px;}
.flex2 li:nth-child(3){  flex-shrink:3;}
```

效果如图 6-28 下部所示，项目 3 显式定义了 flex-shrink，项目 1 和项目 2 没有显式定义，将根据默认值 1 来计算，可以看到总共将剩余空间分成了 5 份，其中项目 1 占 1 份，项目 2 占 1 份，项目 3 占 3 份，即 1∶1∶3。计算剩余宽度为 400−600=−200px，那么超出的 200px 需要被子项目消化。

通过收缩因子，所以加权综合可得 200×1+200×1+200×3=1000px，那么项目 1、2、3 将被移除的溢出量如下：

项目 1：(200×1/1000)×200，即约等于 40px；

项目 2：(200×1/1000)×200，即约等于 40px；

项目 3：(200×3/1000)×200，即约等于 120px。

项目 1 的实际宽度为：200−40=160px；

项目 2 的实际宽度为：200−40=160px；

项目 3 的实际宽度为：200−120=80px。

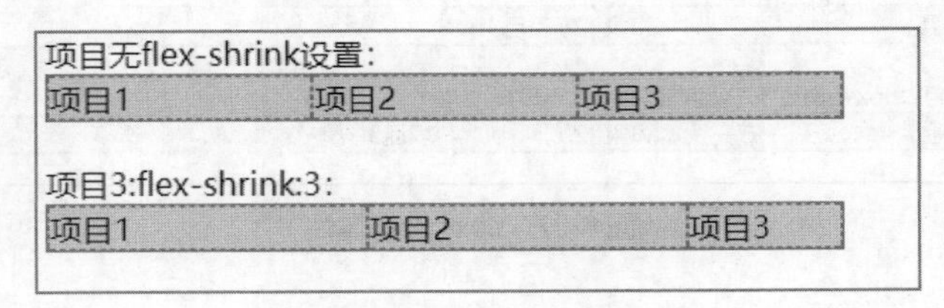

图 6-28　flex-shrink 属性

4. flex−basis

flex-basis 属性用于设置元素的宽度。如果元素同时设置了 width 和 flex-basis，那么 flex-basis 会覆盖 width 的值。属性值描述如表 6-19 所示。

表 6−19　flex−basis 属性值

属性	描述
length	用长度值来定义宽度。不允许负值
percentage	用百分比来定义宽度。不允许负值
auto	无特定宽度值，取决于其他属性值
content	基于内容自动计算宽度

5. flex

flex 是复合属性，用来设置或检索弹性子项目如何分配空间。它是由 flex-grow、flex-shrink 和 flex-basis 3 个属性组成的简写形式。属性详细意义如表 6-20 所示。

表 6-20　flex 属性

Flex	flex-grow（剩余空间分配比例）	flex-shrink（默认 1，空间不足时等比例缩小；非 1 时，空间不足不缩小）	flex-basis（项目占据的主轴空间）
默认	0	1	auto
none	0	0	auto
auto	1	1	auto
n（非负数）	n	1	0%
长度或百分比	1	1	长度或百分比
n,m（非负数）	n	m	0%
n,长度或百分比	n	1	长度或百分比

【示例】ch6/示例/flex2.html

```
<div class="main">
      <div class="item1"></div>
      <div class="item2"></div>
      <div class="item3"></div>
</div>
<style type="text/css">
      .main {
          display: flex;
          width: 600px;
          border:1px solid #777;
      }
      .main > div {
          height: 100px;
          background:#ccc;
          border:1px dashed #777;
      }
      .item1 {
           width: 140px;
           flex:2 1 0%;
      }
      .item2 {
           width: 100px;
           flex:2 1 auto;
      }
      .item3 {
           flex: 1 1 200px;
      }
</style>
```

各个子项目的宽度计算步骤如下：

当 item1 基准值取 0%的时候，该项目被视为零尺寸；item2 基准值取 auto 时，根据规则基准值使用值是主尺寸值，即 100px，故这 100px 不会纳入剩余空间。

（1）总基准值

主轴上容器宽度为 600px，子元素的 flex-basis（总基准值）是：0% + auto + 200px=300px，故剩

余空间为 600px－300px = 300px。

（2）缩放系数和

伸缩放大系数之和为 2 + 2 + 1 = 5。

（3）剩余空间分配

item1 的剩余空间：300 × 2/5=120px；

item2 的剩余空间：300 × 2/5=120px；

item3 的剩余空间：300 × 1/5= 60px。

（4）项目最终宽度

item1 = 0% + 120px = 0+120px=120px；

item2 = auto + 120px = 100px+120px=220px；

item3 = 200px + 60px = 260px。

执行效果如图 6-29 所示。

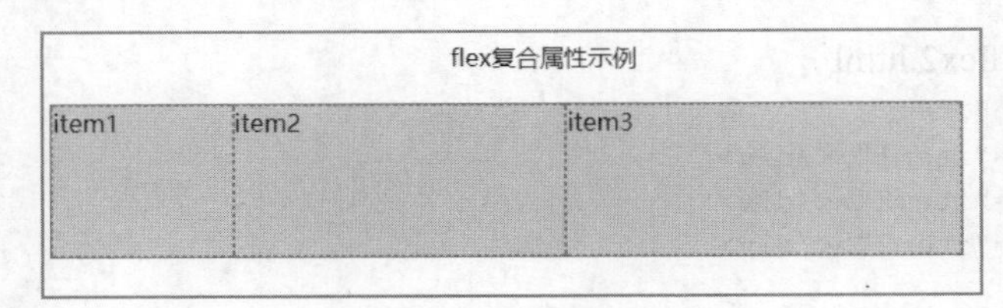

图 6-29　flex 复合属性

6.7.3　动手实践

学完前面的内容，下面来动手实践一下吧。

难点分析：

- 使用 Flex 属性进行页面布局；
- 第一行图片实现淡入淡出的切换效果；
- 第二行图片实现缩小切换效果；
- 利用伪类选择器，实现鼠标悬浮按钮时的阴影效果。

结合给出的素材，运用 CSS3 的新增属性实现图 6-30 所示的页面。

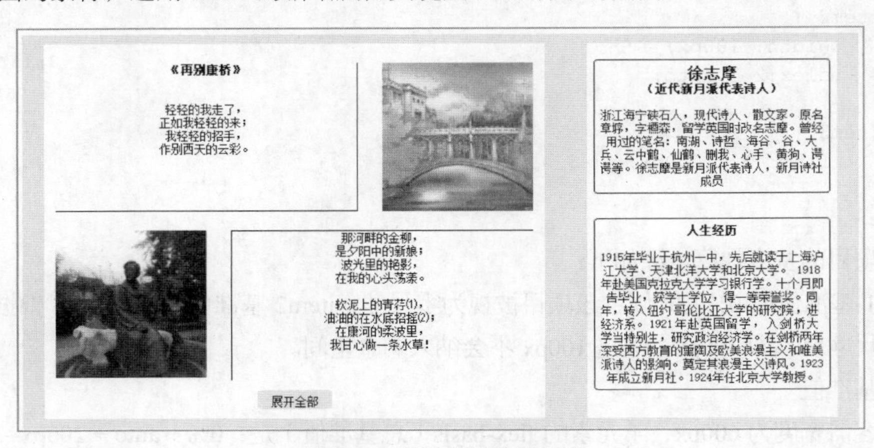

图 6-30　CSS3 动手实践效果

项目十二　代表作品泰坦尼克号 2——CSS3 新增属性练习

【项目目标】

- 熟练掌握盒模型与相关属性。
- 掌握列表与表格样式属性。
- 熟练掌握与应用浮动与定位。
- 熟练掌握与应用网页布局。
- 了解并掌握部分 CSS3 的新增属性。

【项目内容】

- 练习 CSS 的复杂样式。
- 学习利用盒模型进行浮动与定位等实现网页布局。
- 练习并掌握 CSS3 的过渡、转换、动画等属性。

【项目步骤】

本项目在项目八的基础上继续完善，因此在素材中提供了项目八中的结果文件 representativeWorks-ttnkhtml.html 和 css/ttnk1.css。新建 css/ttnk2.css，将本项目中的所有样式规则都保存在该文件中。

1. body 部分

内边距为 0px；外边距为 0px。

2. 网页首部部分

页面首部效果图，如项目图 12-1 所示。

项目图 12-1　网页首部效果图

（1）header 部分

宽度为 100%；高度为 580px；背景颜色为#34415F；背景图片为 container.png；背景大小为覆盖（提示代码如下）。

```
background-size: cover;
```

（2）海报容器部分（div.poster-container）

宽度为 1139px；高度为 580px；使用相对（relative）定位；外边距为上下为 0；左右为 auto（水平居中效果）。

（3）海报部分（div.poster）

宽度为 100%；高度为 100%；使用绝对（absolute）定位；

背景位置为右上（top right）背景不重复背景图片 banner.jpg；

透明度（opacity）为 0。

编写动画的关键帧（keyframe），名称为 showPoster，效果将透明度由 0 变为 1。示例代码：

```
@keyframes showPoster {
  from {  opacity: 0; }
  to {  opacity: 1; }
}
```

并使用该动画效果，其参数为：动画持续时间为 1s，速度曲线（timing-function）为 ease，动画开始延时为 0.5s，运行次数为 1，填充模式（fill-mode）为 forwards。

（4）遮罩层部分（div.mask）

宽度为 100%；高度为 100%；使用绝对定位；背景位置为右上（top right）；背景不重复；背景图片为 mask.png。

（5）海报左侧影片介绍部分（div.content）

① 影片介绍的容器部分（div.content）。使用绝对定位。

② 介绍的内容部分（dl.title）。字体颜色（前景色）为#FFFFFE；使用相对（relative）定位；z-index 为 2。

③ 标题“泰坦尼克号”的部分（dl.title > h1）。字体粗细为 300；字体大小为 2.56em；左内边距为 1.25em。

④ 标题下面的介绍文字部分（dl.title > dd）。显示（display）为块状（block）元素；隐藏溢出（overflow）；宽度为 42%；字体大小为 0.9em；首行缩进（text-indent）为 1.8em；前景色（字体颜色）为#EEE；行高为 200%。

3. 网页主体部分

（1）主体容器（article）部分

宽度为 1119px；背景色为#FFF；使用相对定位；上外边距为-200px；下外边距为 50px；左右外边距为自动（auto）；内边距为 20px；设置左上角与右上角圆角边框 border-radius 值为 10px。

设置阴影为 x:0，y:0，模糊距离（blur）为 1px；阴影尺寸（spread）为 1px；颜色为 lightgray；使用内部阴影（inset）。

（2）小标题（h3）部分

左内边距为 1%；宽度为 15%；浮动为左浮动；左边框颜色为#4F9CEE；左边框宽度为 20px；左边框线类型为直线（solid）；下边框颜色为#4F9CEE；下边框宽度为 2px；下边框线类型为直线。

效果如项目图 12-2 所示。

主要演员

项目图 12-2　小标题效果

4. 主要演员列表部分（dl.majorActorList）

效果图如项目图 12-3 所示。

项目图 12-3　主要演员列表界面

详细结构请参照相对应的 HTML 代码。

（1）定义列表单元部分（dl.majorActorList>dd）

Display：inline-block。

（2）文字链接部分（dl.majorActorList a）

左浮动；显示为块状元素；宽度为 99px；行高为 210%；文本修饰（text-decoration）为 none；前景色为#333；文本阴影（text-shadow）：x:1px，y:1px；模糊距离，1px；颜色：lightgray；过渡：all；时间：0.5s。

（3）图片部分（dl.majorActorList img）

元素阴影（box-shadow）：x:1px，y:1px；模糊距离：1px；spread：1px；颜色：gray；边框圆角值：5px。

（4）Transform 练习

用 CSS 选择器分别选中四个定义列表单元（dl.majorActorList>dd）中的第一个 a 标签。选择器示例：

```
dl.majorActorList>dd:nth-child(1):hover>a:nth-of-type(1)
```

当鼠标悬浮在对应的列表单元上时，4 种 a 标签的变换效果分别为：旋转为 360deg；缩放（scale）为 1.3；倾斜（skew）为-15deg；以 Y 轴旋转 180deg，以 Z 轴旋转 360deg。

5．导航条（nav）部分

效果图如项目图 12-4 所示。

基本信息　剧情简介　角色介绍　幕后花絮　影片评价

项目图 12-4　导航条效果图

（1）对于导航条内的无序列表（nav>ul）

使用相对定位；行高为 300%；列表样式为 none；高度为 3em；外边距为 0；左内边距为 1em；其他内边距为 0；背景色为 rgb(79，156，238)。

（2）对于无序列表内的元素（nav>ul>li）

display 为 inline-block；宽度为 80px；文字居中；使用相对定位；z-index 为 1。

（3）对于无序列表内元素后面的 div（nav>ul>li～div）

背景色为#EB7B55；宽度为 80px；高度为 3em；过渡为 left；时间为 0.5s；使用绝对定位；top:0；left 为 1em。

（4）对于无序列表内的元素内的链接（nav>ul>li>a）

宽度为 100%；高度为 100%；无文本修饰；字体颜色为白色；显示为行内块级元素。

（5）设置当鼠标悬浮到相应菜单项时 div 的过渡动作

① 默认 div 在第一菜单项的位置。

② 当鼠标悬浮在第二菜单项时，div 的样式：left 为 6em。

样例代码：

```
nav> ul >li:nth-child(2):hover ~ div{  left: 6em;  }
```

③ 当鼠标悬浮在第三菜单项时，div 的样式：left 为 11em。

④ 当鼠标悬浮在第四菜单项时，div 的样式：left 为 16em。

⑤ 当鼠标悬浮在第五菜单项时，div 的样式：left 为 21em。

6. “基本信息”部分

效果图如项目图 12-5 所示。

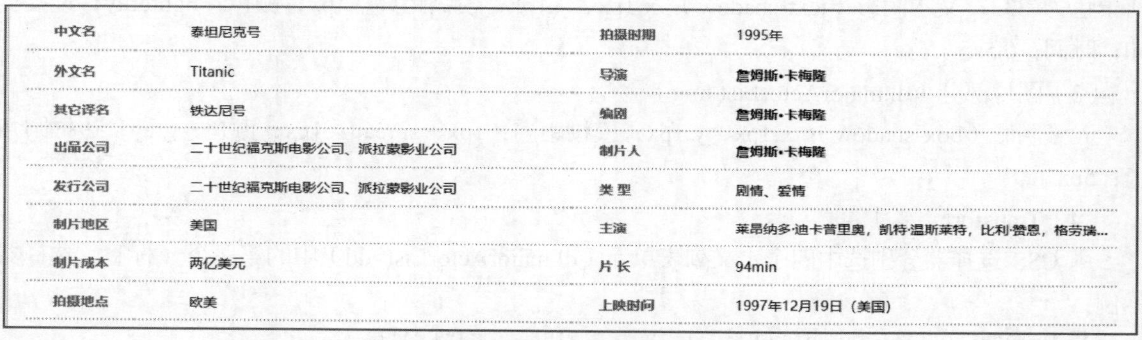

中文名	泰坦尼克号	拍摄时期	1995年
外文名	Titanic	导演	詹姆斯·卡梅隆
其它译名	铁达尼号	编剧	詹姆斯·卡梅隆
出品公司	二十世纪福克斯电影公司、派拉蒙影业公司	制片人	詹姆斯·卡梅隆
发行公司	二十世纪福克斯电影公司、派拉蒙影业公司	类 型	剧情、爱情
制片地区	美国	主演	莱昂纳多·迪卡普里奥，凯特·温斯莱特，比利·赞恩，格劳瑞...
制片成本	两亿美元	片 长	94min
拍摄地点	欧美	上映时间	1997年12月19日（美国）

项目图 12-5 “基本信息”效果图

（1）对于基本信息的容器（.fundamental）

宽度为 100%；display 为 flex；盒子元素对齐方式（justify-content）为 flex-start。

（2）基本信息列表（.fundamental>dl）

flex 为 1；字体大小为 0.9em。

（3）基本信息列表中的信息类型（.fundamental>dl>dt）

例如“中文名”等内容。

向左浮动；上下内边距为 10px；左内边距为 0；右内边距为 5%；外边距为 0；前景色为 gray；宽度为 15%；字体样式为加粗。

底部边框为宽度 2px；样式为 dotted；颜色为 darkgray。

（4）基本信息列表中的信息内容（.fundamental>dl>dd）

例如“泰坦尼克号”等内容。

向左浮动；宽度为 70%；上下内边距为 10px；左内边距为 10%；外边距为 0；下边框：宽度为 2px；样式为 dotted；颜色为 darkgray；使用 white-space、text-overflow、overflow 实现文字溢出时出现省略号的效果。

7. “剧情简介”部分

效果图如项目图 12-6 所示。

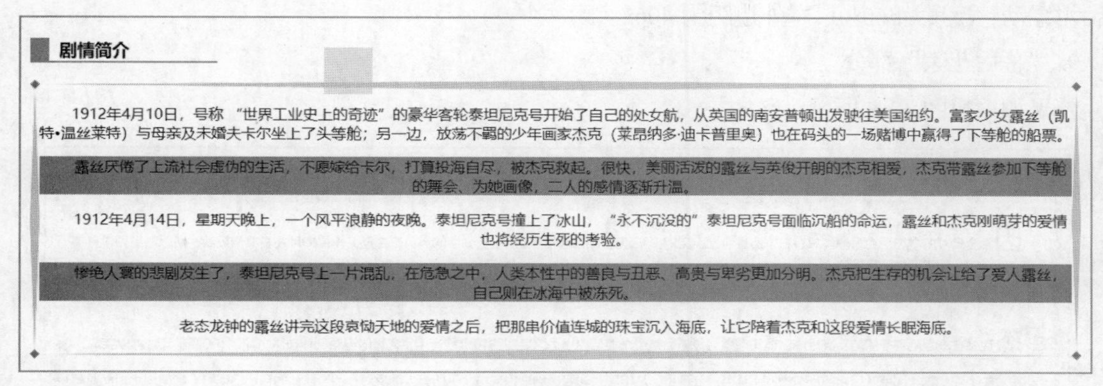

项目图 12-6 “剧情简介”部分

使用 border-image 实现上图边框，图像边界向内偏移均为 27px，边框宽度为 10px。参考代码如下：

```
border: 10px solid transparent;
border-image: 27 27 27 27 url(../images/border.png) stretch;
```

border-image 必须与 border 配合使用。

8. “角色介绍”部分

部分效果如项目图 12-7 所示。

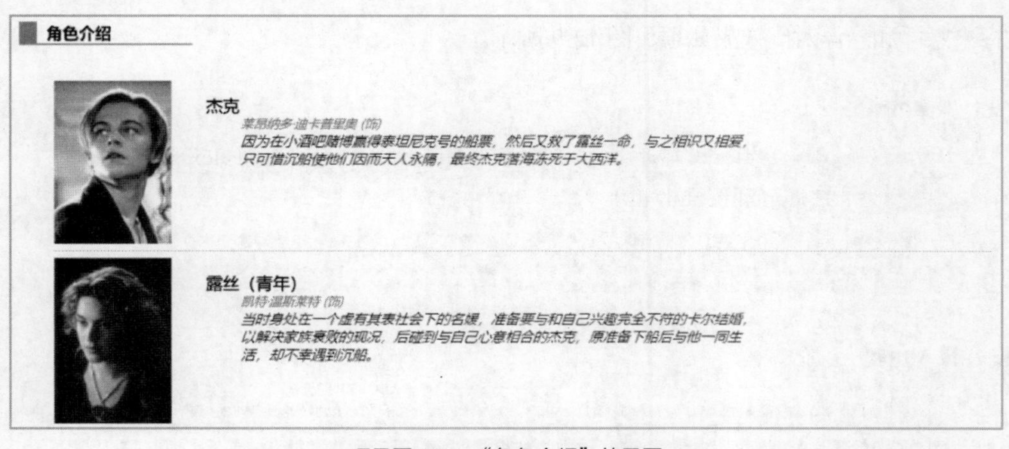

项目图 12-7 “角色介绍”效果图

（1）对于“角色介绍”的无序列表（. actorList）

列表样式：none。

（2）对于“角色介绍”的无序列表中的列表（.actorList>li）

内边距：上下为 0.5em；左右为 0；下边框：宽度为 1px；样式为 dashed；颜色为 gray。

（3）对于“角色介绍”的人物图片（.actorList img）

宽度为 135px；左浮动。

（4）对于“角色介绍”中的定义列表（.actorList dl）

左浮动；宽度为 60%；左外边距为 40px。

9. “幕后花絮”部分

效果如项目图 12-8 所示。

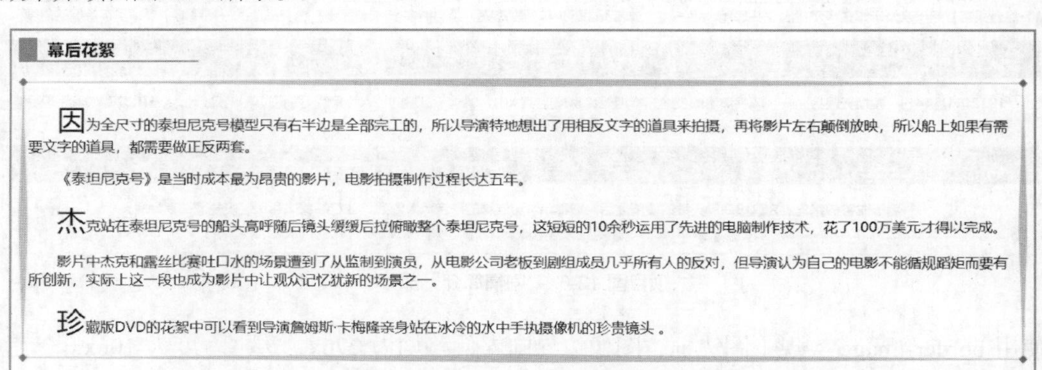

项目图 12-8 “幕后花絮”效果图

对于“幕后花絮”部分（.highlight）使用 border-image 实现上图边框，图像边界向内偏移均为 27px，边框宽度为 10px。

border-image 必须与 border 配合使用。

10. “影片评价”部分

鼠标未悬浮和悬浮对比效果如项目图 12-9 所示。

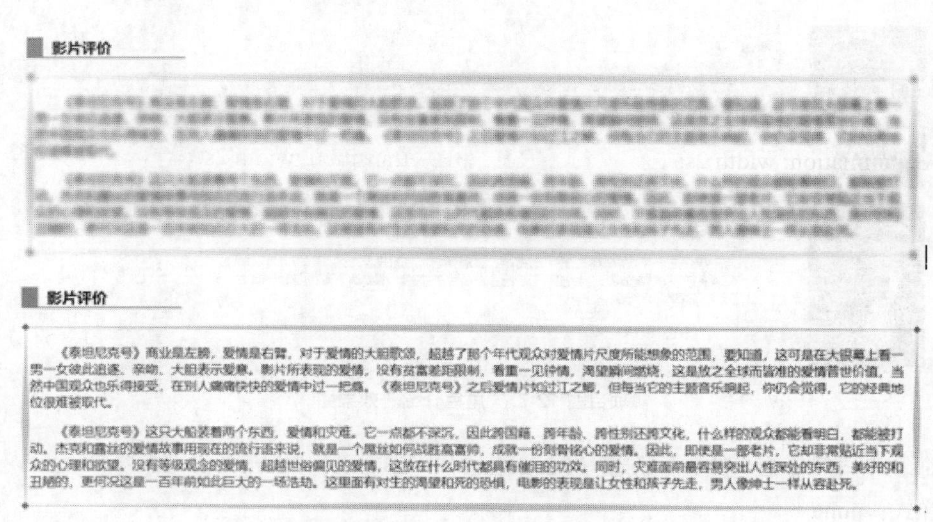

项目图 12-9 悬浮效果对比图

（1）对于“影片评价”部分（.comment）

使用 border-image 实现上图边框；图像边界向内偏移均为 27px；边框宽度为 10px；使用滤镜，blur 的值为 0px；对滤镜设置过渡效果，持续时间为 0.5s。

（2）当鼠标指针悬浮在该区域时（.comment:hover）

使用滤镜，blur 的值为 2px。

11．动画部分

实现一个 50px×50px 的正方形小块，让它能够无限次在网页中运动。其中关键帧（keyframe）如下所示。

```
@keyframes animation1 {
    0% {  left: 110%;
    bottom: -10%;
    }
  33% {  left: 50%;
    bottom: 100%;
    }
  66% {  left: -10%;
     bottom: 50%;
    }
  100% {  left: 110%;
     bottom: -10%;
    }
}
```

正方形小块的样式如下。

宽度：50px；高度：50px；使用 fixed 定位（position：fixed）；Left:0；Bottom:0；z-index:2；透明度：0.5；背景：lightgreen；设定一个动画，使用关键帧 animation1；持续时间 10s；速度曲线为 linear；次数为无限次。

习题

1．如果想对一个 div 块元素的宽度属性设置一个 2s 的过渡效果，相应的 CSS 属性应该写为（　　）。

A．animation: width 2s;　　B．transition: width 2s;

C．transition: 2s width;　　D．transition: div width 2s;

2．如果希望实现以慢速开始，然后加快，最后慢慢结束的过渡效果，应该使用（　　）过渡模式。

A．ease　　B．ease-out　　C．ease-in　　D．ease-in-out

3．对 3D 物体进行操作时，有 X，Y，Z 三个轴的方向，Y 轴的正方向是（　　）方向。

A．竖直向上　　B．竖直向下　　C．向屏幕外　　D．向屏幕内

4．下列（　　）属性可以为 div 元素添加阴影边框。

A．border-radius　　B．box-shadow　　C．border-image　　D．border-style

5．下列关于 border-image 属性说法错误的是（　　）。

A．可以给元素边框添加背景图片。

B. border-image 属性可以设置边框图像的重复、拉伸等效果。

C. 当使用 border-image-slice 属性时，需要指出上右下左的剪裁宽度的单位。

D. order-image-repeat：设置指定边框图片的覆盖方式。

6. 下列（　　）选项表示用省略标记（……）标示对象内文本的溢出。

A. text-overflow: clip　　B. text-overflow: ellipsis

C. text-overflow:hidden　　D. text-overflow:overflow

7. 正确给文本添加阴影的是（　　）。

A. box-shadow　　B. border　　C. margin　　D. text-shadow

8. 关于下列代码，描述错误的是（　　）。

```
div{
    animation: mymove 5s;
}
@keyframes mymove
{
    from {  background: red;}
    to {  background: yellow;}
}
```

A. 动画名称为 mymove，并将其绑定在 div 元素上

B. 时长：5 秒

C. 关键词“from”和“to”，等同于 0%和 100%

D. 使用 animation 属性可以忽略时长，使用默认时长

9. 以下关于 Flex 说法错误的是（　　）。

A. 设为 Flex 布局以后，子元素的 float、clear 和 vertical-align 属性不会改变

B. 所有子元素自动成为容器成员，称为 Flex 项目

C. 子元素可以在各个方向上进行布局，并且能以弹性尺寸来适应显示空间

D. Flex 是 Flexible Box 的缩写，意为“弹性布局”，用来为盒状模型提供最大的灵活性

10. 使用 CSS 的 flexbox 布局，不能实现以下（　　）效果。

A. 实现三列布局，并且随容器宽度等宽弹性伸缩

B. 实现多列布局，且每列的高度按内容最高的一列等高

C. 实现三列布局，且左列宽度像素数确定，中、右列随容器宽度等宽弹性伸缩

D. 实现多个宽高不等的元素，且实现无缝瀑布流布局

07

第7章　响应式网页

学习要求

- 了解响应式网页的定义。
- 掌握媒体查询的相关语法。
- 掌握 Bootstrap 网格系统的定义以及应用。
- 掌握 Bootstrap 中样式的使用。

动手实践

- 灵活运用 Flex 属性进行页面布局。
- 掌握 Transition、Animation 和 Transform 等属性，实现淡入淡出、图片缩小切换等效果。
- 灵活运用边框、文本特效等属性，制作特效。

项目

- 项目十三　作品集锦——媒体查询：针对 7.2 节练习
- 项目十四　调查问卷——Bootstrap 制作响应式表单：针对 7.3～7.4 节练习

现代社会中，网站用户的浏览设备日渐多样化，而手机、平板电脑、台式计算机、笔记本电脑等不同形式的显示屏幕的出现，使网页很难灵活适应各种设备的宽度。

2010 年 5 月，著名网页设计师伊桑 • 马科特（Ethan Marcotte）首次提出了响应式的设计概念，可以让网页根据屏幕宽度变化而响应，是一种打破网页固有形态和限制的灵活设计方法。

7.1　响应式网页设计概述

响应式网页设计让手机、平板电脑等均能获得完美的浏览体验，能够兼顾多屏幕、多场景的灵活设计，这与“一次编写，到处运行”有着异曲同工的作用。

7.1.1 必要性

随着智能手机、PAD 等移动设备的普及，越来越多的手机用户选择在移动设备上浏览网页。据CNNIC 提供的第 40 次《中国互联网络发展状况统计报告》中统计，截至 2017 年 6 月，中国网民规模达 7.51 亿，其中手机网民占比达 96.3%，平板电脑占比达 28.7%，移动互联网在中国已处于主导地位。因此，开发者应该将适应性设计和移动网站的理念放在首位。

值得重视的是，尽管移动设备的使用率越来越高，也不应该忽视计算机端的用户。据 ComScore 的《2017 美国移动应用报告》中统计，美国计算机上网时间占总数字媒体时间的 34%，移动应用占数字媒体时间的 57%。其中 50%来自智能手机应用，只有 7%来自平板电脑应用。

基于这一点，开发者在搭建网站时，需要兼顾计算机端和移动端用户。大多数用户所使用的台式计算机或笔记本电脑的显示器宽度大于或等于 1024px，在早些时候制作一个宽度固定为 960px 的页面是可以通用的，但是这种情况已成为历史。如果现在还按照上述方式设计，那就意味着使用移动设备的用户看到的是一个按比例缩小的屏幕，他们只有通过放大、缩小和左右滚动才能完全浏览页面，使用极为不便，因此响应式网页设计就显得尤为重要。

7.1.2 定义

响应式网页设计是采用 CSS 的媒体查询（media query）技术，将三种已有的开发技巧——弹性网格布局、弹性图片、媒体和媒体查询整合在一起，命名为响应式网页设计。

网页采用流体+断点（break point）模式，配合流体布局（fluid grids）和可以自适应的图片、视频等资源素材，在遇到断点改变页面样式之前，页面是会随着窗口大小自动缩放的。

在进行响应式网页设计时，应遵循以下原则。

（1）简洁的菜单方便用户迅速找到所需功能。

（2）选择系统字体和响应式图片设计，使得网页尽快加载。

（3）清晰简短的表单项，便捷的自动填写功能，方便用户填写提交。

（4）相对单位让网页能够在各种视口规格任意转换。

（5）多种行为召唤组件，避免弹出窗口。

7.1.3 视口

视口（viewport）和屏幕尺寸不是同一个概念。视口是指浏览器窗口内的内容区域，不包含工具栏、标签栏等区域，也就是网页实际显示的区域。该区域的尺寸通常与实际渲染出的网页的尺寸不同，若网页尺寸大于视口，浏览器通常会显示滚动条供用户拖动查看。

在以往的设计中，我们一般是针对某些设备（如台式计算机、平板电脑、手机）的数据来设置断点的，例如 1024px 对应台式计算机、768px 对应平板电脑、480px 对应手机，但实际上，屏幕尺寸远远不止这些。响应式设计不是针对某一特定宽度，一种分辨率对应一种设备，而是需要确定一个区间值，设计师需要寻找一个临界点——即当视觉效果开始不符合人们的审美或影响了内容获取时对应的值，这个临界点才是响应式设计中的断点。

HTML5 提供了一种方法供开发者自由控制视口的属性。

在进行响应式网页开发时，开发者总会考虑显示设备宽和高的问题，例如，一类屏幕的分辨率为 1920×1080，另一类屏幕的分辨率为 1024×768，为了能在这两类屏幕下获得良好的浏览体验，开发者需要对这两类分辨率进行适配。因为早期各大厂商屏幕的 PPI（Pixels Per Inch）是差不多的，所以直接参考屏幕分辨率来适应不同的屏幕类型并没有什么太大的问题。

但是近年来，为了能让用户获得更好的视觉体验，厂商会提高设备屏幕的 PPI。例如，2010 年苹果公司发布 iPhone4 时提到的视网膜（Retina）显示屏，其像素点密度超过了 300PPI。

因此，虽然目前市面上智能手机主流屏幕大小只有 6 英寸左右，但是其屏幕的分辨率很高，例如 1920×1080，这甚至比主流计算机桌面的分辨率（1366×768）还要高，传统桌面网站直接放到手机上阅读时，界面就会显得非常小，阅读体验很差。

在设计响应式网页时，如果还是按照屏幕分辨率来进行适配的话就显得不太合适了，因此需要一种将原始视图在手机上放大的机制。通过控制视口属性就能很好地解决该问题，一般移动设备屏幕的可视尺寸比传统台式计算机的小得多，可以通过设置一个比较小的视口来将尺寸较小的网页放大至整个屏幕，这样开发时只需关注视口的大小而不是屏幕的分辨率。

视口可以通过一个名称为 viewport 的元（meta）标签来进行控制，其基本规则如下：

```
<metaname="viewport" content="width=device-width, initial-scale=1">
```

其中，视口设置中几个常用关键词的含义如下。

- width：控制 viewport 的大小，可以指定一个值，或者特殊的值，如 device-width 为设备的宽度（单位为缩放为 100%的 CSS 的像素）。注意，不同设备的 device-width 值会有不同。
- height：和 width 相对应，指定高度。
- initial-scale：初始缩放比例。
- maximum-scale：允许用户缩放到的最大比例，范围为 0～10.0。
- minimum-scale：允许用户缩放到的最小比例，范围为 0～10.0。
- user-scalable：用户是否可以缩放，yes 表示允许用户缩放；no 表示不允许用户缩放。

7.1.4 响应式布局

在讲述响应式布局之前，先来梳理一下常见的几种页面排版布局。

1. 布局类型

布局类型主要分为通栏、等分和非等分，如图 7-1 所示。

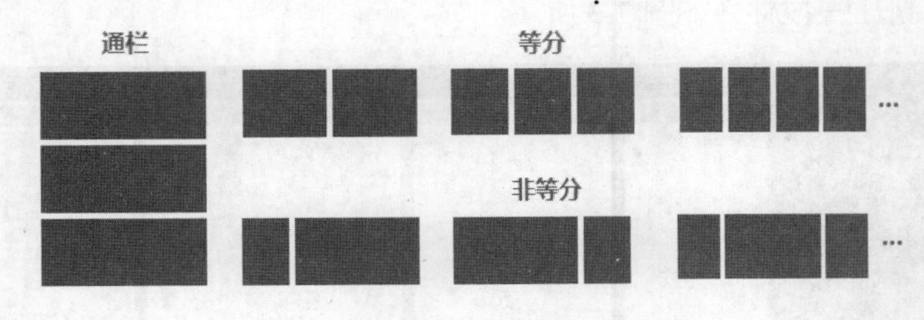

图 7-1 布局类型

2. 布局实现

实现布局设计有不同的方式，基于页面的实现单位可分为 4 种类型：固定布局、可切换的固定布局、弹性布局、混合布局。

（1）固定布局：以像素作为页面的基本单位，不管设备屏幕及浏览器宽度是多少，只设计一套尺寸。

（2）可切换的固定布局：同样以像素作为页面单位，参考主流设备尺寸，设计几套不同宽度的布局。通过设定的屏幕尺寸或浏览器宽度，选择最合适的那套宽度布局。

（3）弹性布局：以百分比作为页面的基本单位，可以适应一定范围内所有尺寸的设备屏幕及浏览器宽度，并能完美利用有效空间展现最佳效果。

（4）混合布局：同弹性布局类似，可以适应一定范围内所有尺寸的设备屏幕及浏览器宽度，并能完美利用有效空间展现最佳效果。可采用混合像素和百分比两种单位作为页面单位。

可切换的固定布局、弹性布局、混合布局等都是目前可被采用的响应式布局方式。其中可切换的固定布局的实现成本最低，但拓展性比较差；而弹性布局与混合布局效果具有响应性，都是比较理想的响应式布局实现方式。不同类型的页面排版布局要实现响应式设计，需要采用不用的实现方式。通栏、等分结构适合采用弹性布局方式，而非等分的多栏结构往往需要采用混合布局的实现方式，如图 7-2 所示。

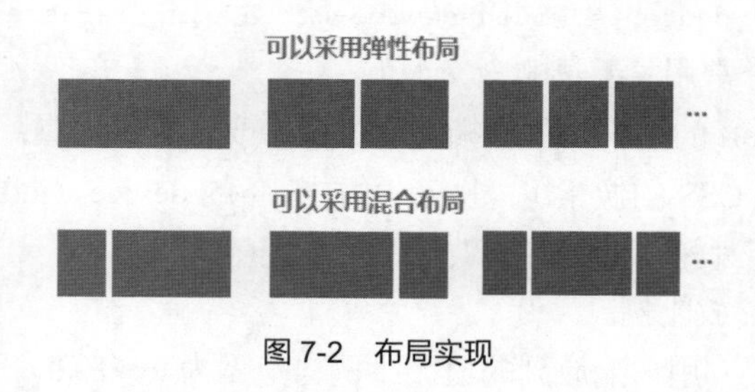

图 7-2　布局实现

3. 布局响应

对页面进行响应式的设计实现，需要对相同内容进行不同宽度的布局设计，有两种方式：桌面优先（从桌面端开始向下设计）、移动优先（从移动端向上设计）。

无论基于哪种模式的设计，均要兼容所有设备，布局响应时不可避免地需要对模块布局做一些改变。需要通过 JS 获取设备的屏幕宽度来改变网页的布局，这一过程称为布局响应屏幕。常见的有以下几种方式。

（1）布局不变，即页面中的整体模块布局不发生变化，这种方式又分为三种情况。

- 模块内容：挤压—拉伸，如图 7-3 所示。

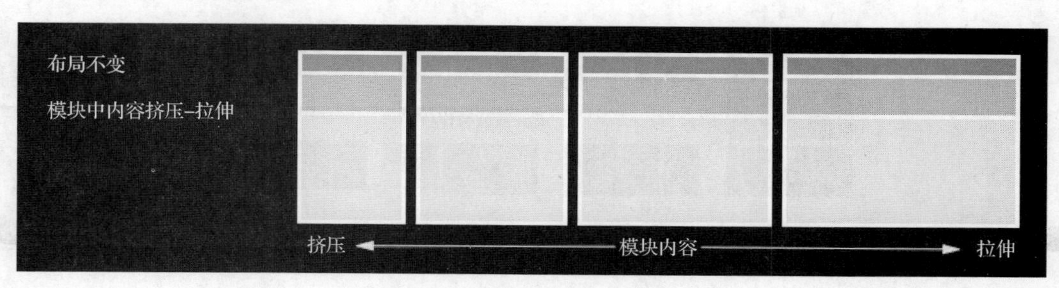

图 7-3　模块内容 挤压—拉伸

- 模块内容：换行—平铺。

随着屏幕尺寸的变大，模块中的内容从纵向排列变为平铺排列，如图 7-4 所示。

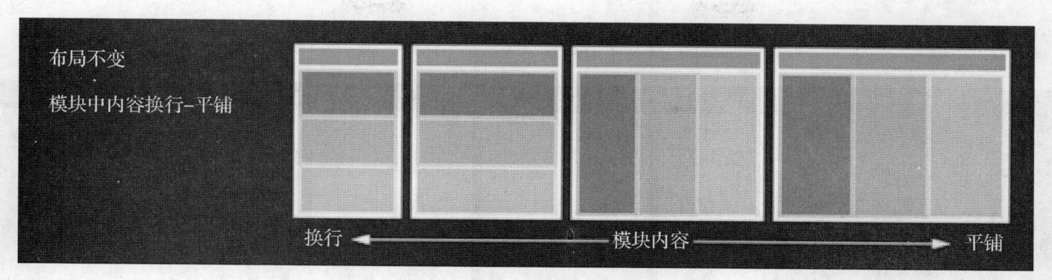

图 7-4　模块内容 换行—平铺

- 模块内容：删减—增加。

当屏幕尺寸较小时，模块中只显示最主要的内容，当屏幕尺寸变大后，会将所有内容显示出来，如图 7-5 所示。

图 7-5　模块内容 删减—增加

（2）布局改变，即页面中的整体模块布局发生变化。随着屏幕尺寸的变化，整个页面布局也会发生改变，以显示更多内容。这种方式也分为三种情况。

- 模块位置变换，如图 7-6 所示。

图 7-6　模块位置交换

- 模块展示方式改变：隐藏—展开，如图 7-7 所示。

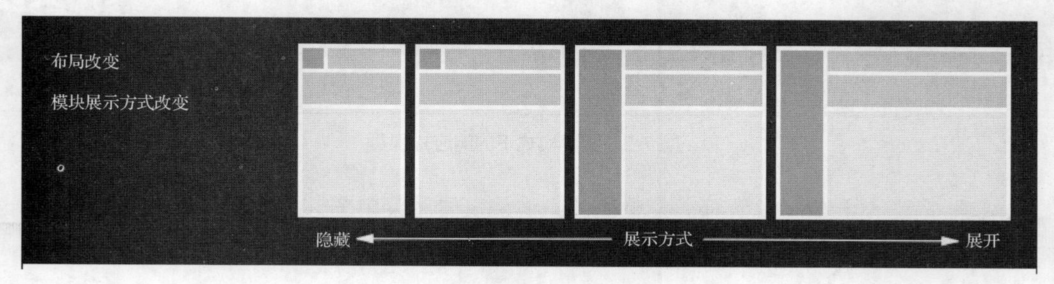

图 7-7　模块展示方式改变

- 模块数量改变：删减—增加，如图 7-8 所示。

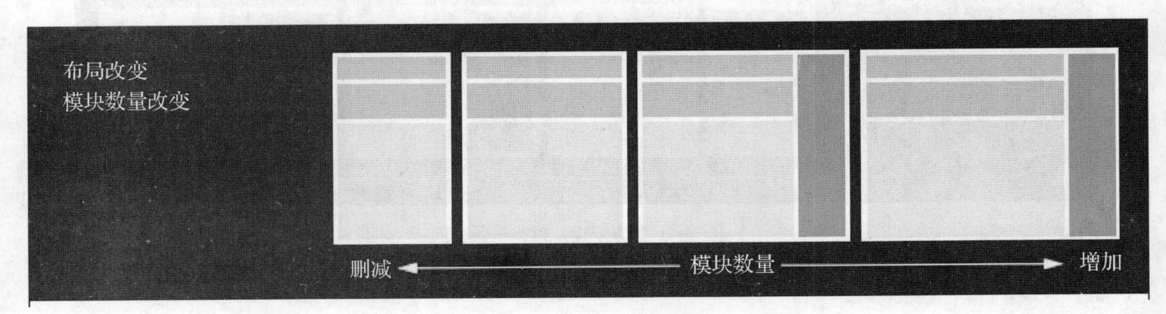

图 7-8　模块数量改变

很多时候，单一方式的布局响应无法达到理想效果，需要结合多种组合方式，但原则上尽可能保持简单轻巧，而且同一断点内（发生布局改变的临界点称之为断点）保持统一逻辑。否则页面实现得太过复杂，也会影响页面性能。

7.1.5　设计案例

响应式网站要针对各种不同屏幕尺寸的设备进行测试，大多数测试可以通过改变浏览器窗口的大小来完成，也可以通过第三方插件和浏览器扩展功能将浏览器窗口或视口设定为指定像素来测试。

下面以图 7-9 所示网页为例，当浏览器宽度大于 768 像素时，网页中菜单项会被完整显示出来，图片呈四列并排显示。

图 7-9　宽屏模式下的响应式网页

当浏览器宽度小于 768 像素时，菜单项被隐藏，仅显示菜单图标；如图 7-10 所示，网页布局中图片呈两列并排显示。图 7-11 所示为模拟手机端的测试效果。

图 7-10 窄平模式下的响应式网页

图 7-11 手机端响应式网页

7.2 媒体查询

CSS3 引入了媒体查询（Media Queries），媒体查询增强了媒体类型方法，允许根据特定的设备特性应用样式，可以使网站呈现的样式适应不同的屏幕尺寸。

CSS3 中提供了多种媒体类型，用来设置网页在不同类型设备中以不同的方式呈现。注意媒体类型名称区分大小写，以下是常用的媒体介质类型：

- all：全部媒体类型（默认值）;
- print：打印或打印预览；
- screen：彩色计算机屏幕；
- speech：屏幕阅读器。

早期的媒体介质远远不止上面罗列的 4 种，还有 braille、embossed 等支持盲文的设备等，目前基本都废弃了，只保留了上面列出的这 4 种。

媒体查询打破了独立样式表，通过一些条件询问语句来确定目标样式，从而控制同一个页面在不同尺寸的设备浏览器中呈现出与之适配的样式，使浏览者在不同的设备下都能得到最佳的体验。目前媒体查询已经被浏览器广泛支持，如 Firefox 3.6+、Safari 4+、Chrome 4+、Opera 9.5+、iOS Safari 3.2+、OperaMobile 10+、Android 2.1+和 Internet Explorer 9+等均支持媒体查询。

7.2.1 媒体查询语法

1. 媒介查询的一般结构

媒体查询以@media 开头，利用 and|not|only 这些逻辑关键字把媒介类型和条件表达式串联起来形成布尔表达式，判断是否满足当前浏览器的运行环境。如果满足，则上面的 styles 部分的样式就会

起作用，进而改变页面元素的样式，否则，页面效果不产生任何变化。

```
@media mediatype and|not|only (media feature) {
    CSS-Code;
}
```

2. 环境参数

媒体类型只能识别显示设备的类型，还需要针对运行设备监测环境参数，例如长宽或分辨率等，下面列举了一些常用的参数：

- max-width：定义输出设备中的页面最大可见区域宽度；
- min-width：定义输出设备中的页面最小可见区域宽度；
- orientation：设备的方向，portrait 和 landscape 分别表示竖直和水平；
- resolution：设备的分辨率，以 dpi(Dots Per Inch)或者 dpcm(Dots Per Centimeter)表示。

3. 条件表达式

条件表达式用来判断设备环境参数，从而确定相应的显示方法，例如：

```
@media screen and (max-width: 960px) {
  body {  background-color: red; }
}
```

上面代码表示当屏幕设备宽度小于 960px 时，屏幕设备的背景色将被设为红色，其中 and 关键字用来指定当某种设备类型的某种特性的值满足某个条件时所使用的样式。

将下面示例的这段代码插入 CSS 文件的后面，会使页面背景色在改变浏览器窗口大小时发生改变。

【示例】ch7/示例/media-background-color.html

```
@media screen and (max-width: 960px) {
   body {  background-color: red; }
}
@media screen and (max-width: 768px) {
   body {  background-color: orange; }
}
@media screen and (max-width: 550px) {
   body {  background-color: yellow; }
}
@media screen and (max-width: 320px) {
   body {  background-color: green; }
}
```

浏览该示例时，调整浏览器窗口宽度，页面背景颜色就会根据当前视口尺寸变化而变化。

浏览器最大化时，如果宽度超过 960px，背景为浏览器默认色，一般为白色；尝试更改视口宽度为 768～960px，背景变为红色；缩小视口宽度范围 550～768px，背景为橙色；缩小视口宽度范围 320～550px，背景为黄色，如图 7-12 所示；继续缩小视口宽度范围 320px 以内，背景为绿色，如图 7-13 所示。

4. 逻辑关键字

（1）and

and 将多个媒体属性连接成一条媒体查询，只有当每个属性都为真时，结果才为真，等同逻辑运算符中的“且”条件。

图 7-12　视口小于 550px 时背景黄色

图 7-13　视口小于 320px 时背景绿色

（2）not

not 用来对一条媒体查询的结果取反，等同于逻辑运算符中的"非"条件。

```
@media not handled and (color) {…}
```

上面代码针对非手持的彩色设备应用系列样式。

（3）only

only 仅在媒体查询匹配成功的情况下被用于应用一个样式。

```
@media only screen and (min-width: 320px) and (max-width: 350px) {…}
```

当视口宽在 320～350px 时，应用系列样式。

（4）逗号分隔列表

逻辑媒体查询中使用逗号分隔效果等同于 or 逻辑操作符。当任何一个媒体查询返回真，样式就是有效的。逗号分隔的列表中每个查询都是独立的，一个查询中的操作符并不影响其他的媒体查询。这意味着逗号媒体查询列表能够作用于不同的媒体属性、类型和状态。

例如，如果想在最小宽度为 320px 或是横屏的手持设备上应用样式，代码如下：

```
@media (min-width: 320px), handheld and (orientation: landscape) {…}
```

其中，handheld and (orientation: landscape)表示横屏手持设备，min-width: 320px 表示最小宽度值。

如果是一个 800 像素宽的屏幕设备，媒体语句将会返回"真"，如果是 500 像素宽的横屏手持设备，媒体查询返回也会为"真"。

5. 常用引用方式

作为 CSS 的 media 属性，其引用方式分为内嵌方式和外联方式。

（1）内嵌方式

内嵌方式是将媒介查询的样式和通用样式写在一起，例如要在宽度超过 320px 的情况下为链接加上下划线，如下面代码所示。

```
a {  text-decoration: none; }
@media screen and (min-width: 320px) {
   a {  text-decoration: underline; }
}
```

注意

媒介查询需要声明在普通样式后面，否则声明将不会起作用。

（2）外联方式

CSS 属性外联方式使用<link>标签，带有媒介查询的外联方式也不例外，如下面代码所示。

```
<link href="media-handheld.css" media="only screen and (min-width: 320px)"/>
```

如果使用这种方式，那么在 media-handheld.css 中，就可以直接声明 CSS 样式：

```
a {  text-decoration: underline;  }
```

外联方式是源码和属性值分开写，与内嵌方式相比，代码更加简洁清晰。

7.2.2 动手实践

本节将利用媒体查询，结合本次动手实验的素材，搭配合适的样式属性，设计出如图 7-14～图 7-16 所示的简易响应式网页。

难点分析：

- 正确使用媒体查询参数与表达式；
- 灵活运用浮动进行网页布局设计。

图 7-14 屏幕宽度在 960px 以上的网页效果

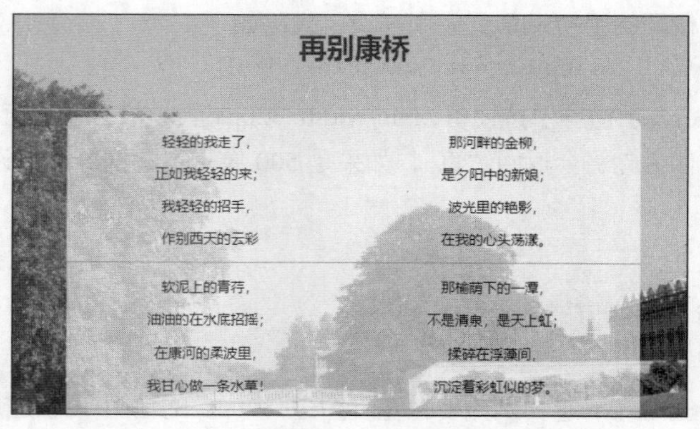

图 7-15　屏幕宽度在 640～960px 的网页效果

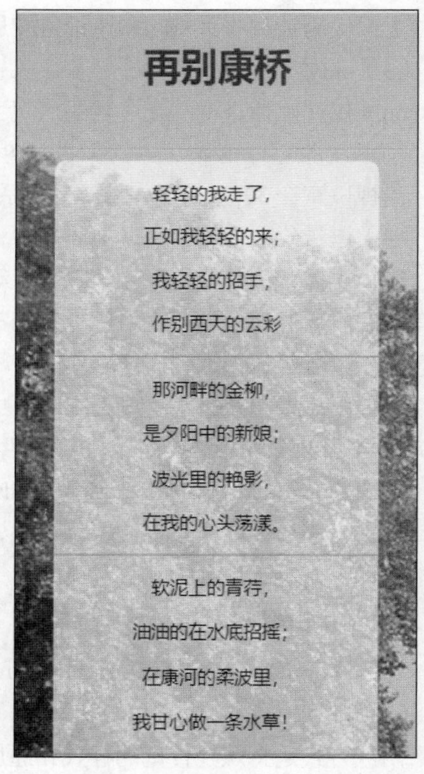

图 7-16　屏幕宽度在 640px 以下的网页效果

7.3 前端框架 Bootstrap 概述

开发者利用 CSS 前端框架可以实现更为方便、快捷的开发，常用的框架有 Foundation、Pure 等，目前由 Twitter 公司推出的 Bootstrap 是一个比较受欢迎的前

端框架，可用于开发响应式布局、移动设备优先的 Web 项目。

前面章节对响应式布局做了介绍，本节将着重讲解 Bootstrap 框架的应用，通过学习这些内容，读者可以轻松地创建 Web 项目。

本书使用 Bootstrap 4 版本，Bootstrap 4 放弃了对 IE 8 以及 iOS 6 的支持，现在仅支持 IE 9 和 iOS 7 以上版本的浏览器。如果需要用到以前版本的浏览器，推荐使用 Bootstrap 3。

7.3.1　Bootstrap 基础

Bootstrap 中预定义了一套 CSS 样式以及与样式对应的 jQuery 代码，使用时只需要在 HTML 页面中添加 Bootstrap 提供的样式类名，就可以得到想要的效果。Bootstrap 定义了基本的 HTML 元素样式、可重用的组件以及自定义的 jQuery 插件。

如果想在网页中使用 Bootstrap 框架，必须引入 jquery.min.js、bootstrap.min.js 和 bootstrap.min.css 文件。有两种方法可以将它们加入网页中。

1. 下载 Bootstrap 4 资源库

从官网上下载 Bootstrap 4。Bootstrap 分为预编译好的压缩版本和源代码版本，一般只需要压缩版本即可。下载 Bootstrap CSS、JavaScript 和字体的预编译的压缩版本，这个版本不包含文档和最初的源代码文件。

解压缩文件后，将看到下面的文件/目录结构，如图 7-17 所示。

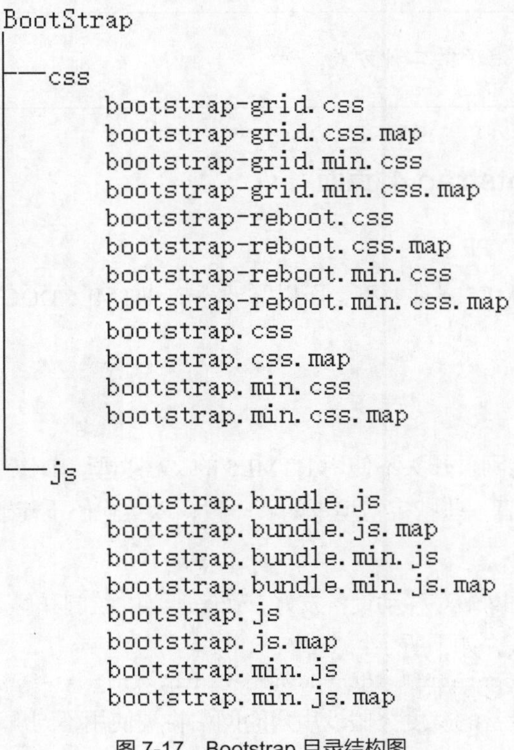

图 7-17　Bootstrap 目录结构图

图 7-17 中可以看到已编译的 CSS 和 JS（bootstrap.*），以及已编译压缩的 CSS 和 JS（bootstrap.min.*）。因为 Bootstrap 的一些插件需要 jQuery 的支持，因此也需要包含 jQuery 的相关内容。

在网页中引入本地路径的 CSS 文件和 JS 文件。

```
<!-- Bootstrap4 核心 CSS 文件 -->
<link rel="stylesheet" href="/css/bootstrap.min.css">
<!-- jQuery 文件。务必在 bootstrap.min.js 之前引入 -->
<script src="/jquery/3.2.1/jquery.min.js"></script>
<!—Bootstrap 4 核心 JavaScript 文件 -->
<script src="/js/bootstrap.min.js"></script>
```

2. 使用 Bootstrap 4 CDN

Bootstrap 中文网联合国内 CDN 服务商共同为 Bootstrap 专门构建了免费的 CDN 加速服务，访问速度更快、加速效果更明显、没有速度和带宽限制、永久免费。BootCDN 还为大量的前端开源工具库提供了 CDN 加速服务。直接在网页中加入对 CDN 的引用即可。

```
<!—Bootstrap 4 核心 CSS 文件 -->
<link rel="stylesheet"
href="https://cdn.bootcss.com/bootstrap/4.0.0-beta/css/bootstrap.min.css">
<!-- jQuery 文件。务必在 bootstrap.min.js 之前引入 -->
<script src="https://cdn.bootcss.com/jquery/3.2.1/jquery.min.js"></script>
<!-- Bootstrap4 核心 JavaScript 文件 -->
<script
src="https://cdn.bootcss.com/bootstrap/4.0.0-beta/js/bootstrap.min.js"></script>
```

本章示例均采用了第二种方式。

7.3.2 创建第一个 Bootstrap 4 页面

1. 添加 HTML5 DOCTYPE

Bootstrap 要求使用 HTML5 文件类型，所以需要添加 HTML5 DOCTYPE 声明。

```
<!DOCTYPE html>
<html>
...
</html>
```

如果在 Bootstrap 创建的网页开头不使用 HTML5 的文档类型（DOCTYPE），可能会面临一些浏览器显示不一致的问题，或者一些特定情境下的不一致，以致代码不能通过 W3C 标准的验证。

2. 移动设备优先

为了让 Bootstrap 开发的网站对移动设备友好，确保适当的绘制和触屏缩放，需要在网页的 head 之间添加 viewport meta 标签，如下所示：

```
<metaname="viewport" content="width=device-width, initial-scale=1">
```

其中，width 属性控制设备的宽度。假设用户的网站将被使用不同屏幕分辨率的设备浏览，那么把它设置为 device-width 可以确保它能正确呈现在不同设备上。

initial-scale=1.0 确保网页加载时，以 1:1 的比例呈现，而不会有任何的缩放。

3. 容器类

Bootstrap 4 需要一个容器元素来包裹网站的内容。可以使用以下两个容器类。

- .container 类用于固定宽度并支持响应式布局的容器。
- .container-fluid 类用于 100%宽度，占据全部视口（viewport）的容器。例如：

```
<div class="container">  ...  </div>
```

下面建立第一个 Bootstrap 页面。

【示例】 ch7/示例/bootstrap-first.html

```
<!DOCTYPE html>
<html>
<head>
   <title>第一个 Bootstrap 页面</title>
   <meta charset="utf-8">
   <metaname="viewport" content="width=device-width, initial-scale=1">
   <link rel="stylesheet" href="https://cdn.bootcss.com/bootstrap/4.0.0-beta/css/
bootstrap.min.css">
   <script src="https://cdn.bootcss.com/jquery/3.2.1/jquery.min.js"></script>
   <script src="https://cdn.bootcss.com/popper.js/1.12.5/umd/popper.min.js"></script>
   <script src="https://cdn.bootcss.com/bootstrap/4.0.0-beta/js/bootstrap.min.js">
</script>
</head>
<body>
<div class="jumbotron text-center">
   <h1>我的第一个 Bootstrap 页面</h1>
   <p>改变浏览器大小查看效果!</p>
</div>
<div class="container">
   <div class="row">
     <div class="col-sm-4"><h3>第一列</h3><p>bootstrap</p></div>
     <div class="col-sm-4"><h3>第二列</h3><p>bootstrap</p></div>
     <div class="col-sm-4"><h3>第三列</h3><p>bootstrap</p></div>
</div>
</div>
</body>
</html>
```

改变浏览器窗口大小，会发现页面显示内容随窗口缩放发生了变化，以适应不同浏览器视口尺寸。

7.3.3 Bootstrap 网格系统

网格系统又称为栅格系统，在平面设计中，网格是一种由一系列用于组织内容的相交的直线（垂直的、水平的）组成的结构（通常是二维的）。它广泛应用于打印设计中的设计布局和内容结构。在网页设计中，它是一种用于快速创建一致的布局和有效地使用 HTML 和 CSS 的方法。

Bootstrap 提供了一套响应式、移动设备优先的流式网格系统，随着屏幕或视口（viewport）尺寸的增加而适当地扩展到最多 12 列。

网格系统通过一系列包含内容的行和列来创建页面布局。Bootstrap 网格系统的工作原理如下。

（1）“行”必须放置在.container 类中，以便获得适当的对齐（alignment）和内边距（padding）。

（2）使用“行（row）”来创建“列（column）”的水平组，内容应该放置在列内，且唯有列可以是行的直接子元素。

（3）行使用样式 .row，列使用样式 .col-*-*，可用于快速创建网格布局。

（4）网格系统通过指定横跨的 12 个可用的列来创建，例如，要创建三个相等的列，则可使用三个 .col-*-4。

也可以根据自己的需要定义列数，如图 7-18 所示。

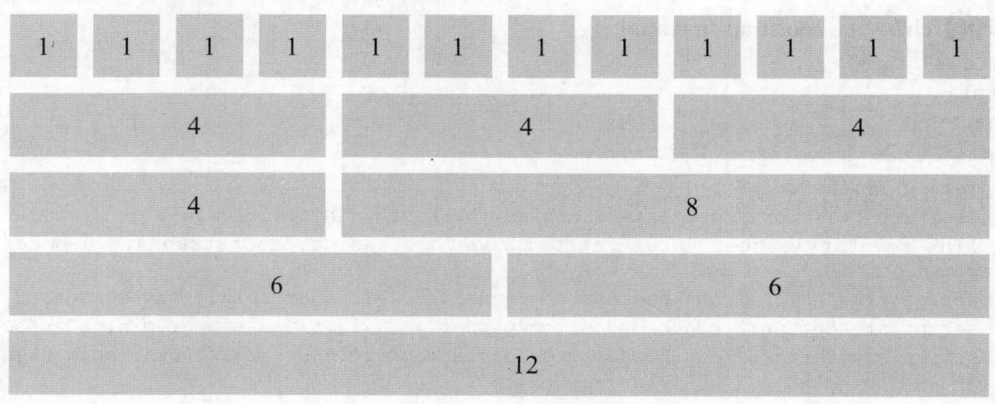

图 7-18 网格布局

（5）Bootstrap 网格系统为不同的屏幕宽度定义了不同的类。

Bootstrap 4 网格系统有以下 5 个类（见表 7-1）。

- .col-xs：手机——屏幕宽度小于 576px。
- .col-sm-：平板——屏幕宽度等于或大于 576px。
- .col-md-：桌面显示器——屏幕宽度等于或大于 768px。
- .col-lg-：大桌面显示器——屏幕宽度等于或大于 992px。
- .col-xl-：超大桌面显示器——屏幕宽度等于或大于 1200px。

表 7–1 **Bootstrap 网格系统类**

	超小设备 < 576px	平板 ≥ 576px	桌面显示器 ≥ 768px	大桌面显示器 ≥ 992px	超大桌面显示器 ≥ 1200px
容器最大宽度	None (auto)	540px	720px	960px	1140px
类前缀	.col-xs	.col-sm-	.col-md-	.col-lg-	.col-xl-
列数量和	12				
间隙宽度	30px（一个列的每边分别 15px）				
可嵌套	Yes				
列排序	Yes				

如何利用上面的类来控制列的宽度以及在不同设备上的显示呢？来看下面这段代码：

```
<div class="row">
  <div class="col-*-*"></div>
</div>
<div class="row">
  <div class="col-*-*"></div>
  <div class="col-*-*"></div>
```

```
  <div class="col-*-*"></div>
</div>
```

先创建一行（<div class="row">），然后在这一行内添加需要的列（col-*-*类中设置）。第一个星号（*）表示响应的设备：sm、md、lg 或 xl，第二个星号（*）是一个数字，表示占据的列数，同一行的数字相加最大为 12。

（1）等宽列

下面示例演示了如何在不同设备上显示等宽度的响应式列。

【示例】 ch7/示例/ bootstrap-column-equal.html

```
<div class="container" style="border:1px solid black">
  <div class="row">
      <div class="col-sm-3" style="border:1px solid black">col-sm-3</div>
      <div class="col-sm-3" style="border:1px solid black">col-sm-3</div>
      <div class="col-sm-3" style="border:1px solid black">col-sm-3</div>
      <div class="col-sm-3" style="border:1px solid black">col-sm-3</div>
  </div>
</div>
```

当设备屏幕宽度大于 576px 时，四个等宽列会显示在一行内，如图 7-19 所示。

col-sm-3	col-sm-3	col-sm-3	col-sm-3

图 7-19　等宽列一行显示

在移动设备上，即屏幕宽度小于 576px 时，四个列将会上下堆叠排版，如图 7-20 所示。

图 7-20　等宽列堆叠显示

（2）非等宽列

下面的示例演示了如何在不同设备上显示不等宽度的响应式列。

【示例】 ch7/示例/ bootstrap-column-not-equal.html

```
<div class="container" style="border:1px solid black">
  <div class="row">
      <div class="col-sm-3" style="border:1px solid black">col-sm-3</div>
      <div class="col-sm-3" style="border:1px solid black">col-sm-3</div>
      <div class="col-sm-6" style="border:1px solid black">col-sm-6</div>
  </div>
</div>
```

当设备屏幕宽度大于 576px 时，三个不等宽列会显示在一行内，如图 7-21 所示。

col-sm-3	col-sm-3	col-sm-6

图 7-21　非等宽列一行显示

在移动设备上，即屏幕宽度小于 576px 时，三个列会上下堆叠排版，如图 7-22 所示。

col-sm-3
col-sm-3
col-sm-6

图 7-22　非等宽列堆叠显示

（3）组合列

在页面布局时，很多时候等宽列和非等宽列会同时存在，多个类也会一起组合使用，以满足在多种不同设备上显示的需要，从而创建更灵活的页面布局。下面两个示例就演示了这两种情况。

【示例】ch7/示例/ bootstrap-column-combination.html

```
<!-- 等宽和非等宽列-->
<div class="container" style="border:1px solid black">
     <div class="row">
          <div class="col-sm-8" style="border:1px solid black">col-sm-8</div>
          <div class="col-sm-4" style="border:1px solid black">col-sm-4</div>
     </div>
     <div class="row">
          <div class="col-sm-6" style="border:1px solid black">col-sm-6</div>
          <div class="col-sm-6" style="border:1px solid black">col-sm-6</div>
     </div>
</div>
</body>
</html>
```

当设备屏幕宽度大于 576px 时，效果如图 7-23 所示。

col-sm-8	col-sm-4
col-sm-6	col-sm-6

图 7-23　等宽和非等宽列同时存在效果图 1

当设备屏幕宽度小于 576px 时，效果如图 7-24 所示。

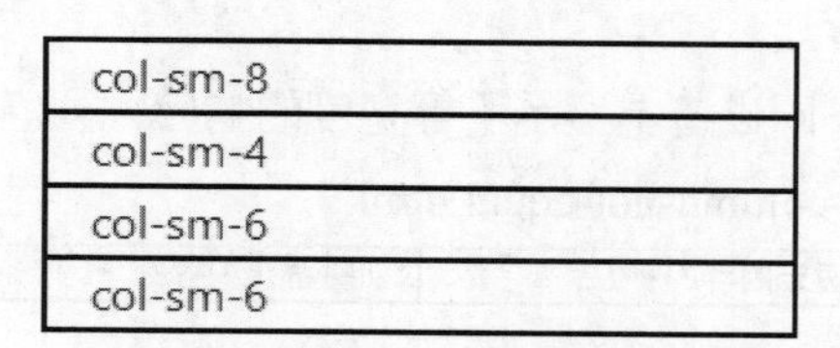

图 7-24　等宽和非等宽列同时存在效果图 2

【示例】ch7/示例/bootstrap-column-mix-combination.html

```
<!-- 多个类组合使用-->
<div class="container" style="border:1px solid">
    <div class="row">
    <div class="col-xs-12 col-sm-8 col-md-6 col-lg-3" style="border:1px solid">
            此处显示内容 1
    </div>
    <div class="col-xs-12 col-sm-4 col-md-6 col-lg-3" style="border:1px solid">
            此处显示内容 2
    </div>
```

```
        <div class="col-xs-12 col-sm-8 col-md-6 col-lg-3" style="border:1px solid">
                此处显示内容 3
        </div>
        <div class="col-xs-12 col-sm-4 col-md-6 col-lg-3" style="border:1px solid">
                此处显示内容 4
        </div>
        </div>
    </div>
```

当屏幕尺寸小于 576px 的时候，用 col-xs-12 类对应的样式，四个 div 显示为四行，如图 7-25 所示。

此处显示内容1
此处显示内容2
此处显示内容3
此处显示内容4

图 7-25　多个类组合使用效果图 1

屏幕尺寸在 576～768px 时，第一个和第三个 div 用 col-sm-8 类对应的样式；第二个和第四个 div 用 col-sm-4 类对应的样式，如图 7-26 所示。

此处显示内容1	此处显示内容2
此处显示内容3	此处显示内容4

图 7-26　多个类组合使用效果图 2

屏幕尺寸在 768～992px 时，用 col-md-6 类对应的样式，四个 div 分别显示在两行上，如图 7-27 所示。

此处显示内容1	此处显示内容2
此处显示内容3	此处显示内容4

图 7-27　多个类组合使用效果图 3

屏幕尺寸大于 992px 的时候，用 col-lg-3 类对应的样式，四个 div 显示在一行上，如图 7-28 所示。

此处显示内容1	此处显示内容2	此处显示内容3	此处显示内容4

图 7-28　多个类组合使用效果图 4

注意

所有“列（column）”都必须放在“.row”内。

（4）嵌套列

如果想在一列中嵌套另外的列，那么可以在原来的列中添加新的元素和一组.col-*-*列。

在下面的示例中，布局有两个列，第二列被分为两行四个盒子。

【示例】ch7/示例/bootstrap-column-box.html

```
<div class="container">
```

```
        <h4>嵌套列</h4>
        <div class="row">
            <div class="col-md-3" style="border:1px solid black">
                <h4>第一列</h4>
                <p>我是第一列</p>
            </div>
            <div class="col-md-9" style="border:1px solid black">
                <h4>第二列 - 分为四个盒子</h4>
                <div class="row">
                    <div class="col-md-6" style="background-color: #dedef8;border:1px solid black">
                        <p>我是第二列</p>
                    </div>
                <div class="col-md-6" style="background-color: #dedef8;border:1px solid black">
                        <p>我是第二列</p>
                </div>
            </div>
            <div class="row">
                <div class="col-md-6" style="background-color: #dedef8;border:1px solid black">
                    <p>我是第二列</p>
                </div>
                <div class="col-md-6" style="background-color: #dedef8;border:1px solid black">
                    <p>我是第二列</p>
                    </div>
                </div>
            </div>
        </div>
    </div>
```

当屏幕尺寸大于 768px 时，第一列用.col-md-3 对应的样式，第二列用.col-md-9 对应的样式，第二列内嵌套的四个盒子分别采用.col-md-6 样式（见图 7-29）。

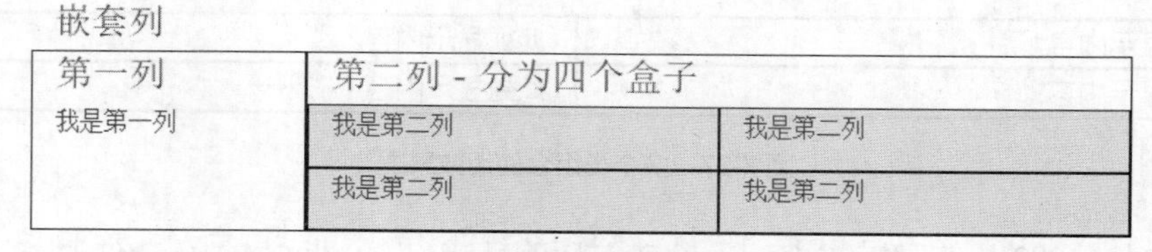

图 7-29　嵌套列

总之，可以使用 Bootstrap 提供的这些类定义在不同设备上的界面排版。

7.4　前端框架 Bootstrap 样式

在网格系统基础上，BootStrap 对文档的很多样式进行了复写，并且还提供了多种基础布局组件。本节讲述 Bootstrap 中主要样式的使用。

7.4.1　Bootstrap 文字排版

Bootstrap 提供了文字排版的样式设定，例如将全局 font-size 设置为 14px，line-height 设置为

1.428，这些属性直接赋予<body>元素和所有段落元素。另外，<p>元素还被设置了等于 1/2 行高（即 10px）的底部外边距。这些基本样式的改变和使用请看下面示例。

【示例】ch7/示例/ bootstrap-text.html

```
<!--HTML 中的所有标题标签，<h1>到<h6>均可使用。另外，还提供了 .h1 ~ .h6 类，为的是给内联（inline）属性的文本赋予标题的样式。在标题内还可以包含<small>标签，被赋予 .small 类的元素也可以用来标记副标题-->
<h1>h1. Bootstrap heading <small>Secondary text</small></h1>
<span class="h1">行内元素具有 h1 的 class，就是不一样</span>
<!--Bootstrap 将全局 font-size 设置为 14px，line-height 设置为 1.428。这些属性直接赋予<body>元素和所有段落元素-->
<p>我被设置了等于 1/2 行高（即 10px）的底部外边距 margin</p>
<p>和我一样的段落元素设置了底部外边距（margin）</p>
<p class="lead">我加了 lead 的 class 样式，我会突出显示</p>
<p>Bootstrap<mark>教程</mark></p>
<del>对于被删除的文本使用</del><br/>
<s>对于没用的文本使用</s><br />
<u>为文本添加下划线</u>
<!--通过文本对齐类，可以简单方便地将文字重新对齐-->
<p class="text-left">Left aligned text.</p>
<p class="text-center">Center aligned text.</p>
<p class="text-right">Right aligned text.</p>
<p class="text-justify">Justified text.</p>
<p class="text-nowrap">No wrap text.</p>
<!--通过这几个类可以改变文本的大小写，即大小写转换-->
<p class="text-lowercase">Lowercased text.</p>
<p class="text-uppercase">Uppercased text.</p>
<p class="text-capitalize">Capitalized text.</p>
<!--移除了默认的 list-style 样式和左侧外边距的一组元素（只针对直接子元素）。这是针对直接子元素的，你需要对所有嵌套的列表都添加这个类才能具有同样的样式。-->
<ul class="list-unstyled">
    <li>列表类</li>
    <li>列表类</li>
    <li>列表类</li>
</ul>
<!--通过设置 display: inline-block; 并添加少量的内补（padding），将所有元素放置于同一行-->
<ul class="list-inline">
<li>同一行的列表</li>
    <li>同一行的列表</li>
    <li>同一行的列表</li>
</ul>
```

7.4.2 Bootstrap 颜色

Bootstrap 4 提供了一些有代表意义的颜色类，例如：.text-muted、.text-primary、.text-success、.text-info、.text-warning、.text-danger、.text-light、.text-secondary、.text-white、.text-dark。

1. 文字颜色

下面示例演示了应用不同类后文字颜色的变化。

【示例】ch7/示例/ bootstrap-color.html

```
<div class="container">
   <h2>代表指定意义的文本颜色</h2>
   <p class="text-muted">柔和的文本。</p>
   <p class="text-primary">重要的文本。</p>
   <p class="text-success">执行成功的文本。</p>
   <p class="text-info">代表一些提示信息的文本。</p>
   <p class="text-warning">警告文本。</p>
   <p class="text-danger">危险操作文本。</p>
   <p class="text-secondary">副标题。</p>
   <p class="text-dark">深灰色文字。</p>
   <p class="text-light">浅灰色文本（白色背景上看不清楚）。</p>
   <p class="text-white">白色文本（白色背景上看不清楚）。</p>
</div>
```

下面的示例为带有链接的文字改变显示样式。

【示例】ch7/示例/ bootstrap-linkcolor.html

```
<div class="container">
   <h2>带有链接的文本颜色</h2>
   <p>鼠标移动到链接。</p>
   <a href="#" class="text-muted">柔和的链接。</a>
   <a href="#" class="text-primary">主要链接。</a>
   <a href="#" class="text-success">成功链接。</a>
   <a href="#" class="text-info">信息文本链接。</a>
   <a href="#" class="text-warning">警告链接。</a>
   <a href="#" class="text-danger">危险链接。</a>
   <a href="#" class="text-secondary">副标题链接。</a>
   <a href="#" class="text-dark">深灰色链接。</a>
   <a href="#" class="text-light">浅灰色链接。</a>
</div>
```

2. 背景色

提供背景颜色的类有：.bg-primary、.bg-success、.bg-info、.bg-warning、.bg-danger、.bg-secondary、.bg-dark、.bg-light。

背景颜色不会设置文本的颜色，要设置文本的颜色需要与 .text-* 类一起使用。

【示例】ch7/示例/ bootstrap-bgcolor.html

```
<div class="container">
   <h2>背景颜色</h2>
   <p class="bg-primary text-white">重要的背景颜色。</p>
   <p class="bg-success text-white">执行成功背景颜色。</p>
```

```
    <p class="bg-info text-white">信息提示背景颜色。</p>
    <p class="bg-warning text-white">警告背景颜色</p>
    <p class="bg-danger text-white">危险背景颜色。</p>
    <p class="bg-secondary text-white">副标题背景颜色。</p>
    <p class="bg-dark text-white">深灰背景颜色。</p>
    <p class="bg-light text-dark">浅灰背景颜色。</p>
</div>
```

7.4.3 Bootstrap 表格

Bootstrap 提供了一系列类来设置表格的样式，如表 7-2 所示。

表 7–2　表格类

类	描述
.table	为任意<table>添加基本样式（只有横向分隔线）
.table-striped	在<tbody>内添加斑马线形式的条纹（IE8 不支持）
.table-bordered	为所有表格的单元格添加边框
.table-hover	在<tbody>内的任一行启用鼠标悬停状态
.table-condensed	让表格更加紧凑

表 7-3 的类可用于表格的行或者单元格。

表 7–3　行和单元格类

类	描述
.active	将悬停的颜色应用在行或者单元格上
.success	表示成功的操作
.info	表示信息变化的操作
.warning	表示一个警告的操作
.danger	表示一个危险的操作

（1）ch6/示例/table1.html 使用.table 类改变了表格的基本样式。

【示例】ch7/示例/bootstrap-.table.html

```
<div class="container">
  <h3>使用.table 类创建基本表格布局</h3>
  <table class="table">
     <thead>
        <tr><th>姓名</th><th>年龄</th></tr>
     </thead>
     <tbody>
        <tr><td>小明</td><td>16</td></tr>
        <tr><td>小芳</td><td>14</td></tr>
     </tbody>
</table>
</div>
```

效果如图 7-30 所示。

姓名	年龄
小明	16
小芳	14

图 7-30　基本表格

（2）在上面的示例中添加“.table-striped”类，就会在<tbody>内的行上看到条纹，如下所示。

【示例】ch7/示例/ bootstrap-table-striped.html

```
<table  class="table  table-striped">
……//表格内容同 table1.html，此处代码省略
</table>
```

效果如图 7-31 所示。

姓名	年龄
小明	16
小芳	14

图 7-31　条纹表格

（3）.table-bordered 类可以为表格添加边框。

【示例】ch7/示例/bootstrap-table-bordered.html

```
<table  class="table  table-bordered">
……//表格内容同 table1.html，此处代码省略
</table>
```

效果如图 7-32 所示。

姓名	年龄
小明	16
小芳	14

图 7-32　带边框表格

（4）.table-hover 类可以为表格的每一行添加鼠标悬停效果（灰色背景）。

【示例】ch7/示例/bootstrap-table-hover.html

```
<table  class="table  table-hover">
……//表格内容同 table1.html，此处代码省略
</table>
```

当鼠标在表格不同行悬停的时候，当前行会显示为灰色背景，离开后恢复原背景色，效果如图 7-33 所示。

姓名	年龄
小明	16
小芳	14

图 7-33　鼠标悬停行

（5）可以联合使用多个类来创建组合效果。引入 maxcdn 的样式，使用.table-dark 和 .table-striped 类可以创建黑色的条纹表格。

【示例】ch7/示例/bootstrap-table-dark&table-striped.html

```
<!DOCTYPE html>
<html>
<head>
   <title>示例</title>
   <metaname="viewport" content="width=device-width, initial-scale=1">
<!--此处使用 maxcdn 的样式用于显示黑色条纹-->
<link rel="stylesheet" href="https://maxcdn.bootstrapcdn.com/bootstrap/4.0.0-beta.2/
css/bootstrap.min.css">
<script src="https://cdn.bootcss.com/jquery/3.2.1/jquery.min.js"></script>
<script src="https://cdn.bootcss.com/popper.js/1.12.5/umd/popper.min.js"></script>
<script src="https://cdn.bootcss.com/bootstrap/4.0.0-beta/js/bootstrap.min.js"></script>
</head>
<body>
<div class="container">
   <h4>黑色条纹表格</h4>
   <p>联合使用 .table-dark 和 .table-striped 类可以创建黑色条纹表格</p>
   <table class="table table-dark table-striped">
   ……//表格内容同 table1.html，此处代码省略
   </table>
</div>
</body>
</html>
```

效果如图 7-34 所示。

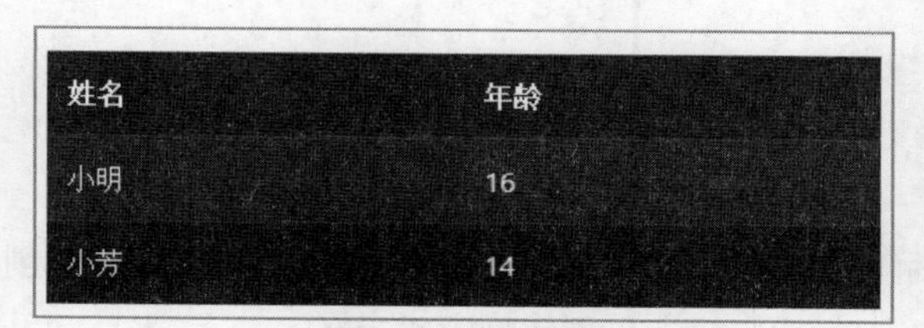

姓名	年龄
小明	16
小芳	14

图 7-34　黑色条纹表格

在 Bootstrap v4.0.0-beta.2 中，.thead-dark 类用于给表头添加黑色背景，.thead-light 类用于给表头添加灰色背景。

在 Bootstrap v4.0.0-beta 这个版本中，.thead-inverse 类用于给表头添加黑色背景，.thead-default 类用于给表头添加灰色背景。

【示例】ch7/示例/bootstrap-thead-inverse&thead-default.html

```
<!DOCTYPE html>
<html>
```

```
<head>
   <title>示例</title>
   <metaname="viewport" content="width=device-width, initial-scale=1">
<!--此处使用 maxcdn 的样式-->
   <link rel="stylesheet" href="https://maxcdn.bootstrapcdn.com/bootstrap/4.0.0-beta.2/
css/bootstrap.min.css">
   <script src="https://cdn.bootcss.com/jquery/3.2.1/jquery.min.js"></script>
   <script src="https://cdn.bootcss.com/popper.js/1.12.5/umd/popper.min.js"></script>
   <script
src="https://cdn.bootcss.com/bootstrap/4.0.0-beta/js/bootstrap.min.js"></script>
</head>
<body>
<div class="container">
   <h4>表头颜色</h4>
   <p>.thead-dark 类用于给表头添加黑色背景， .thead-light 类用于给表头添加灰色背景:</p>
   <table class="table">
   <thead class="thead-dark">
     <tr>
       <th>姓名</th>
         <th>年龄</th>
     </tr>
   </thead>
   <tbody>
      ……//表格内容同 table1.html，此处代码省略
   </tbody>
</table>
<table class="table">
   <thead class="thead-light">
     <tr>
       <th>姓名</th>
       <th>年龄</th>
     </tr>
   </thead>
   <tbody>
      ……//表格内容同 table1.html，此处代码省略
     </tbody>
  </table>
</div>
</body>
</html>
```

（6）为任意<table>标签添加.table 类可以为其赋予基本的样式，如果想创建响应式的表格，将.table 元素包裹在.table-responsive 元素内，即可创建响应式表格。

在屏幕宽度小于 992px 时会创建水平滚动条，如果可视区域宽度大于 992px 则显示不同效果（没有滚动条）。

【示例】ch7/示例/bootstrap-table-responsive.html

```
<div  class="table-responsive">
 <table  class="table">
  <thead>
   <tr>
     <th>#</th><th>Firstname</th><th>Lastname</th>
     <th>Age</th><th>City</th><th>Country</th><th>Sex</th>
```

```
      <th>Example</th><th>Example</th>
      <th>Example</th><th>Example</th>
    </tr>
  </thead>
  <tbody>
    <tr>
      <td>1</td><td>Anna</td><td>Pitt</td><td>35</td>
      <td>New York</td><td>USA</td><td>Female</td>
      <td>Yes</td><td>Yes</td><td>Yes</td><td>Yes</td>
    </tr>
  </tbody>
</table>
</div>
```

效果如图 7-35 所示。

no	Firstname	Lastname	Age	City	Country	Sex
1	Andy	Pitt	25	London	England	Male

图 7-35　响应式表格

7.4.4　Bootstrap 表单

Bootstrap 通过一些简单的 HTML 标签和扩展的类可以创建出不同样式的表单，包括 input 的定义，以及多选框（checkbox）、单选框（radio）等的使用。本节介绍如何使用 Bootstrap 创建表单。

Bootstrap 4 提供了两种类型的表单布局。

1. 堆叠表单

基本的表单结构是 Bootstrap 自带的，元素会在垂直方向上排列。创建基本表单的步骤如下。

（1）把标签和控件放在一个带有.form-group 类的<div>中。这是获取最佳间距所必需的。

（2）向所有的文本元素<input>、<textarea>和<select>添加 class ="form-control" 。

【示例】ch7/示例/bootstrap-form-normal.html

```
<body>
<!--单独的表单控件会被自动赋予一些全局样式。
   所有设置了 .form-control 类的<input>、<textarea>和<select>元素
   都将被默认设置宽度属性为 width: 100%; 将 label 元素和前面提到的控件包裹在 .form-group 中可以获
得最好的排列-->
   <form>
      <div class="form-group">
         <label for="exampleInputEmail1">Email address</label>
         <input type="email" class="form-control" id="exampleInputEmail1" placeholder=
"Email">
      </div>
      <div class="form-group">
         <label for="exampleInputPassword1">Password</label>
         <input type="password" class="form-control" id="exampleInputPassword1"
placeholder="Password">
      </div>
      <div class="form-group">
         <label for="exampleInputFile">Fileinput</label>
```

```
            <input type="file" id="exampleInputFile">
            <p class="help-block">Example block-level help text here.</p>
        </div>
        <div class="checkbox">
            <label>
                <input type="checkbox"> Check me out
            </label>
        </div>
        <button type="submit" class="btnbtn-default"> Submit </button>
</form>
</body>
```

堆叠表单页面上所有元素会纵向排列，效果如图 7-36 所示。

Email address
Email
Password
Password
File input
选择文件 未选择任何文件
Example block-level help text here.
Check me out
Submit

图 7-36 堆叠表单

2. 内联表单

内联表单需要在 form 标签上添加 .form-inline 类，其上所有元素水平排列。

在屏幕宽度小于 576px 时为垂直堆叠，如果屏幕宽度大于等于 576px 时，表单元素才会显示在同一个水平线上。

【示例】ch7/示例/bootstrap-form-inline.html

```
<!--内联表单-->
<!--为<form>元素添加 .form-inline 类可使其内容左对齐并且表现为 inline-block 级别的控件-->
<form class="form-inline">
        <div class="form-group">
            <label class="sr-only" for="exampleInputAmount">Amount (in dollars)</label>
            <div class="input-group">
                <div class="input-group-addon">$</div>
                <input type="text" class="form-control" id="exampleInputAmount" placeholder=
"Amount">
                <div class="input-group-addon">.00</div>
            </div>
        </div>
      <button type="submit" class="btnbtn-primary">Transfer cash</button>
</form>
```

内联表单页面上所有元素在水平方向上排列成一行，效果如图 7-37 所示。

$	Amount	.00	Transfer cash

图 7-37　内联表单

7.4.5 Bootstrap 表单控件

Bootstrap4 支持以下表单控件：input、textarea、checkbox、radio、select。Bootstrap 支持所有的 HTML5 输入类型：text、password、datetime、datetime-local、date、month、time、week、number、email、url、search、tel 及 color。

如果 input 的 type 属性未正确声明，输入框的样式将不会显示。

【示例】ch7/示例/bootstrap-form-control.html

```
<div class="container">
  <h4>表单控件：input</h4>
  <p>以下实例使用两个 input 元素，一个是 text，一个是 password ：</p>
  <form>
    <div class="form-group">
    <label for="usr">用户名:</label>
    <input type="text" class="form-control" id="usr">
  </div>
  <div class="form-group">
    <label for="pwd">密码:</label>
    <input type="password" class="form-control" id="pwd">
  </div>
    <div class="form-group">
      <label for="comment">评论:</label>
      <textarea class="form-control" rows="5" id="comment"></textarea>
    </div>
  <!-- 复选框用于让用户从一系列预设置的选项中进行选择，可以选一个或多个。下面代码包含了三个选项，最后
一个是禁用的：-->
  <p>我是复选框</p>
  <div class="form-check">
    <label class="form-check-label">
      <input type="checkbox" class="form-check-input" value="">Option 1
    </label>
  </div>
  <div class="form-check">
    <label class="form-check-label">
     <input type="checkbox" class="form-check-input" value="">Option 2
    </label>
  </div>
  <div class="form-check disabled">
    <label class="form-check-label">
    <input type="checkbox" class="form-check-input" value="" disabled>Option 3 (disabled)
    </label>
  </div>
   <p>我是单选框</p>
  <div class="radio">
```

```
    <label><input type="radio" name="optradio">Option 1</label>
  </div>
  <div class="radio">
    <label><input type="radio" name="optradio">Option 2</label>
  </div>
  <div class="radio disabled">
    <label><input type="radio" name="optradio" disabled>Option 3</label>
  </div>
 </form>
</div>
```

使用 form-check-inline 类可以让复选框的选项显示在同一行上，如下面代码所示。

```
<div class="form-check  form-check-inline">
      <label class="form-check-label">
        <input type="checkbox" class="form-check-input" value="">Option 1
      </label>
</div>
<div class="form-check  form-check-inline">
      <label class="form-check-label">
        <input type="checkbox" class="form-check-input" value="">Option 2
      </label>
</div>
<div class="form-check form-check-inline disabled">
      <label class="form-check-label">
        <input  type="checkbox"  class="form-check-input"  value=""  disabled> Option 3
(disabled)
      </label>
</div>
```

效果如图 7-38 所示。

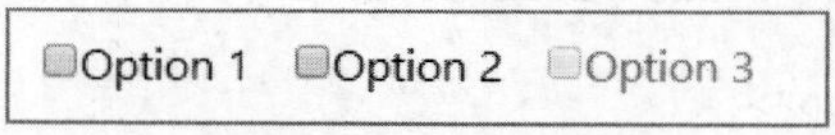

Option 1 Option 2 Option 3

图 7-38　复选框同行显示

使用 radio-inline 类可以让选项显示在同一行上。

```
<label class="radio-inline"><input type="radio" name="optradio">Option 1</label>
<label class="radio-inline"><input type="radio" name="optradio">Option 2</label>
<label class="radio-inline"><input type="radio" name="optradio">Option 3</label>
```

效果如图 7-39 所示。

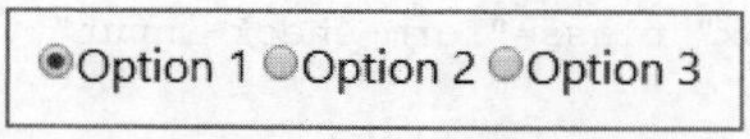

Option 1 Option 2 Option 3

图 7-39　单选钮同行显示

7.4.6　Bootstrap 按钮

为<a>、<button>或<input>元素添加按钮类（button class）即可使用 Bootstrap 提供的样式。在按钮上也可以预定义样式，例如颜色、状态（激活还是禁用）等。

```
<a href="#" class="btnbtn-info" role="button">链接按钮</a>
<button type="button" class="btnbtn-info">按钮</button>
<input type="button" class="btnbtn-info" value="输入框按钮">
<input type="submit" class="btnbtn-info" value="提交按钮">
```

Bootstrap 4 提供了不同样式的按钮。

```
<button type="button" class="btn">基本按钮</button>
<button type="button" class="btnbtn-primary">主要按钮</button>
<button type="button" class="btnbtn-secondary">次要按钮</button>
<button type="button" class="btnbtn-success">成功</button>
<button type="button" class="btnbtn-info">信息</button>
<button type="button" class="btnbtn-warning">警告</button>
<button type="button" class="btnbtn-danger">危险</button>
<button type="button" class="btnbtn-dark">黑色</button>
<button type="button" class="btnbtn-light">浅色</button>
<button type="button" class="btnbtn-link">链接</button>
```

通过添加.btn-block 类可以设置块级按钮。

```
<button type="button" class="btnbtn-primary btn-block">按钮 1</button>
```

按钮可设置为激活或者禁止单击的状态。

.active 类可以设置按钮是可用的，disabled 属性可以设置按钮是不可单击的。

<a>元素不支持 disabled 属性，可以通过添加 .disabled 类来禁止链接的单击。

```
<button type="button" class="btnbtn-primary active">单击后的按钮</button><button type="button" class="btnbtn-primary" disabled>禁止单击的按钮</button><a href="#" class="btnbtn-primary disabled">禁止单击的链接</a>
```

请看下面综合示例。

【示例】ch7/示例/bootstrap-button-control.html

```
<!--为<a>、<button>或<input>元素添加按钮类（button class）
也可以设置按钮的预定义样式，可使用 Bootstrap 提供的样式-->
<a class="btnbtn-default" href="#" role="button">Link</a>
<button class="btnbtn-primary" type="submit">Button</button>
<input class="btnbtn-success" type="button" value="成功 success">
<input class="btnbtn-info" type="submit" value="info">
<button class="btnbtn-danger">danger</button>
<br /><br />
<!--需要让按钮具有不同尺寸吗？使用 .btn-lg、.btn-sm 或 .btn-xs 就可以获得不同尺寸的按钮-->
<p>
<button type="button" class="btnbtn-primary btn-lg">（大按钮）Large button</button>
<button type="button" class="btnbtn-defaultbtn-lg">（大按钮）Large button</button>
</p>
<p>
<button type="button" class="btnbtn-primary">（默认尺寸）Default button</button>
<button type="button" class="btnbtn-default">（默认尺寸）Default button</button>
</p>
<p>
<button type="button" class="btnbtn-primary btn-sm">（小按钮）Small button</button>
<button type="button" class="btnbtn-defaultbtn-sm">（小按钮）Small button</button>
</p>
```

```
<p>
<button type="button" class="btnbtn-primary btn-xs">（超小尺寸）Extra small button</button>
<button type="button" class="btnbtn-defaultbtn-xs">（超小尺寸）Extra small button</button>
</p>
<br />
<p>通过给按钮添加 .btn-block 类可以将其拉伸至父元素 100%的宽度，而且按钮也变为了块级（block）元素如下：</p>
    <p>active 设置为激活状态，disabled 设置为禁用状态</p>
    <button type="button" class="btnbtn-primary btn-lg btn-block active">（块级元素）Block level button</button>
<button type="button" class="btnbtn-defaultbtn-lg btn-block disabled">（块级元素）Block level button</button>
```

7.4.7 Bootstrap 图片

Bootstrap4 提供了几个可对图片应用简单样式的类。

① .rounded：可以让图片显示圆角效果。

② .rounded-circle：设置椭圆形图片。

③ .img-thumbnail：设置图片缩略图（图片有边框）。

④ .float-right：图片右对齐。

⑤ .float-left：图片左对齐。

⑥ .img-fluid：设置响应式图片。

图像有各种各样的尺寸，需要根据屏幕的大小自动适应。通过在<img>标签中添加 .img-fluid 类来设置响应式图片。

.img-fluid 类设置了样式 max-width: 100%;、height: auto; 。

【示例】ch7/示例/bootstrap-image.html

```
<div class="container">
  <h2>圆角图片</h2>
  <p>.rounded 类可以让图片显示圆角效果：</p>
  <img src="images/flower.jpg" class="rounded" alt="漂亮的花" >
  <p>.rounded-circle 类可以设置椭圆形图片:</p>
  <img src="images/flower.jpg" class="rounded-circle" alt="漂亮的花" >
  <p>.img-thumbnail 类用于设置图片缩略图(图片有边框):</p>
  <img src="images/flower.jpg" class="img-thumbnail" alt="漂亮的花" >
  <p>.img-fluid 类可以设置响应式图片，重置浏览器大小查看效果:</p>
  <img src="images/fluid.jpg" class="img-fluid">
  <p>使用 .float-right 类来设置图片右对齐，使用 .float-left 类设置图片左对齐:</p>
  <img src="images/left.jpg" class="float-left" width="200px" height="200px">
  <img src="images/right.jpg" class="float-right" width="200px" height="200px">
</div>
```

项目十三 作品集锦——媒体查询

本项目的目的是为了加强读者对 7.2 节媒体查询属性的使用。

【项目目标】

- 充分了解响应式网站的原理。
- 熟练掌握响应式布局。
- 熟练掌握媒体查询。

【项目内容】

- 掌握简单的响应式网站设计。
- 运用媒体查询对不同类型的设备应用不同的样式。
- 运用 Flex 进行网页设计。

【项目步骤】

素材中的 css/collections.css 文件，用来保存本项目中所有的 CSS 样式，已在 HTML 文件中引入了该 CSS 文件。

1. 知识储备

在 representativeWorks-collections.html 文件中，svg、viewbox 和 viewport 等标签是本书未涉及的，请读者自行学习。

（1）svg 标签是一种用来绘制矢量图的 HTML5 标签。

（2）viewbox 用来使 svg 内部绘制的矢量图等比例放大到 svg 区域大小。

（3）<metaname="viewport" content="width=device-width, initial-scale=1.0">，这是针对移动网页优化页面的 viewport meta 标签，其中 viewport 是用户网页的可视区域，这里设置 width 为 device-width 为设备的宽度，initial-scale 为初始缩放比例。

2. 全局 CSS 设置

（1）全局（*）部分

内边距为 0px；外边距为 0px。

（2）Body 部分

背景颜色为#EEE。

3. 顶部菜单（header）部分

本项目中的顶部菜单会根据浏览器逻辑宽度向用户呈现不同的效果。当浏览器逻辑宽度大于等于 768px 时，效果如项目图 13-1 所示。

主页　作品集锦　获奖记录　人物评价

项目图 13-1　顶部菜单

当浏览器逻辑宽度小于 768px 时，效果如项目图 13-2 所示。

项目图 13-2　响应式菜单

因而得出至少需要两个媒体查询代码块，一个对应浏览器逻辑宽度大于 768px 时的样式，另一个对应小于 768px 时的样式。

有些属性是不随媒体特性的改变而改变的，例如导航条的背景颜色。在本项目中，无论宽度在 768px 之下还是 768px 之上，其背景颜色都不会改变，如果在两个媒体代码块中均设置此属性，势必造成代码的冗余，不利于以后对样式的修改。因此，这种与媒体查询无关的属性不需要放在媒体查询代码块内。

总之，利用 CSS 属性层叠的特性，大部分公共 CSS 属性都可以放到媒体查询代码块之外，只需要把在不同的媒体下需要特别设置的属性放入媒体查询代码块中即可。

（1）公共部分

① 导航栏（.navbar）。

高度为 50px；背景色为#34495E；显示为块级元素。

② 导航栏内部的菜单列表（.navbar .nav-list）。

列表样式为 none。

③ 对于菜单列表内的每个菜单项（.navbar .nav-list li）。

向左浮动；左外边距为 30px。

④ 对于菜单项内的<a>标签（.navbar .nav-list a）。

字体颜色（前景色）为白色（white）；行高为 50px；文本修饰（text-decoration）为 none。

⑤ 当鼠标悬浮在菜单项内的<a>标签之上时（.navbar .nav-list a:hover）。

字体颜色（前景色）显示为#1ABC9C。

⑥ 菜单图标（.navbar .menu-icon）。

向左浮动；上内边距为 10px；左外边距为 10px。

从项目图 13-1 和项目图 13-2 所示的效果图中得知，在浏览器逻辑宽度大于等于 768px 时，页面会将菜单图标隐藏，将菜单列表显示出来；在宽度小于 768px 时，页面会将菜单列表隐藏，显示出菜单图标。

（2）浏览器宽度小于 768px 时的媒体查询代码块设置

① 菜单图标（.navbar .menu-icon）。

`display:block。`

② 导航栏内部的菜单列表（.navbar .nav-list）。

`display:none。`

参考代码：

```
@media screen and (max-width: 767px) {
   .navbar .menu-icon {
       display: block;
   }
   .navbar .nav-list {
       display: none;
   }
}
```

（3）浏览器宽度大于等于 768px 时的媒体查询代码块设置

① 菜单图标（.navbar .menu-icon）。

`display:none`

② 导航栏内部的菜单列表（.navbar .nav-list）。

```
display:block
```

参考代码：

```
@media screen and (min-width: 768px) {
   .navbar .menu-icon {
       display: none;
   }
   .navbar .nav-list {
       display: block;
   }
}
```

4. 网页内容部分

网页内容部分也会根据浏览器逻辑宽度呈现不同的效果，当浏览器逻辑宽度大于等于 768px 时，效果如项目图 13-3 所示。

项目图 13-3　宽屏显示

当浏览器逻辑宽度小于 768px 时，效果如项目图 13-4 所示。

项目图 13-4　窄屏显示

（1）公共部分

① “作品集锦”文字区域（#title_div）。

宽度为 80%；下外边距为 55px；其他边外边距为 auto；文字居中。

② “作品集锦”标题部分（.responsive_h1）。

字体加粗；上外边距为 20px；下外边距为 25px。

③ 作品集（四个作品）的行容器（.row）。

宽度为 100%；文字居中；display 为 flex；flex-wrap 为 wrap（使用 flex-wrap 允许 flex 元素多行显示）。

④ 作品集（四个作品）的列容器（.responsive_col）。

下外边距为 20px。

⑤ 作品名称（.row span）。

Display 为 block（以块状元素显示）；下外边距为 15px。

⑥ 作品海报照片部分（.responsive_img）。

宽度为 70%；边框圆角为 4px；文字居中。

⑦ “详情”按钮（.responsive_button）。

高度为 10%；边框圆角为 25px；外边距为 auto；文字大小为 2vmin；行高为 5vmin;前景色（文字颜色）为 white；背景色为 cornflowerblue。

（2）浏览器宽度小于 768px 时的媒体查询代码块设置

① “作品集锦”标题部分（.responsive_h1）。

文字大小为 5vw。

② “作品集锦”介绍部分（.responsive_p）。

文字大小为 3vmin。

③ 作品集（四个作品）的列容器（.responsive_col）。

宽度为 50%。

④ “详情”按钮（.responsive_button）。

宽度为 30%。

参考代码：

```
@media screen and (max-width: 767px) {
.responsive_h1 {  font-size: 5vw;  }
.responsive_p {  font-size: 3vmin; }
.responsive_col {  width: 50%; }
.responsive_button {  width: 30%;  }
}
```

（3）浏览器宽度大于等于 768px 时的媒体查询代码块设置

① “作品集锦”标题部分（.responsive_h1）。

文字大小为 4vw。

② “作品集锦”介绍部分（.responsive_p）。

文字大小为 2.5vmin。

③ 作品集（四个作品）的列容器（.responsive_col）。

宽度为 25%。

④ “详情”按钮（.responsive_button）。

宽度为 25%。

参考代码：

```
@media screen and (min-width: 768px) {
.responsive_h1 {  font-size: 4vw;}
.responsive_p {  font-size: 2.5vmin;}
.responsive_col {  width: 25%;}
.responsive_button {  width: 25%;}
}
```

项目十四　调查问卷——Bootstrap 制作响应式表单

本项目的目的是为了加强读者对 7.3 节和 7.4 节中有关前端框架 Bootstrap 的使用的练习。

【项目目标】

- 熟练掌握响应式网页设计。
- 掌握 Bootstrap 框架基础。
- 熟练掌握网格系统。
- 熟练掌握 Bootstrap 中的表单控件。

【项目内容】

- 使用 Bootstrap 框架创建响应式网页。
- 使用网格系统进行网页设计。
- 使用 Bootstrap 提供的表单控件样式进行表单设计。

【项目步骤】

Bootstrap 框架资源既可以直接从 CDN 服务商服务器中引入，也可以加入本地素材文件夹中给出的资源文件。本项目采用本地文件 css/bootstrap.min.css。如果有疑问，建议优先查阅 Bootstrap 框架的官方文档。

本项目中所有的自定义 CSS 样式均保存在 css/search.css 中，并要从 HTML 文件中引入该 CSS 文件。

该项目在逻辑宽度大于 992px（Large, Extra large）时的样式，如项目图 14-1 所示。

项目图 14-1　宽度大于 992px

该项目在逻辑宽度小于 992px（Extra Small, Small, Medium）时的部分样式，如项目图 14-2 所示。

项目图 14-2　宽度小于 992px

以下是详细步骤。

1. 构建网页

首先，打开文件 fanRegister-search.html，注意网页结构的完整。

（1）定义视口（viewport）

在 head 标签内添加 viewport 的设置代码如下：

```
<metaname="viewport" content="width=device-width, initial-scale=1, shrink-to-fit=no">
```

（2）引入 Bootstrap 框架资源

① 引入 Bootstrap 的样式资源，在<head>标签内添加：

```
<link rel="stylesheet" href="css/bootstrap.min.css">
```

② 引入 Bootstrap 的脚本资源以及其他组件，在</body>之前添加：

```
<script src="js/jquery.slim.min.js"></script>
<script src="js/popper.min.js" ></script>
<script src="js/bootstrap.min.js"></script>
```

（3）引入自定义样式文件（search.css）

```
<link rel="stylesheet" href="css/search.css" />
```

2. 导航栏部分

导航栏的效果图如项目图 14-3 与项目图 14-4 所示。

项目图 14-3　导航栏宽度大于 992px 时的效果

项目图 14-4　导航栏宽度小于 992px 时的效果

根据效果图结合 Bootstrap 文档做出导航栏，示例代码如下：

```
<nav class="navbarnavbar-expand-lg navbar-dark bg-dark">
<button class="navbar-toggler" type="button" data-toggle="collapse" data-target=
"#navbarText"    aria-controls="navbarText"    aria-expanded="false"    aria-label="Toggle
navigation">
<span class="navbar-toggler-icon"></span>
</button>
<div class="collapse navbar-collapse" id="navbarText">
<ul class="navbar-nav mr-auto">
<li class="nav-item active">
<a class="nav-link" href="#">主页<span class="sr-only"> (current) </span></a>
</li>
<li class="nav-item">
<a class="nav-link" href="#">作品集锦</a>
</li>
<li class="nav-item">
<a class="nav-link" href="#">获奖记录</a>
</li>
<li class="nav-item">
<a class="nav-link" href="#">人物评价</a>
</li>
</ul>
</div>
</nav>
```

3. 内容区域

内容区域的主要结构如项目图 14-5 所示。

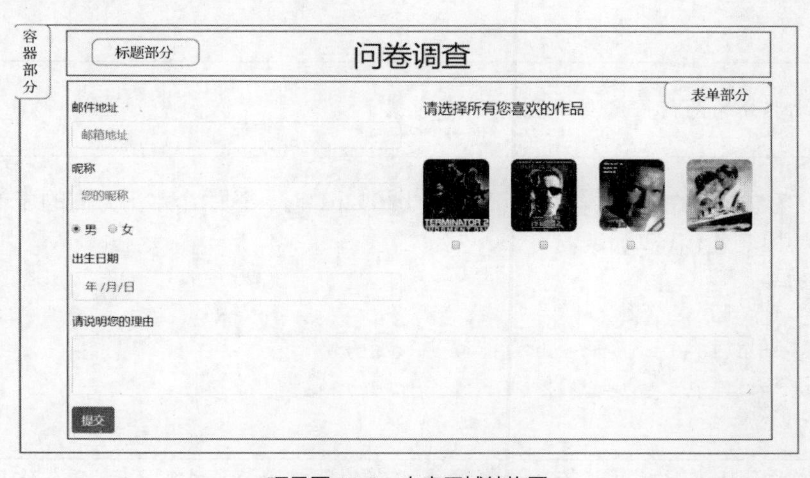

项目图 14-5　内容区域结构图

（1）容器部分

使用.container 类的 div 作为容器，并在 search.css 中为其添加 4%的下外边距。

```
<div class="container">
</div>
```

（2）标题部分

使用<h1>标签，id 为“title”，文字内容为“问卷调查”。并在 search.css 中为其添加样式为文字居中，上下外边距为 1em。

```
<h1 id="title">问卷调查</h1>
```

（3）表单部分

① 布局。

整个表单一共分为两行（.row），布局如项目图 14-6 所示。

项目图 14-6　表单部分布局图

布局代码如下：

```
<form>
<!-- 第一行-->
     <div class="row">
     </div>
<!-- 第二行-->
     <div class="row">
     </div>
</form>
```

此部分的两行一定要用 form 标签包裹。

第一行又分为左右两个表单区域，当宽度小于 992px 时，这两个水平方向的表单区域会变成竖直方向的两个表单区域，代码如下：

```
<!-- 第一行-->
<div class="row">
<div class="col-lg-6 col-md-12">左区域……</div>
<div class="col-lg-6 col-md-12">右区域……</div>
</div>
```

在右侧表单区域，还有一个包裹在内部的行（.row）用来显示 4 个作品，每一个作品所占的宽度均为 1/4，其结构如项目图 14-7 所示。

项目图 14-7　右侧表单结构图

当宽度小于 992px 时，此部分的元素会变成两行两列的效果，如项目图 14-8 所示。

第一行右侧区域布局代码如下：

```
<!-- 第一行-->
<div class="row">
<!-- 左区域-->
<div class="col-lg-6 col-md-12">左区域表单部分……</div>
<!-- 右区域-->
<div class="col-lg-6 col-md-12">
<h5 id="prefer">请选择所有您喜欢的作品</h5>
<div class="row">
    <div class="col-6 col-md-6 col-lg-3 movie"> 作品图片</div>
    <div class="col-6 col-md-6 col-lg-3 movie"> 作品图片</div>
    <div class="col-6 col-md-6 col-lg-3 movie"> 作品图片</div>
    <div class="col-6 col-md-6 col-lg-3 movie"> 作品图片</div>
</div>
</div>
</div>
```

项目图 14-8　宽度小于 992px 时的效果

在第二行中，只有一列，包裹着 textarea 和提交按钮，在任何宽度的情况下布局均不会改变，详细代码如下：

```
<!-- 第二行-->
<div class="row">
    <div class="col-12">
        第二行表单元素部分……
    </div>
</div>
```

整个内容部分详细布局如项目图 14-9 所示。

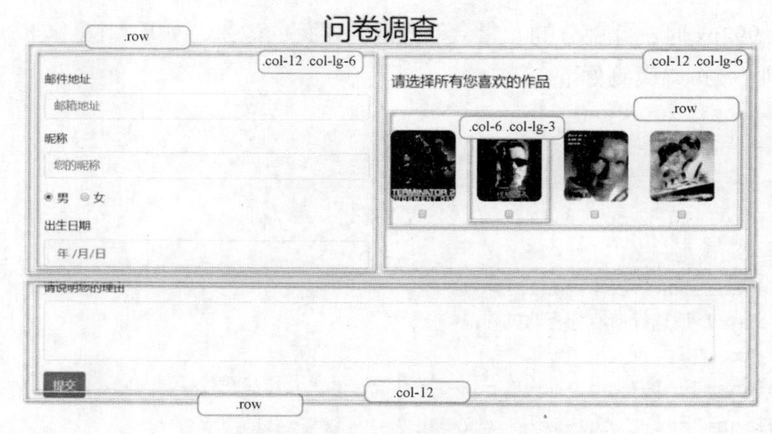

项目图 14-9 栅格布局

② 左区域表单部分。

第一行左侧区域包含的表单元素代码如下：

```
<div class="form-group">
    <label for="email">邮件地址</label>
    <input type="email" class="form-control" id="email" placeholder="邮箱地址">
</div>
<div class="form-group">
    <label for="username">昵称</label>
    <input type="text" class="form-control" id="username" placeholder="您的昵称">
</div>
<div class="form-group">
    <div class="form-check form-check-inline">
        <input class="form-check-input" type="radio" name="sex" id="sex_male" value="m"
checked>
        <label class="form-check-label" for="sex_male">男</label>
    </div>
    <div class="form-check form-check-inline">
        <input class="form-check-input" type="radio" name="sex" id="sex_female" value="f">
        <label class="form-check-label" for="sex_female">    女</label>
    </div>
</div>
<div class="form-group">
    <label for="pwd">出生日期</label>
    <input type="date" class="form-control" id="birth">
</div>
```

③ 右区域表单部分。

- 标题部分。

使用<h5>标签，id 为“prefer”，文字内容为“请选择所有您喜欢的作品”，并在 search.css 中为其添加样式，下外边距为 3em。

- 作品图片部分。

给每个列容器的 class 属性添加 movie，并使用类选择器.movie 应用样式为文字居中。

对于其内部 img 元素需要添加的样式：宽度为 100%，边框圆角为 10px。

表单元素参考代码如下：

```
<div class="col-6 col-md-6 col-lg-3 movie">
    <label for="movie_1"> <img src="images/1.jpg" /></label>
<div class="form-check">
         <input class="form-check-input position-static" type="checkbox"
id="movie_1" value="1" />
    </div>
</div>
<div class="col-6 col-md-6 col-lg-3 movie">
    <label for="movie_2"> <img src="images/2.jpg" /></label>
    <div class="form-check">
        <input class="form-check-input position-static" type="checkbox"
id="movie_2" value="2" />
    </div>
</div>
<div class="col-6 col-md-6 col-lg-3 movie">
    <label for="movie_3"> <img src="images/3.jpg" /></label>
    <div class="form-check">
        <input class="form-check-input position-static" type="checkbox"
 id="movie_3" value="3" />
    </div>
</div>
<div class="col-6 col-md-6 col-lg-3 movie">
    <label for="movie_4"> <img src="images/4.jpg" /></label>
    <div class="form-check">
        <input class="form-check-input position-static" type="checkbox"
id="movie_4" value="4" />
    </div>
</div>
```

注意

可以用<label>标签包裹<img>标签，这样做可以实现单击图片就可以选中多选框。

④ 第二行表单元素部分。

第二行内包含一个 textarea 和一个提交按钮，参考代码如下：

```
<div class="form-group">
    <label for="reason">请说明您的理由</label>
    <textarea class="form-control" id="reason" rows="3"></textarea>
</div>
<div class="form-group">
    <button type="submit" class="btnbtn-primary">提交</button>
</div>
```

习题

1. 以下（　　）不是媒体查询类型的值。

   A. all　　B. speed　　C. handheld　　D. print

2. 以下（　　）不是媒体特性的属性。

   A. device-width　　B. width　　C. background　　D. orientation

3. 以下（　　）是错误的媒体查询的写法。

A. @mediaall and (min-width:1024px) { };

B. @mediaall and (min-width:640px) and (max-width:1023px) { };

C. @mediaall and (min-width:320px) or (max-width:639px) { };

D. @media screen and (min-width:320px) and (max-width:639px) { };

4. 在 Bootstrap 中，（　　）不属于栅格系统的实现原理。

A. 自定义容器的大小，平均分为 12 份

B. 基于 JavaScript 开发的组件

C. 结合媒体查询

D. 调整内外边距

5. 以下（　　）不属于媒体查询的关键词。

A. and　　B. not　　C. only　　D. or

6. 在 Bootstrap 中，栅格系统的标准用法（　　）是错误的。

A. <div class="container"><div class="row"></div></div>

B. <div class="row"><div class="col-md-1"></div></div>

C. <div class="row"><div class="container"></div></div>

D. <div class="col-md-1"><div class="row"></div></div>

7. 在 Bootstrap 4 中，关于响应式栅格系统的描述错误的是（　　）。

A. .col-sx-：超小屏幕（<768px）。

B. .col-sm-：小屏幕、平板（≥768px）。

C. .col-md-：中等屏幕（≥992px）。

D. .col-lg-：大屏幕（≥1200px）。

8. 下列（　　）不是正确的辅助类。

A. text-muted　　B. text-danger　　C. text-success　　D. text-title。

9. 在 Bootstrap 中，下列（　　）不属于图片处理的类。

A. .img-rounded　　B. .img-circle　　C. .img-thumbnail　　D. .img-radius

10. 在 Bootstrap 中，下列（　　）类不属于 button 的预定义样式。

A. .btn-success　　B. .btn-warp　　C. .btn-info　　D. .btn-link

08

第8章　网站建设流程

学习要求

- 了解网站建设的主要流程。
- 掌握网站开发中栏目版块、目录结构、链接结构等的规划。
- 了解几种常见布局设计形式以及合理布局的主要因素。
- 掌握网页设计的主要原则，并能在设计中加以灵活运用。

项目

- 项目十五　网站整合

提炼前面 14 个项目的设计思路，从网站的定位、网站主题确定、网站结构规划、内容收集、网站的实现和测试发布，让读者从宏观角度掌握网站的设计开发流程。

网站建设由网站定位、网站主题、功能模块、站点设计、内容整理、整体优化和发布推广等一系列过程组成。本章主要介绍网站建设的一般流程。流程如图 8-1 所示。

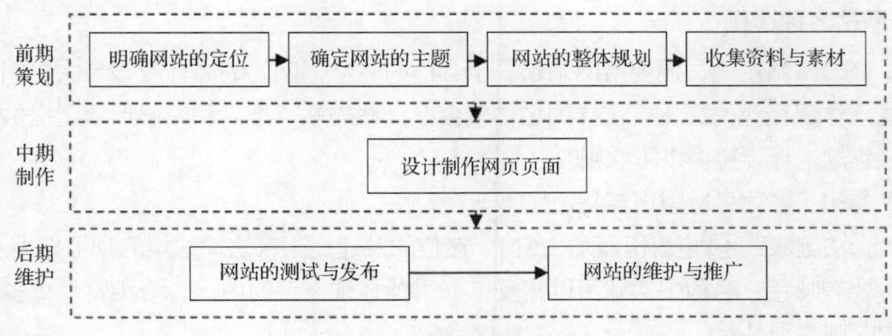

图 8-1　网站建设流程

8.1　明确网站定位

在进行网站建设之前，要弄清楚为什么要建立网站，是为了宣传产品，进行电子商务，还是为了建立行业性网站？是企业的需要还是市场开拓的延伸？简而言之就是需要明确网站的定位。

网站定位就是确定网站的特征、使用场合、使用群体和其特征带来的利益，即网站在网络上的特殊位置，它的核心概念、目标用户群、核心作用等。

因此在设计网站前，开发者首先必须明确网站所针对的人群、区域、国家等，这样在设计上就会针对这类人群的浏览习惯定制网页；其次考虑网站要向目标群体（浏览者）传达什么样的核心概念，透过网站发挥什么样的作用。例如，政府通过门户网站，向广大公众、企业和政府工作人员提供政府信息和引导性服务。公司企业通过网站，展示企业文化、宣传企业产品。电子商务网站则是通过在线平台进行商品交易。

网站的定位不同，提供的服务不同，具备的功能不同，受众人群也各不相同。

8.2　确定网站主题

1. 网站主题的确定

所谓主题就是网站的题材。确定网站主题需要注意以下两点。

（1）主题清晰题材明确

如果一个互联网公司不能够用一句话来概括网站是做什么的，那么网站就没有清晰的主题，对目标用户群、市场环境以及竞争对手都没有一个明确的认识。

（2）主题的唯一性

网站的主题尽量具有唯一性，避免题材太滥、目标太高。定位精准才能体现出网站的差异性，才能更好地为浏览者服务。网站主题越集中，网站所有者在这方面投入的精力越多，所提供信息的质量也会越高。

网络上的网站题材千奇百怪，琳琅满目，常见主题有：网上求职、网上社区、计算机技术、娱乐、旅行、资讯、家庭、教育、生活、时尚等。

2. 网站名称选择

有了好的网站主题，还要给网站起一个合适的名字，网站的名称应该与主题相关联，最好能在一定程度上体现企业的文化，这样的名称就会在以后的站点推广和网站形象上提供便利。一般情况下网站名称的选择要遵循以下原则。

（1）易记：名称尽量短小容易记忆，不宜太长。

（2）合法健康：不能使用反动、色情、迷信的及违反国家法律法规的词汇作为网站的名称。

（3）要有特色：名称平实就可以接受，如果能体现一定的内涵，给浏览者更多的视觉冲击和空间想象力，则为上品。

8.3　网站结构规划

网站由一系列 Web 页面和相关资源组成，这些页面和资源具有一定的分层设计和组织。结构设计要做的就是如何将这些内容划分为清晰合理的层次体系，构建一个组织优良的网站。例如栏目版块的划分及关系，网页的层次及关系，链接的路径设置，功能在网页上的分配等。

8.3.1　栏目版块规划

建设一个网站好比写一篇文章。首先要拟好提纲，这样文章才能主题明确，层次清晰。如果网站结构不清晰，内容庞杂，必然会导致浏览者看得糊涂，也会使网站扩充和维护变得相当困难。确定好网站的题材，并收集好相关的资料以后，如何组织内容才能更好地吸引用户，并帮助用户快速定位到自己想要的信息呢？

例如，用户在一家美食网站上想寻找适合聚餐的饭店，他们除了直接搜索饭店名以外，可能还会考虑距离、口碑、价格或者菜系等因素，亦或考虑能够提供外卖的饭店。在设计这家美食网站时就可以根据用户的这些需求，考虑加入饭店位置、乘车路线、食客点评、人均价格、是否外卖等功能。然后还可提供不同菜系、特色菜、当日特价、优惠等信息内容。

将这些主要功能内容信息按一定的方法分类，并为它们设立专门的栏目。栏目的实质是网站的导航，通过栏目导航要将网站的主体结构明确地显示出来。例如济南大学主页，作为高校网站，根据用户的需求，可以划分为“学校概况”“学院设置”“教育教学”等一级栏目，如图 8-2 所示。

图 8-2　济南大学一级栏目

网站栏目的划分一般要注意以下几个方面。

1. 紧扣主题

将主题按一定的方式分类并将它们作为网站的主题栏目。主题栏目个数在总栏目中要占绝对优势，这样的网站显得专业，主题突出，容易给人留下深刻印象。

2. 设置导航

有些站点的内容庞大，分类很细，常有三四级甚至更多级数的目录页面，为帮助浏览者明确自己所处的位置，往往需要在页面里显示导航条，如图 8-3 所示。

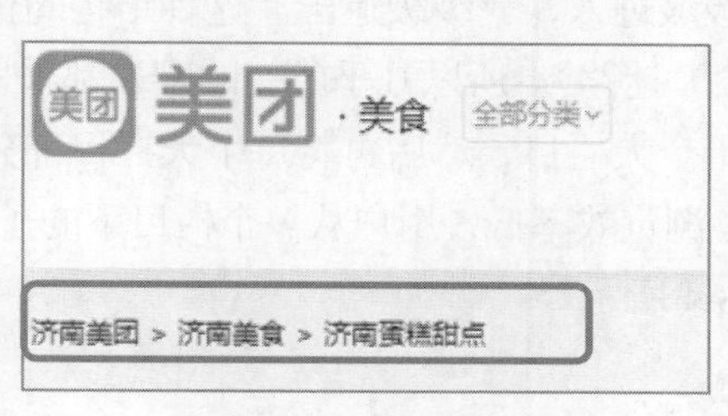

图 8-3　多级导航

8.3.2　目录结构规划

网站的目录是指建立网站时创建的目录。目录结构的好坏对浏览者来说并没有什么太大的影响。但是对于站点本身的维护、未来内容的扩充和移植都有着重要的作用。

一个优秀的网站在目录结构的建立方面一般遵循以下几个原则。

（1）尽量不要将所有文件都存放在根目录下，这基于以下两个方面的原因。首先，这样会造成文件管理混乱。在维护网站的时候，管理员常常搞不清哪些文件需要编辑和更新，哪些无用的文件可以删除，哪些是相关联的文件，进而影响工作效率。另外，这样会导致上传速度变慢。服务器一般都会为根目录建立一个文件索引。如果将所有文件都放在根目录下，那么即使只上传一个文件，服务器也需要将所有文件再检索一遍，并建立新的索引文件。很明显，文件量越大，等待的时间也将越长。所以应该尽可能减少根目录下文件的存放数。

（2）按栏目内容建立子目录。首先应该按主菜单栏目建立子目录。例如，企业站点可以为公司简介、产品介绍、价格、在线定单、反馈联系等内容建立相应目录。其他的次要栏目，类似友情连接以及一些需要经常更新的内容都可以建立独立的子目录。而一些相关性强，不需要经常更新的栏目，例如，“关于本站”“关于站长”“站点经历”等可以合并放在一个统一目录下。另外，网站的所有程序一般都存放在特定目录下。例如，CGI 程序放在 cgi-bin 目录下。最后，所有需要下载的内容也最好放在一个目录下。

（3）在每个主栏目目录下都建立独立的 images 目录：为每个主栏目建立一个独立的 images 目录是最能方便管理的；而根目录下的 images 目录只是用来放首页和一些次要栏目的图片。

（4）目录的层次不要太深：目录的层次建议不要超过 3 层，以方便维护管理。

（5）不使用中文作目录名，不使用名字过长的目录。

8.3.3 链接结构规划

网站的链接结构是指页面之间相互链接的拓扑结构。它建立在目录结构基础之上，而且可以跨越目录。

合理的链接结构设计对于网站的规划是至关重要的。研究网站链接结构的目的在于用最少的链接，使浏览更有效率。同时网站的链接结构的好坏，也将直接影响网页的浏览速度。

建立网站的链接结构有三种基本方式。

1. 树状链接结构

这种结构类似 DOS 的目录结构。首页链接指向一级页面，一级页面链接指向二级页面。浏览这样的链接结构时，用户可以一级级进入，一级级退出。这种结构的优点是条理清晰，访问者可以明确地知道自己在什么位置，不会“迷路”。所以几乎所有的网站都采用这种结构来进行总体的栏目规划，即将所有的内容先分成若干个大栏目，然后再将每个大栏目细分成若干个小栏目，以此类推直到不用再细分为止。它的缺点是浏览效率低，用户从一个栏目下的子页面到另一个栏目下的子页面，必须绕经首页。树状结构如图 8-4 所示。

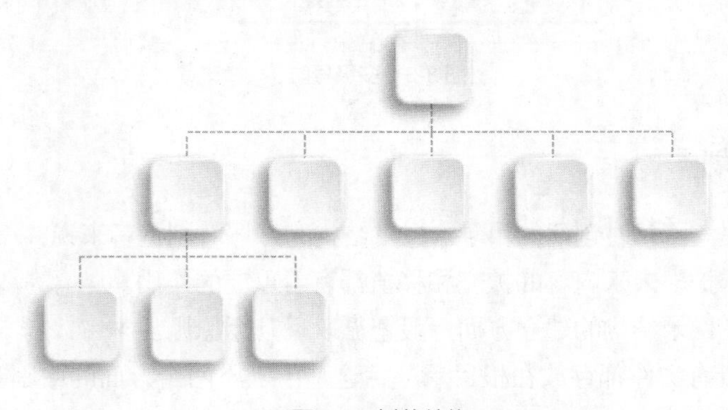

图 8-4 树状结构

2. 星状链接结构

这种结构类似网络服务器的链接，且结构中的每个页面相互之间都建立了链接。这种链接结构的优点是浏览方便，访问者随时可以到达自己想要的页面。缺点是链接太多，容易使浏览者迷路，搞不清自己在什么位置，看了多少内容。星状结构如图 8-5 所示。

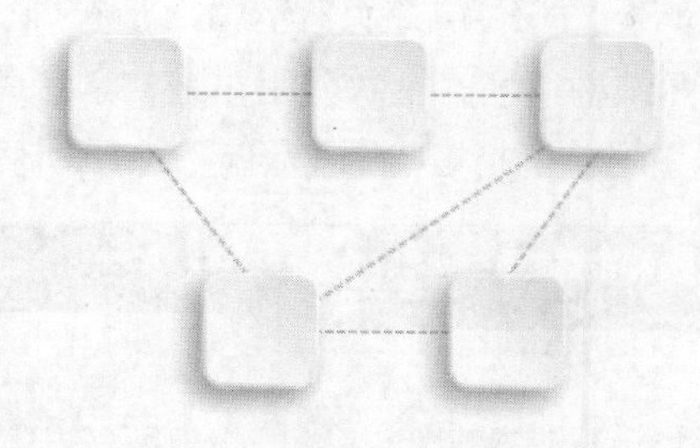

图 8-5　星状结构

3. 混合链接结构

在实际的网站设计中，总是将树状和星状结构混合起来使用。这样浏览者既可以方便快速地达到自己需要的页面，又可以清晰地知道自己的位置。所以，最好的办法是首页和一级页面之间用星状链接结构，一级和二级页面之间用树状链接结构，如图 8-6 所示。

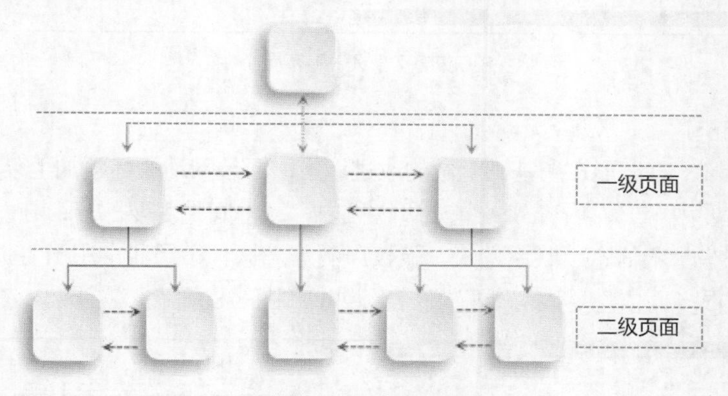

图 8-6　混合链接结构

8.3.4　布局设计规划

布局是一个设计的概念，指的是在一个限定的面积范围内合理安排布置图形图像和文字的位置，在把文章信息按照轻重缓急的秩序陈列出来的同时，将页面装饰美化起来。简而言之，就是以最适合浏览的方式将图片和文字排放在页面的不同位置。

网站页面的布局方式、展示方式直接影响着用户使用网站的方便性。合理的布局会让用户在浏览网站时快速发现核心内容和服务。如果布局不合理，用户需要思考如何获取页面的信息，从页面内容筛选主要服务。在这个过程中，用户通常是进行扫描浏览，捕捉对用户有用的信息，他们不会花费太多的时间去停留在页面。因此页面布局的重点是体现网站运营的核心内容及服务，将核心服务显示在关键的位置，供用户在最短的时间找到。用户捕捉到这些信息后，做出判断是否对网站做深层次的浏览使用。

网页布局形式大致可分为“T”形、“同”形、“国”形等传统布局形式以及自由式布局结构。

1. 网页布局分类

（1）“T”形布局

所谓“T”形布局，就是指页面顶部为横条网站标志加主菜单，下方左侧为二级栏目，右面显示内容的布局，整体效果类似英文字母“T”，所以称之为“T”形布局。这是网页设计中最广泛的一种布局方式。这种布局的优点是页面结构清晰，主次分明，是初学者最容易上手的布局方法。缺点是规矩呆板，如果不注意细节色彩，很容易让人“看之无味”。“T”形结构网站如图 8-7 所示。

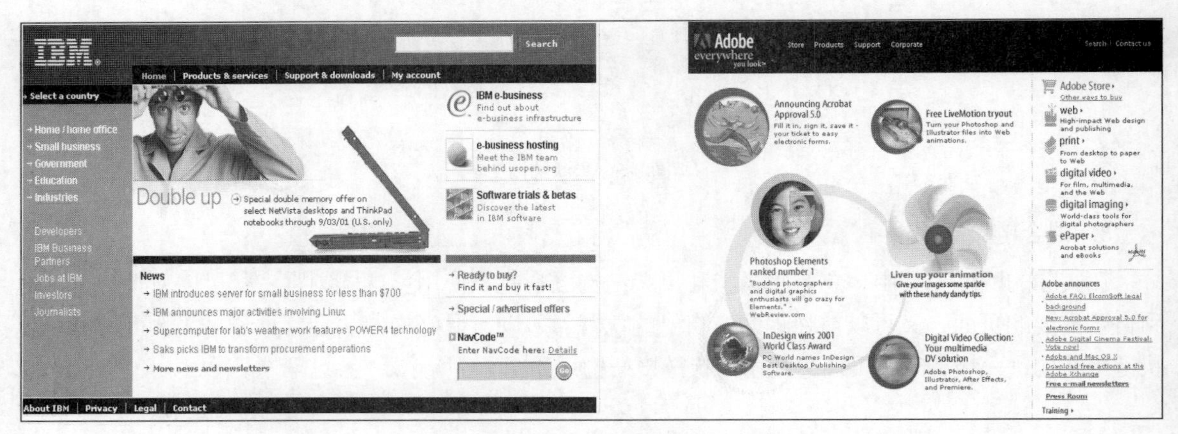

图 8-7 “T”形布局

（2）“同”形布局

“同”形布局是在“T”形布局基础上做的改进。最上面是网站的标题加主菜单或者横幅广告条，接下来是网站的主要内容，左右分列一些二级栏目内容，中间是主要部分，与左右一起罗列到底，最下方是网站的一些基本信息、联系方式、版权声明等。这种布局通常用于主页的设计，其主要优点是页面容纳内容很多，信息量大。“同”形结构网站如图 8-8 所示。

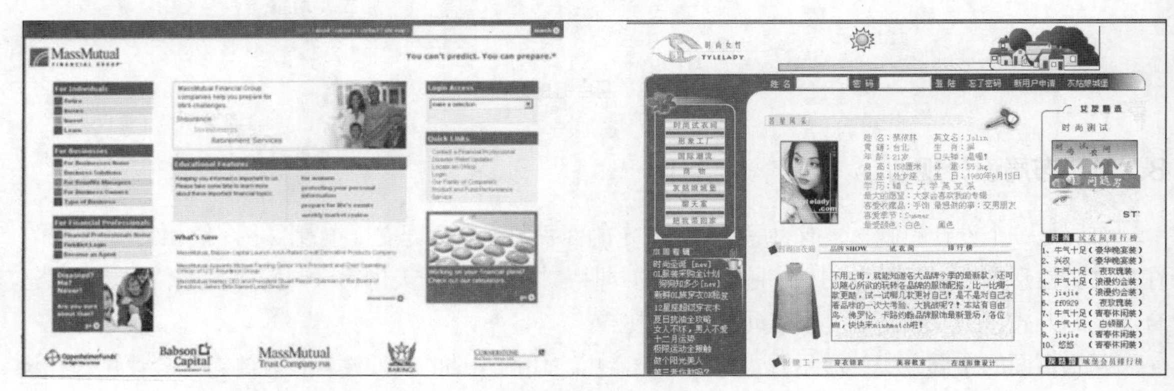

图 8-8 “同”形布局

（3）“国”形布局

这是在“同”形布局基础上的改进，是一些大型网站喜欢使用的布局类型。页面一般上下各有一个导航条，左面是菜单，右面放友情链接等，中间是主要内容。这种布局的优点是充分利用版面，信息量大；缺点是页面拥挤，不够灵活。“国”形结构网站如图 8-9 所示。

图 8-9　“国”形布局

（4）自由式布局

以上三种布局是传统意义上的结构布局。自由式结构布局相对而言随意性特别大，颠覆了从前以图文为主的表现形式，将图像、Flash 动画或者视频作为主体内容，其他的文字说明及栏目条均被分布到不显眼的位置起装饰作用。这种结构在时尚类网站中使用得非常多，尤其是在时装、化妆用品的网站中。这种结构富于美感，可以吸引大量的浏览者欣赏，但是因为文字过少，可能浏览者无法获得更多的信息。“自由式”结构网站如图 8-10 所示。

图 8-10　自由式布局

2. 网站布局设计步骤

网站布局设计一般有以下三个步骤。

（1）构思草图（草案）。目的是将脑海里朦胧的想法具体化，变成可视可见的轮廓，如图 8-11 所示。

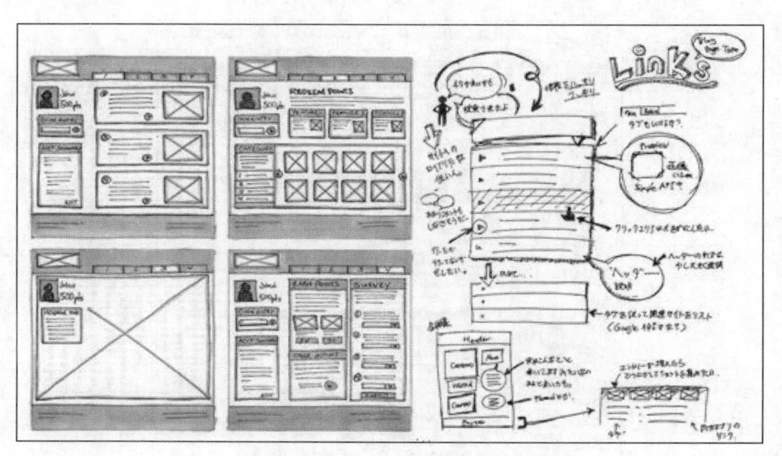

图 8-11　布局草图

（2）设计方案（粗略布局）。除了文本文字可以用字符象征性地代替以外，其他所有的内容都要接近将来的网页效果，如图 8-12 所示。

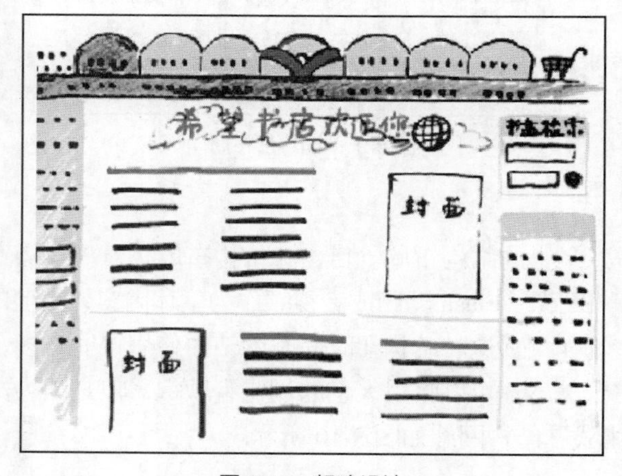

图 8-12　粗略设计

（3）量化描述（定案）。把网页设计方案中的视觉元素的各项参数确定下来，如图 8-13 所示。

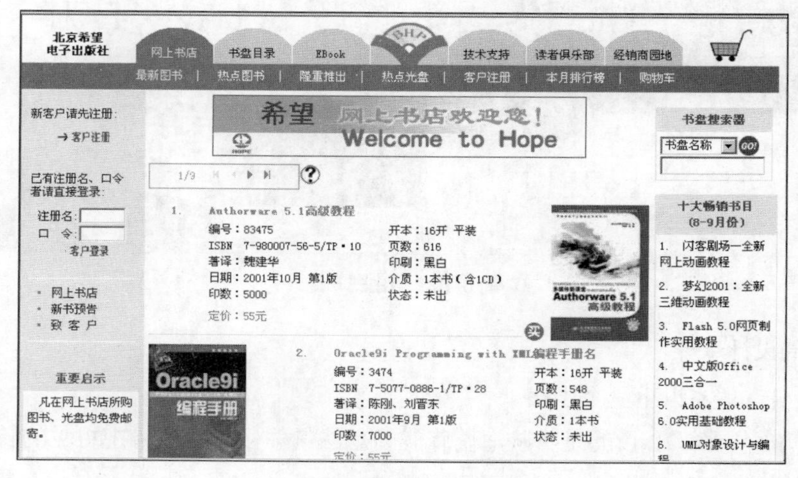

图 8-13　定案

8.4 收集网站内容

在明确建站目的和网站定位以后，要结合各方面的实际情况，围绕主题全面收集相关的内容材料。

内容是网站为用户提供的所有文字、图片以及这个网站上的一切可供用户充分利用的信息。网站提供的产品说明、股票行情、可供下载的文件及对这些文件的描述性文字和图片都属于网站内容的范畴。在网站上，除了这些基本内容外，网站还会给用户提供一些特殊信息和提示内容。例如浏览器窗口顶部的页标题、引导用户访问网站的导航性说明等。

网站内容是网站吸引浏览者最重要的因素，无内容或不实用的信息不会吸引匆匆浏览的访客。我们可事先对人们希望阅读的信息进行调查，并在网站发布后调查人们对网站内容的满意度，以便及时调整网站内容。并且要保证内容的连贯性，步步深入，及时更新，吸引“回头客”，确立固定访客群。

总之，网站上的内容是否易于理解、友好，以及网站功能是否完备，决定着用户是否会再次来浏览。

8.5 网站设计原则

网站在设计阶段要遵循以下几个原则。

1. 使用方便、功能强大

网站要达到的目的无非在于提高网站知名度，增强网页吸引力，实现从潜在顾客到实际顾客的转化，实现从普通顾客到忠诚顾客的转化。为用户提供人性化的多功能界面，为顾客带来方便显得十分重要。

2. 网站内容丰富

网站就像一份报纸，其内容相当重要，没人会愿意两次看同一份毫无新意的报纸。因此，网站的吸引力直接来源于网站的内容，网站内容影响着网站的质量。

3. 页面下载速度快

如果不能保证每个页面的下载速度，至少应该保证主页能尽快打开，因此，尽量将最重要的内容放在首页以及避免使用大量的图片非常重要。页面下载速度是网站留住访问者的关键因素，一般人的耐心是有限的，如果10～25秒还不能打开一个网页，就很难让人等待了。在国外已经流行使用文字降低网页的视觉效果，显得有些呆板，表明网友们上网的时间大多数是看文字资讯。

4. 网站品质优秀

人们平时上网时，经常可以看到“该网页已被删除”或“File not found”等错误链接，这让人心情很差，甚至让人难以忍受，这样也就严重影响了用户对网站的信心。如果网站能够服务周到，多替顾客考虑，多站在顾客的立场上来分析问题，会让客户增加对网站及公司的信任度。

5. 合理设置广告

有的网站广告太多（如弹出广告、浮动广告、大广告、横幅广告、通栏广告等），让人觉得页面杂乱、烦琐，这样导致整个网站的品质受到严重的影响，同时广告也没达到原本的目的。

浮动广告分两种：第一种是在网页两边空余的地方可以上下浮动的广告，第二种是满屏幕到处随机移动的广告。建议在能使用第一种浮动广告的情况下尽量使用第一种。若使用第二种浮动广告，请尽量在数量上加以控制，一个就好。数量过多可能会影响用户的心理、妨碍用户浏览信息，反而适得其反。

6. 文字编排

在网页设计中，字体的处理与颜色、版式、图形化等其他设计元素的处理一样。

（1）文字图形化

文字图形化就是将文字用图片的形式来表现，这种形式在页面的子栏目里面最为常用，因为它具有突出的作用，同时又美化了页面，使页面更加人性化，加强了视觉效果，是文字无法达到的。对于通用性的网站弊端就是扩展性不强。

（2）强调文字

如果将个别文字作为页面的诉求重点，则可以通过加粗、加下划线、加大号字体、加指示性符号、倾斜字体、改变字体颜色等手段有意识地强化文字的视觉效果，使其在页面整体中显得出众而夺目。这些方法实际上都是运用了对比的法则。在更新频率低的情况下也可以使用文字图形化。

（3）网站配色

① 用一种色彩。

这里是指先选定一种色彩，然后调整透明度或者饱和度，（说得通俗些就是将色彩变淡或加深），产生新的色彩，用于网页。这样的页面看起来色彩统一，有层次感。

② 用两种色彩。

先选定一种色彩，然后选择它的对比色再进行微小的调整，整个页面色彩丰富但不花哨。

③ 用一个色系。

简单地说就是用一个感觉的色彩，例如淡蓝、淡黄、淡绿，或者土黄、土灰、土蓝。也就是在同一色系里面采用不同的颜色使网页增加色彩，而又不花哨，色调统一。这种配色方法在网站设计中最为常用。

④ 灰色在网页设计中又称为“万能色”，其特点是可以和任何颜色搭配。

在使用时把握好度，避免网页变灰。

在网页配色中，尽量控制在三种色彩以内，以避免网页花、乱、没有主色的显现。背景和前文的对比尽量要大，避免使用花纹繁复的图案作背景，以便突出主要文字内容。

8.6 网站测试发布

测试评估与网站发布是不可分割的两部分，制作完毕的网站必须进行测试，然后发布。

网站测试指的是当一个网站制作完上传到服务器前后针对网站的各项性能情况的一项检测工作。它与软件测试有一定的区别，除了要求外观的一致性以外，还要求其在各个浏览器下的兼容性以及在不同环境下的显示差异。

测试评估主要包括网站的基本测试（CSS 应用的统一性、链接是否正确、导航是否方便等）、兼容性测试、安全性测试（网站异常检测、漏洞测试、攻击性测试等）以及性能测试。网站上传后，继续通过浏览器进行实地测试，发现问题后及时修改，然后再上传测试。经过几次这样的迭代过程，保证整个站点的正确性。

网站测试正确就可以发布了。发布分为两种，一种是将网站发布到本地服务器上，另一种是将网站部署到互联网服务器上。

1. 本地搭建服务器发布网站

如果用户有一台服务器（自己的计算机也可以），那么就可以在这台服务器上发布网站。

发布网站需要一定的软件辅助，相关软件有很多，例如 IIS、WAMP 等。具体步骤这里不再叙述。

2. 网站部署到互联网服务器

用户还可以购买互联网服务，将自己的网站部署到互联网服务器以供他人访问。

可以选择虚拟空间或虚拟专用服务器（VPS）等方式搭建自己的网站。虚拟空间的价格便宜，而且不需配置环境就可以直接搭建网站，比较方便，但是灵活性稍差。VPS 的价格相对于虚拟空间要高，但是灵活性大，可以自行安装 Web 等服务，缺点是配置相对复杂，且服务器的维护、数据的备份都要自行负责。

项目十五　网站整合

根据前面的 14 个项目，逆向分析设计思路，最终整合为一个完整的网站。

【项目目标】

- 掌握网站建设流程。
- 掌握网站的整体规划。
- 掌握网页设计原则。
- 了解常见的网站发布方法。

【项目内容】

- 卡梅隆网站定位，确定网站主题。
- 卡梅隆网站整体规划、目录结构设计、栏目板块规划。
- 所有网页设计。
- 网站发布。

【项目步骤】

1. 网站定位

（1）网站类型

应为宣传性网站，不以盈利为目的。

（2）浏览人群

著名导演詹姆斯 · 卡梅隆的影迷遍布全球，本网站的浏览人群大多数是卡梅隆的影迷，年龄跨度较大，目的主要是浏览卡梅隆导演个人经历及其作品的介绍。

2. 网站主题

詹姆斯·卡梅隆是好莱坞电影乃至世界电影史上最卖座的导演之一，本网站的作用：一是宣传著名导演卡梅隆和他导演的影片，二是影迷的注册和调查。网站主题应归结为资讯类、时尚类的信息型网站。

3. 网站结构规划

（1）栏目板块规划

卡梅隆网站作为静态网站教学示例，内容简单，结构也比较清晰，共分两级栏目。

一级栏目包括 5 个，分别是：个人简介、成长故事、代表作品、感情经历和影迷注册。其中个人简介、成长故事、感情经历只是单个页面。代表作品包含二级栏目：泰坦尼克和作品集锦。影迷注册包含二级栏目：调查问卷。栏目规划图如项目图 15-1 所示。

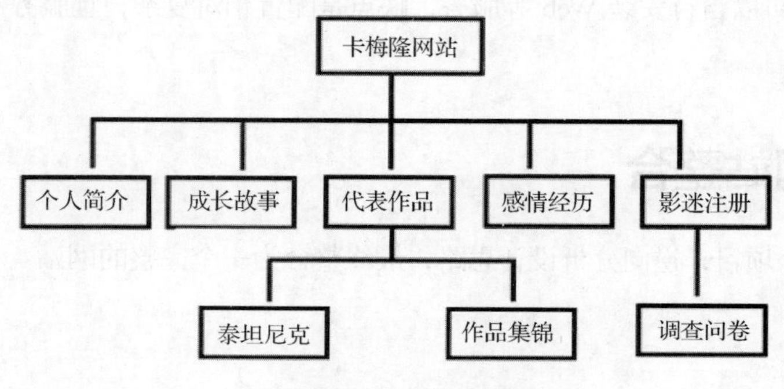

项目图 15-1　栏目规划图

（2）目录结构规划

建立目录结构的原则是清晰，易维护，要与网站的类型、特色相结合。一般情况下，可以按栏目内容建立子目录。在本项目中，由于网站规模较小，所以只建立了 css 和 images 两个子目录。

（3）链接结构规划

为演示方便，本网站采用混合链接结构，如项目图 15-2 所示。

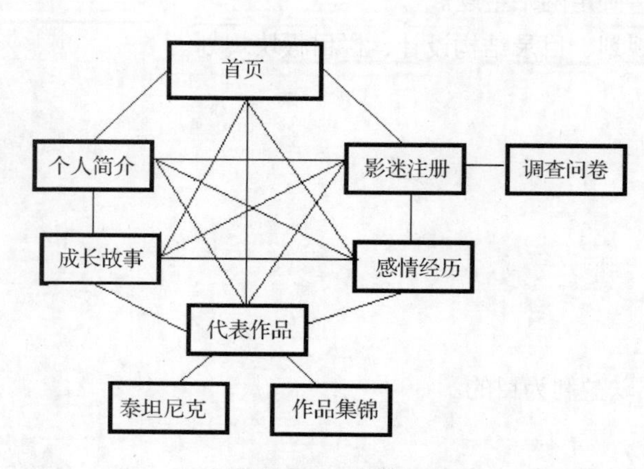

项目图 15-2　链接结构

其中，泰坦尼克、作品集锦和问卷调查 3 个页面，加上“返回上一级”超链接，以问卷调查页面为例，如项目图 15-3 所示。

主页　作品集锦　获奖记录　人物评价
问卷调查
邮件地址
邮箱地址
昵称
您的昵称
男　女
出生日期
年/月/日
请说明您的理由
提交
返回上一级
请选择所有您喜欢的作品

项目图 15-3　问卷调查页面

（4）布局规划

为了方便用户浏览，网页需要进行合理的布局规划。项目图 15-4 所示为网站中部分页面的布局规划图。

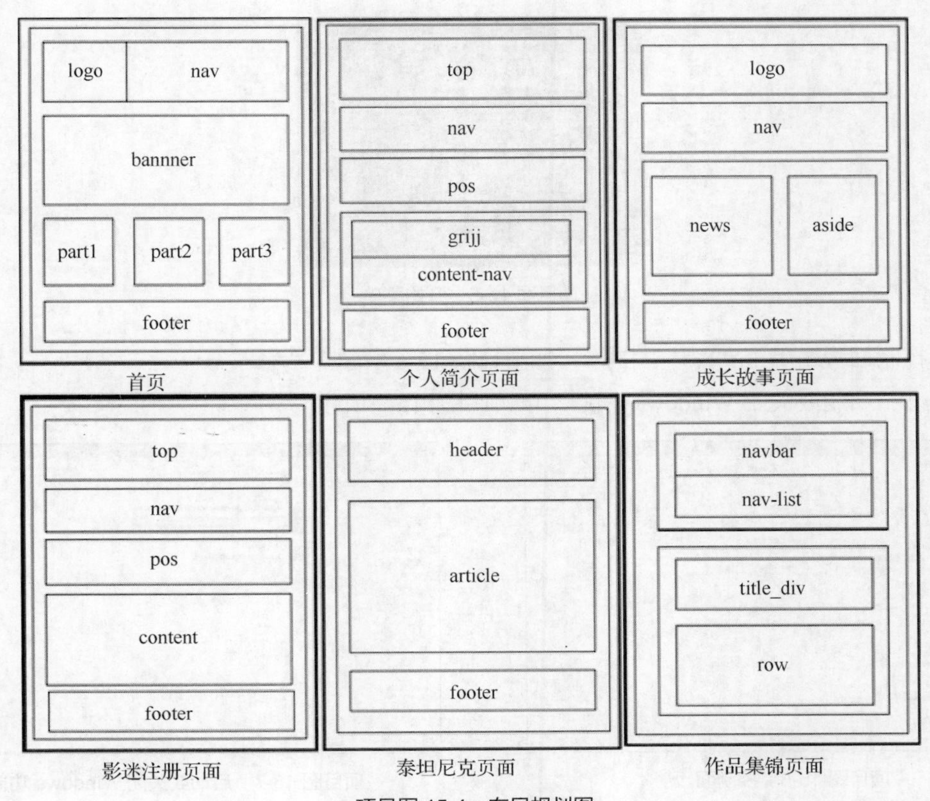

项目图 15-4　布局规划图

请自行设计感情经历（emotionExperience.html）页面和代表作品（representativeWorks.html）页

面，尝试使用“同”字形布局，或“国”字形布局，注意保持整体网站风格。

在代表作品页面（representativeWorks.html）合理设计两个链接：泰坦尼克和作品集锦。用来链接项目十二（representativeWorks-collections.html）和项目十三（representativeWorks-ttnkhtml.html）的两个效果页面。

4. 收集网站内容

在完成了前面的步骤后，接下来就要开始进行网站内容的收集与整理工作。收集网站内容的时候，要根据网站的规划，结合网站实际，从互联网上收集与网站主题相关的文章、图片、视频等内容素材。

在卡梅隆网站中，首页、个人简介、影迷注册等页面在前面的项目中已经完成，代表作品和感情经历这两个页面需要去上网收集素材，完成页面的设计。需要注意的是，网站内容是吸引浏览者最重要的因素，网站内容的质量直接关系着网站建设的成败。

5. 网站发布

以下操作是在 Windows 10 操作系统上完成的。

（1）IIS 的安装

① 单击系统桌面左下角的图标，在弹出的所有应用菜单中向下滑动找到“Windows 系统”，单击打开其下级菜单，在里面找到“控制面板”选项，单击该选项即可进入控制面板，如项目图 15-5 所示。

项目图 15-5　开始菜单

② 在控制面板中单击“程序”图标，如项目图 15-6 所示。

③ 单击“启用或关闭 Windows 功能”，如项目图 15-7 所示。

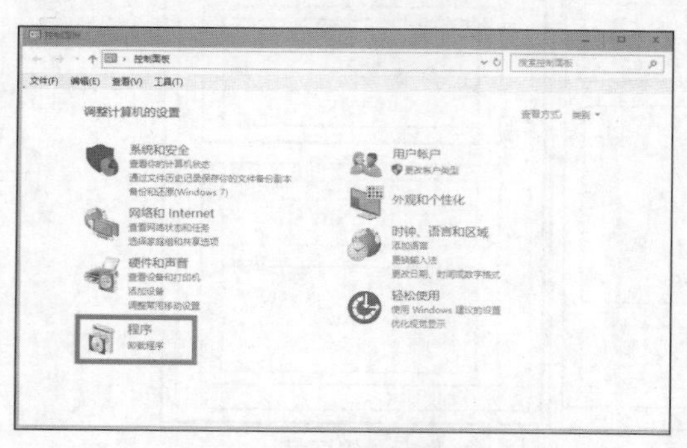

项目图 15-6　控制面板

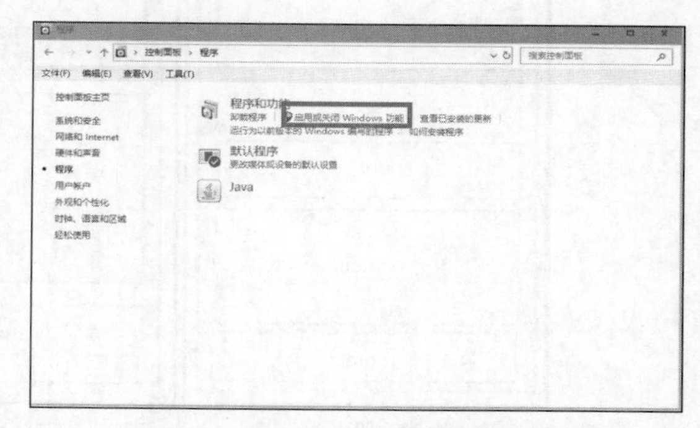

项目图 15-7　启动或关闭 Windows 功能

④ 选中“Internet information Service”，单击“确定”按钮，如项目图 15-8 所示。

⑤ 完成后关闭该对话框。

⑥ 验证 IIS 是否安装成功。

- 用鼠标右键单击系统桌面左下角的图标，在弹出菜单中选择“计算机管理”，进入项目图 15-9 所示的窗口，单击服务和应用程序，选择下面的“Internet Information Service(IIS)管理器”。将弹出项目图 15-10 所示的 IIS 管理器。

项目图 15-8　“Internet Information services”界面

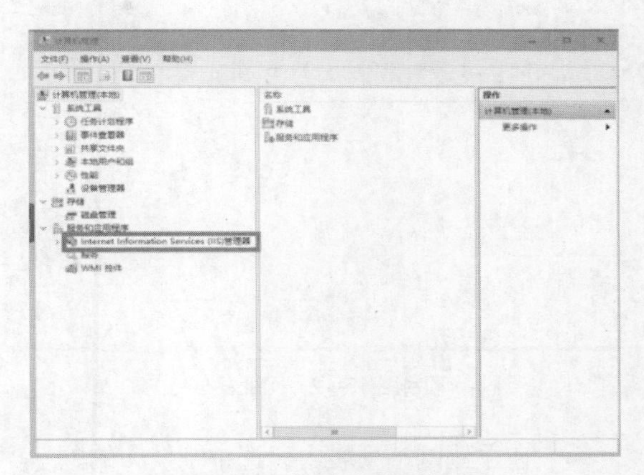

项目图 15-9　“计算机管理”界面

- 在 IIS 管理器窗口左侧找到“Default Web Site”（位于链接栏，在该区域单击下拉按钮），如项目图 15-10 所示，单击鼠标右键→管理网站→启动。
- 在浏览器地址栏中输入“http://localhost/”，出现项目图 15-11 所示的界面，则 IIS 安装成功。

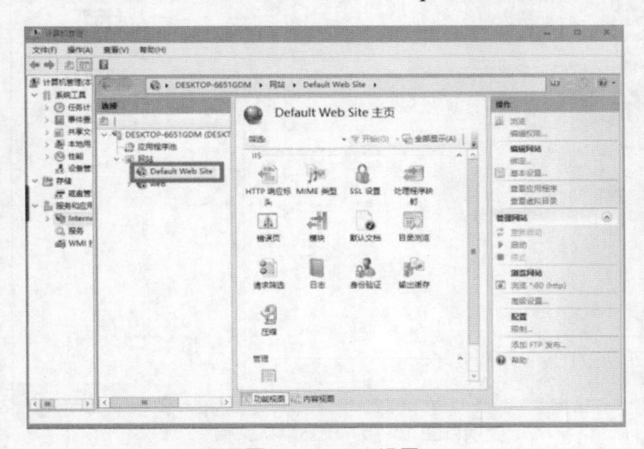

项目图 15-10　IIS 设置

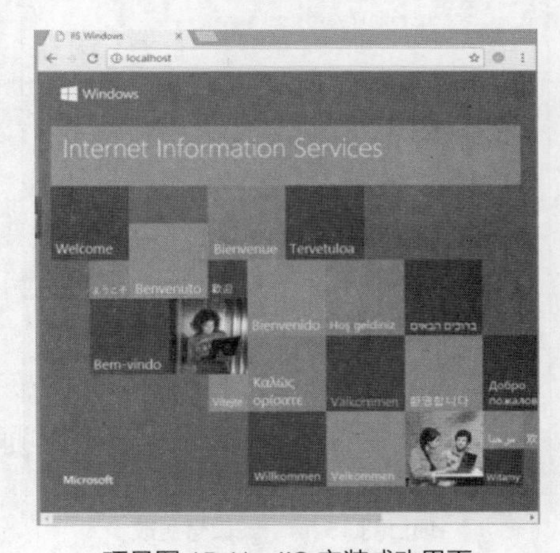

项目图 15-11　IIS 安装成功界面

（2）卡梅隆网站发布

① 添加网站。

- 在项目图 15-12 所示的界面上进行操作，鼠标右键单击“网站”按钮，选择“添加网站”。
- 在弹出窗口中填写网站名称，此处为“Cameron”，然后选择网站所在的物理路径，因为所有的源文件均在 D 盘下的卡梅隆文件夹内，所以此处选择 D 盘下的“卡梅隆”文件夹，如项目图 15-13 所示。
- 将默认端口 80 改为 3000（如果端口 3000 已被占用，可以改为另外的端口号），单击右下角的“确定”按钮，完成发布，如项目图 15-14 所示。

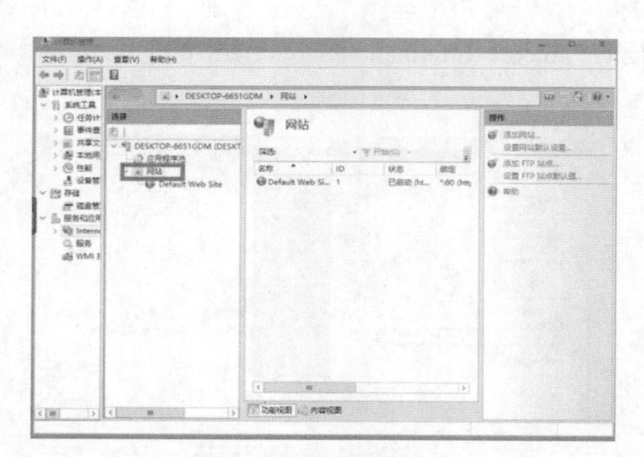

项目图 15-12　网址发布

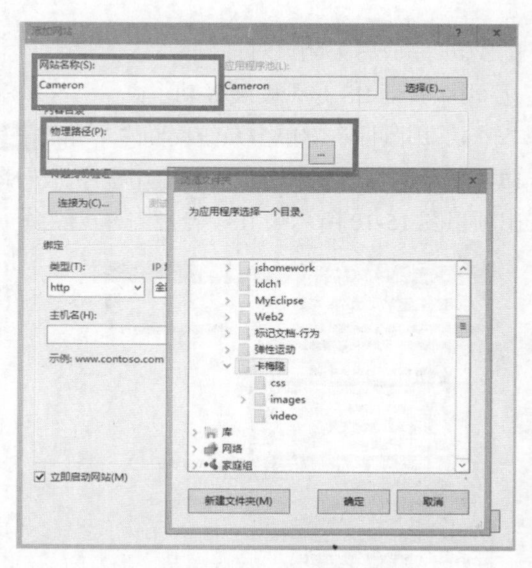

项目图 15-13　网址发布设置

- 在左侧网站列表中，选中刚发布的网站“Cameron”，在右侧窗口双击“默认文档”，设置网站首页，如项目图 15-15 所示。

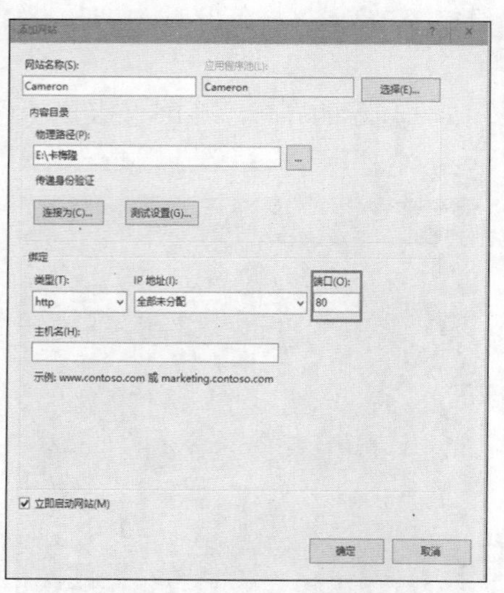

项目图 15-14　端口号更改

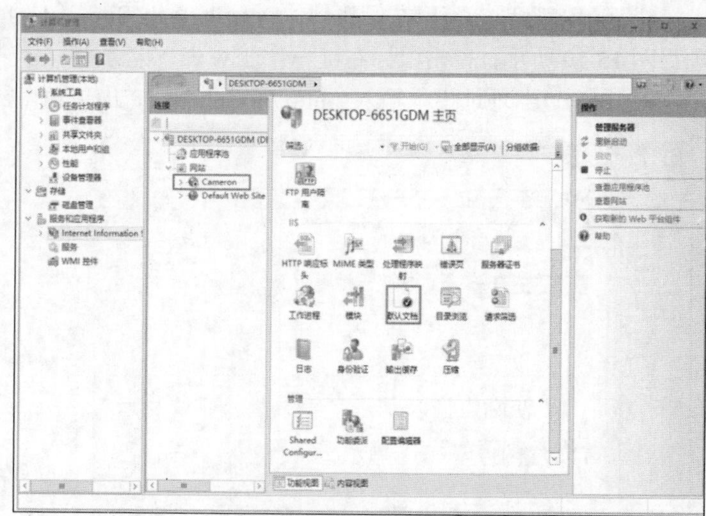

项目图 15-15　设置默认文档

- IIS 中已经列出一些常用的默认文档文件名，访问网站时会按照顺序依次查找网站根目录下有无此文件，有的话会默认显示。如果没有则会列出网站的首页，可以在空白处单击鼠标右键，选择“添加”按钮进行添加，如项目图 15-16 所示。此处卡梅隆网站的默认首页为 index.html 文件。
- 以上设置完成后，在左侧网站列表中，选中刚发布的网站“Cameron”，在其上单击鼠标右键，选择管理网站→启动。

若此时有其他网站处于启动状态，需要将其暂停。

② 测试网站是否搭建成功。

访问网站，在浏览器地址栏中输入“http://localhost:3000”，如出现项目图 15-17 所示的页面则表示网站搭建成功。

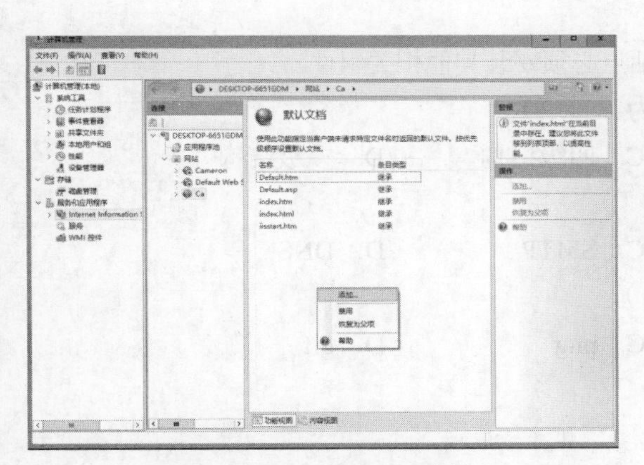

项目图 15-16　添加默认文档

项目图 15-17　网站发布测试

习题

1. 在 Web 服务器上通过建立（　　），向用户提供网页资源。

   A. DHCP 中继代理　　B. 作用域

   C. Web 站点　　D. 主要区域

2. 下面说法错误的是（　　）。

   A. 规划目录结构时，应该在每个主目录下都建立独立的 images 目录

   B. 在制作站点时应突出主题色

   C. 人们通常所说的颜色，其实指的就是色相

   D. 为了使站点目录明确，应该采用中文目录

3. 查看优秀网页的源代码无法学习（　　）。

   A. 代码简练性　　B. 版面特色　　C. 网站目录结构特色　　D. Script 程序

4. 配置 IIS 时，设置站点的主目录的位置，下面说法正确的是（　　）。

   A. 只能在本机的 c:\inetpub\wwwroot 文件夹

   B. 只能在本机操作系统所在磁盘的文件夹

   C. 只能在本机非操作系统所在磁盘的文件夹

   D. 以上全都是错的

5. 在网站整体规划时，第一步要做的是（　　）。

   A. 确定网站主题　　B. 选择合适的制作工具

   C. 搜集材料　　D. 制作网页

6. （　　）可以说是网页的灵魂。

   A. 标题　　B. 主题　　C. 风格　　D. 内容

7. 关于 IIS 的配置，下列说法正确的是（　　）。

A. IIS 一般只能管理一个应用程序

B. IIS 要求默认文档的文件名必须为 default 或 index，扩展名则可以是以.htm、.asp 等已为服务器支持的文件扩展名

C. IIS 可以通过添加 Windows 组件安装

D. IIS 只能管理 Web 站点，而管理 FTP 站点必须安装其他相关组件

8. 在网站设计中所有的站点结构都可以归结为（　　）。

A. 两级结构　　B. 三级结构　　C. 四级结构　　D. 多级结构

9. 以下软件可以用来搭建 Web 站点的是（　　）。

A. URL　　B. Apache　　C. SMTP　　D. DNS

10. 不适合在网页中使用的图像格式是（　　）。

A. jpeg　　B. bmp　　C. png　　D. gif